Vue.js 前端开发实战

主编 ◎ 张建宁

内容简介

本书系统地介绍了Vue.js前端开发的主要知识和典型应用，内容涵盖Web前端开发基础、常用开发工具、Vue基本语法及应用、Vue路由、Vuex状态管理、Vue过渡和动画、Vue高级开发环境、路由及状态管理进阶、服务器端渲染、UI框架的应用和网络日记系统前端开发等。

本书精心选择和组织Vue.js框架知识，按照工作过程设计学习任务，内容循序渐进，语言通俗易懂，实验步骤详尽，可以帮助读者快速掌握Vue.js的相关知识及应用，切实有效地提高前端应用开发技能。通过引入并使用Element-UI、Mint-UI等UI框架，读者可以轻松开发出具有极佳用户体验的界面。

本书结构合理，内容丰富，实用性强，可以作为高等院校计算机及相关专业学生的教材，也可以作为前端开发工程师的培训教材。前端开发人员及移动应用开发人员也可以选择本书作为自学用书。

为方便教学，本书配套有电子课件等资源包，任课教师可以发送邮件至 hustpeiit@163.com 索取。

图书在版编目(CIP)数据

Vue.js前端开发实战/张建宁主编. —武汉：华中科技大学出版社，2021.6(2023.7重印)
ISBN 978-7-5680-7355-4

Ⅰ.①V… Ⅱ.①张… Ⅲ.①网页制作工具-程序设计 Ⅳ.①TP392.092.2

中国版本图书馆CIP数据核字(2021)第139082号

Vue.js前端开发实战
Vue.js Qianduan Kaifa Shizhan

张建宁 主编

策划编辑：康 序
责任编辑：史永霞
封面设计：孢 子
责任监印：朱 玢
出版发行：华中科技大学出版社(中国·武汉) 电话：(027)81321913
武汉市东湖新技术开发区华工科技园 邮编：430223
录 排：武汉三月禾文化传播有限公司
印 刷：武汉开心印印刷有限公司
开 本：787mm×1092mm 1/16
印 张：19.75
字 数：506千字
版 次：2023年7月第1版第2次印刷
定 价：58.00元

前言

PREFACE

Web 前端开发主要使用 HTML、CSS 和 JavaScript 框架(如 Vue.js、React 等)。HTML 主要用来编写网页的结构。CSS 主要用来实现页面样式,包括颜色、大小、字体等,实现布局美观、合理的页面效果。JavaScript 主要用来实现页面逻辑、行为、动作等,动态操作元素的属性,为页面提供交互效果,实现更好的用户体验。在构建大型交互式项目时,需要使用 JavaScript 语言编写的框架来提高开发效率。JavaScript 框架的核心理念是让开发者只需写很少的代码,就可以实现更多的功能。

Vue (读音[vjuː]) 是一套用于构建用户界面的渐进式 JavaScript 框架。Vue 可以自底向上逐层应用。Vue 的核心库只关注视图层,方便与第三方库或既有项目整合。Vue 完全有能力驱动采用单文件组件和 Vue 生态系统支持的库开发的复杂单页应用。

为方便读者阅读并上机练习,本书在章节内容安排上循序渐进,实用性强。全书共分 11 章,每章内容简介如下:

第 1 章主要介绍 Web 前端开发的基础知识。在前端开发中,读者将 HTML5 作为构建 Web 页面内容的基础语言,编写网页的结构;使用 CSS3 实现页面样式;将 JavaScript 作为实现页面逻辑、行为和动作等的基础语言;使用 Vue 作为前端开发的 JavaScript 框架;使用 Element-UI 或 Mint-UI 作为用户界面 UI 组件库。

第 2 章主要介绍 Visual Studio Code、HBuilderX、Notepad++、谷歌浏览器、火狐浏览器等开发工具。如果读者没有熟悉的 Web 前端开发工具,建议直接使用本章推荐的工具。当然,读者也可以选择自己习惯使用的开发工具。

第 3 章主要对 Vue 基本语法及应用进行讲解,包括 Vue 实例及配置选项、Vue 数据绑定、Vue 事件、Vue 组件、Vue 生命周期、Vue 全局 API、Vue 实例属性、Vue 组件合并和 Vue 全局配置等。

第 4 章主要介绍 Vue 路由,包括 vue-router 基础、动态路由、嵌套路由、命名路由、命名视图和编程式导航等。Vue 路由允许用户使用不同的 URL 来访问不同的内容。

第 5 章主要围绕 Vuex 状态管理进行详细讲解,包括 Vuex 基础知识、Vuex 配置选项、Vuex 中的 API 等。

第 6 章主要介绍过渡和动画基础、多个元素过渡、多个组件过渡、列表过渡。在 Web 项目中合理使用过渡和动画效果,能够改善用户体验,提高页面的交互性,影响用户的行为,引导用户的注意力以及帮助用户看到自己动作的反馈。

第 7 章主要对 Vue 开发环境搭建及其应用进行讲解，包括 Vue 开发环境的搭建方法，Vue 项目的创建方法，CLI 服务的原理，vue. config. js 文件的配置方法，全局环境变量与模式的配置及静态资源的管理。在页面中通过<script>标签引入 vue. js 文件，仅适用于创建简单的项目案例。在实际的项目开发中，往往需要处理复杂的业务逻辑，此时需要借助 Vue 脚手架工具快速地构建 Vue 项目开发环境。

第 8 章主要通过用户登录注册案例来演示 Vue-router 在 vue. js＋webpack 项目中的应用方法，通过购物车案例来演示 Vuex 在 vue. js＋webpack 项目中的应用方法。

第 9 章主要介绍客户端渲染和服务器端渲染的区别，服务器端渲染的优点和不足，如何手动搭建简单服务器端渲染项目，如何使用 Vue CLI＋webpack 搭建服务端渲染项目，使用 Nuxt. js 框架搭建服务器端渲染项目。

第 10 章主要介绍 Element-UI 和 Mint-UI 框架的基本使用方法。Element-UI 是一套为前端开发者、UI 设计师和产品经理准备的基于 Vue 2.0 的 UI 组件库，它提供了配套的设计资源，能够帮助开发者实现网站快速成型。Mint-UI 是一个基于 Vue 的手机端 UI 框架，其样式类似于手机 APP 样式。Mint-UI 包含丰富的 CSS 和 JS 组件，能够满足日常的移动端开发需要。通过 Mint-UI 可以快速构建出风格统一的页面，大幅提高开发效率。

第 11 章将综合运用 Vue、vue-router、Element-UI 等前端库和插件完成网络日记系统前端部分的开发。为方便读者进行开发及调试，我们使用了模拟数据，同时提供了连接后端 API 的参考代码，建议读者配合源代码进行学习。

本书由欧亚学院 Ant 软件工作室张建宁老师主编。同时，感谢 Ant 软件工作室的伙伴们（白龙杰、何淑莹、王佳乐、王秀荣、梁鑫、刘裕健、于浩然、杨锦涛）所做的资料整理及测试工作。感谢家人、朋友、同事和领导的支持，他们的支持使本书得以完成！感谢华中科技大学出版社各位工作人员，在大家的帮助下才有本书的顺利出版。尽管在本书的编写过程中查阅了很多资料，反复核对了代码，但由于软件开发技术迭代更新速度快，加之作者水平有限，书中难免存在不足，欢迎各界专家和读者朋友们给予宝贵意见，在此将不胜感激。

为方便教学，本书配套有电子课件等资源包，任课教师可以发送邮件至 hustpeiit@163.com 索取。

目录

CONTENTS

第 1 章 Web 前端开发基础

Web 前端开发主要使用 HTML、CSS 和 JavaScript 语言及其框架，它们分别用来实现网页的结构、样式和行为。

HTML 主要用来编写网页的结构，例如<ul></ul>表示无序列表。

CSS 主要用来实现页面样式，包括颜色、大小、字体等，实现布局美观、合理的页面效果。

JavaScript 主要用来实现页面逻辑、行为、动作等，动态操作元素的属性，为页面提供交互效果，实现更好的用户体验。为了行文方便，后文中我们会将 JavaScript 简写为 JS。

在构建大型交互式项目时，开发者需要编写大量的 JavaScript 代码来操作文档对象模型(DOM)，并处理浏览器的兼容问题，代码逻辑会越来越烦琐。为了提高开发效率，使用 JavaScript 语言编写的框架(如 jQuery、Angular、React、Vue 等)出现了。JS 框架的核心理念是让开发者只需写很少的代码，就可以实现更多的功能。这些框架通过对 JavaScript 代码的封装，使得文档对象模型操作、事件处理、动画效果、异步交互等功能的实现变得更加简洁、方便，有效地提高了项目开发效率。

1.1 HTML5

HTML 是 hypertext markup language(超文本标记语言)的缩写，主要用来编写网页的结构，如在页面中指定标题、段落、图片、表格、表单、音频、视频等。

HTML 产生于 1990 年，1997 年 HTML4 成为互联网标准。

HTML5 在 2008 年正式发布，在 2012 年已形成了稳定的版本。HTML5 对图片、视频、音频、动画以及与设备的交互都进行了规范。HTML5 标准能够让用户通过个人电脑、笔记本电脑、智能手机或平板电脑等终端访问相同的 Web 服务。HTML5 允许程序通过 Web 浏览器运行，并且将多媒体内容纳入其中，使浏览器成为一种通用的平台，用户通过浏览器就能完成任务。本书后文中所说的 HTML 都是指 HTML5，特此说明。

在 Web 前端开发中，读者应能够熟练编写 HTML 代码。常用 HTML 标签如下：

<html>定义 HTML 文档。

<head>定义关于文档的信息。

<title>定义文档的标题。

<link>定义文档与外部资源的关系。

<script>定义客户端脚本。

<body>定义文档的主体。

<style>定义文档的样式信息。

<!-->定义注释。

<hr>定义水平线。

<h1>-<h6>定义1～6级标题。

<p>定义段落。

<a>定义超链接。

<img>定义图像。

<div>定义文档中的节。

<span>定义文档中的节。

<form>定义 HTML 文档的表单。

<input>定义输入控件。

<label>定义 input 元素的标注。

<table>定义表格。

<th>定义表格中的表头单元格。

<td>定义表格中的单元。

<tr>定义表格中的行。

<li>定义列表的项目。

<ol>定义有序列表。

为方便后续章节的学习，请及时进行上述内容的复习。

1.2 CSS3

CSS 层叠样式表，主要用于美化网页。

早在2001年万维网联盟(W3C)就已经完成了 CSS3 的工作草案，主要包括盒子模型、列表模块、超链接方式、背景和边框、文字特效、多栏布局等模块。

CSS3 的语法是建立在 CSS 原先版本基础上的，它允许使用者在标签中指定特定的 HTML 元素而不必使用多余的 class、ID 或 JavaScript。CSS 选择器中的大部分并不是在 CSS3 中新添加的，只是在之前的版本中没有得到广泛的应用。

CSS3 的新特性有很多，例如圆角效果、图形化边界、阴影、透明效果、渐变效果、多背景图、文字或图像的变形处理、多栏布局、媒体查询等。

使用 CSS3 可以降低开发成本与维护成本。在 CSS3 出现之前，开发人员为了实现一个圆角效果，往往需要添加额外的 HTML 标签，使用一个或多个图片来完成，而使用 CSS3 只需要一个标签，利用 CSS3 中的 border-radius 属性就能完成。CSS3 提供的动画特性，可让开发者在实现动态按钮或者动态导航时不需要使用 JavaScript 进行编程。

使用 CSS3 能够提高页面性能。CSS3 减少了多余的标签嵌套以及图片的使用数量，这意味着用户下载的内容会减少，页面加载的速度会加快。同时，更少的图片、脚本和动画文件能够减少用户访问 Web 站点时的 HTTP 请求数，这是提升页面加载速度的最佳方法之一。

CSS3 具有良好的兼容性。无须刻意修改使用 CSS2 的网站，浏览器是可以支持 CSS2 的。

在 Web 前端开发中，读者应能够熟练编写 CSS 代码。CSS3 常用属性如下：

font 设置字体属性。

margin 设置外边距属性。

padding 设置内边距属性。

height 设置元素的高度。

width 设置元素的宽度。

border 设置边框属性。

background 设置背景属性。

border-radius 设置 CSS3 圆角属性。

transition 设置过渡效果属性。

animation 设置动画属性。

为方便后续章节的学习，请及时进行上述内容的复习。

1.3 JavaScript

1.3.1 JavaScript 概述

1. JavaScript 简介

在日常浏览的网页中都可以看到 JavaScript 的影子。例如，浏览京东网时看到的轮播广告图，图片会定期自动切换(见图 1-1)，单击网站导航时会弹出列表菜单(见图 1-2)。

切换前的广告图

切换后的广告图

图 1-1　轮播广告图

图 1-1 和图 1-2 所示的这些动态交互效果，都可以通过 JavaScript 来实现。作为一门独立的脚本语言，JavaScript 可以做很多事情，但它的主要作用还是在 Web 上创建网页特效。使用 JavaScript 脚本语言实现的动态应用，在网页上随处可见。

JavaScript 语言的前身叫作 LiveScript，自从 Sun 公司推出著名的 Java 语言后，Netscape 公司引进了 Sun 公司有关 Java 的程序概念，对自己原有的 LiveScript 进行了重新设计，并改名为 JavaScript。

JavaScript 是一种基于对象和事件驱动并具有安全性的脚本语言。JavaScript 的编程与 Java、C++相似，只是提供了一些专有的类、对象和函数，对于已经具备了 Java 或者 C++语言编程基础的人来说，学习 JavaScript 脚本语言是一件很轻松的事。

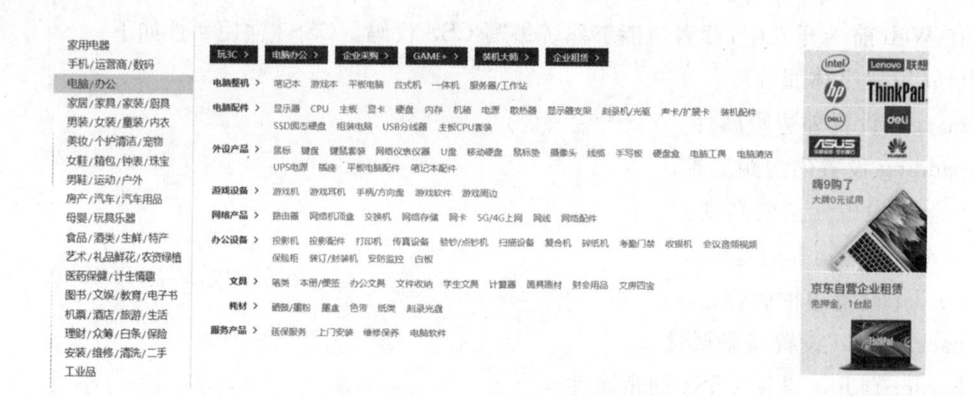

图 1-2　网站导航的列表菜单

JavaScript 代码并不被编译为二进制代码文件，而是作为 HTML 文件的一部分，由浏览器解释执行，维护和修改起来非常方便。可以直接打开 HTML 文件来编辑修改 JavaScript 代码，然后通过浏览器立即看到新的效果。

JavaScript 与其他编程语言（如 C++ 和 Java）最大的不同在于，它是一种弱类型（即宽松类型）的语言，这意味着开发者不必显式定义变量的数据类型。

JavaScript 是一种脚本编程语言，同时也是一种解释型语言。它运行时不需要先编译，而是在程序运行过程中被逐行地解释。它与 HTML 结合在一起，从而方便用户的操作。

JavaScript 是动态的，它可以直接对用户或者客户输入做出响应，无须经过 Web 服务程序。它对用户请求的响应是采用以事件驱动的方式进行的。

JavaScript 是一种基于对象的语言，这意味着它能运行已创建的对象。因此，许多功能可以来自脚本环境中对象的方法与脚本的相互作用。

JavaScript 是一种安全性很高的语言，它不允许访问本地硬盘，也不能将数据存入服务器，不允许对网络文档进行修改和删除，只能通过浏览器实现信息浏览或者动态交互，从而能够有效地防止数据丢失。

JavaScript 依赖于浏览器本身，与操作系统无关，只要计算机能运行支持 JavaScript 的浏览器，就可以正确执行。

下面我们将学习 JavaScript 的基础知识，包括它的语法规则和示例等。

2. JavaScript 语法规则

计算机语言都有自己的语法规则，只有遵循语法规则，才能编写出符合要求的代码。在使用 JavaScript 语言时，也要遵从一定的语法规则，如大小写、代码执行顺序及注释规范等。下面将对 JavaScript 的语法规则做具体介绍。

1）按从上到下的顺序执行

JavaScript 程序按照在 HTML 文档中排列顺序逐行执行。如果代码需要在整个 HTML 文件中使用，最好将这些代码放在 HTML 文件的<head>…</head>标签中。

2）区分大小写字母

JavaScript 严格区分字母大小写。在输入关键字、函数名、变量以及其他标识符时，都必须采用正确的大小写形式。例如，变量 username 与变量 userName 是两个不同的变量。

3）每行结尾的分号可有可无

JavaScript 语言并不要求必须以分号“;”作为语句的结束标签。如果语句的结束处没有分号，JavaScript 会自动将该行代码的结尾作为整个语句的结束。

例如下面两行代码，虽然第 1 行代码结尾没有写分号，但也是正确的。

```
alert("您好,欢迎学习 JavaScript!")
alert("您好,欢迎学习 JavaScript!");
```

注意：

编写 JavaScript 代码时，为了保证代码的准确性，最好在每行代码的结尾处加上分号。

4）注释规范

使用 JavaScript 时，为了使代码易于阅读，需要为 JavaScript 代码加一些注释。JavaScript 代码注释分为单行注释（//）和多行注释（/* */）。示例代码如下：

```
//我是单行注释
/*
我是多行注释 1
我是多行注释 2
我是多行注释 3
*/
```

3. JavaScript 引入方式

在 HTML 文档中引入 JavaScript 文件主要有 3 种，即行内式、嵌入式、外链式。接下来将对 JavaScript 的 3 种引入方式做详细讲解。

1）行内式

行内式是将 JavaScript 代码作为 HTML 标签的属性值使用。例如，单击“测试”链接时，会弹出一个警告框提示“大家好”，具体代码如下：

```
<a href="javascript:alert(大家好);">测试</a>
```

网页开发提倡结构、样式、行为的分离，即分离 HTML、CSS、JavaScript 三部分的代码，避免直接写在 HTML 标签的属性中，从而有利于维护。因此，在实际开发中并不推荐使用行内式。

2）嵌入式

在 HTML 中运用<script>标签及其相关属性可以嵌入 JavaScript 脚本代码。嵌入 JavaScript 代码的基本格式如下：

```
<script type="text/javascript">
    JavaScript 语句;
</script>
```

上述语法格式中，type 是<script>标签的常用属性，用来指定 HTML 中使用的脚本语言类型。type＝"text/javascript"告诉浏览器，里面的文本是 JavaScript 脚本代码。随着 Web 技术的发展，嵌入 JavaScript 脚本代码的基本格式又有了新的写法，具体如下：

```
<script>
    JavaScript 语句;
</script>
```

在上面的语法格式中，省略了 type＝"text/javascript"，这是因为新版本的浏览器一般将嵌入的脚本语言默认为 JavaScript，因此在编写 JavaScript 代码时可以省略 type 属性。

JavaScript 可以放在 HTML 中的任何位置,但放置的地方会对 JavaScript 脚本代码的执行顺序有一定影响。在实际工作中一般将 JavaScript 脚本代码放置于 HTML 文档的<head></head>标签之间。这是因为浏览器载入 HTML 文档的顺序是从上到下,将 JavaScript 脚本代码放置于<head></head>标签之间,可以确保在使用脚本之前,JavaScript 脚本代码已经被载入。

3) 外链式

外链式是将所有的 JavaScript 代码放在一个或多个以.js 为扩展名的外部 JavaScript 文件中,通过<src>标签将这些 JavaScript 文件链接到 HTML 文档中,其基本语法格式如下:

```
<script type="text/javascript" src="脚本文件路径"></script>
```

上述格式中,src 是 script 标签的属性,用于指定外部脚本文件的路径。同样,在外链式的语法格式中,我们也可以省略 type 属性,将外链式的语法简写为:

```
<script src="脚本文件路径"></script>
```

需要注意的是,调用外部 JavaScript 文件时,外部的 JavaScript 文件中可以直接书写 JavaScript 脚本代码,不需要写<script>引入标签。

在实际开发中,当需要编写大量逻辑复杂的 JavaScript 代码时,推荐使用外链式。外链式的优势有以下两点:

(1) 利于后期修改和维护。外链式会将 HTML、CSS、JavaScript 三部分代码分离开来,利于后期的修改和维护。

(2) 减轻文件体积,加快页面加载速度。外链式可以利用浏览器缓存,将需要多次用到的 JavaScript 脚本代码重复利用,既减轻了文件的体积,也加快了页面的加载速度。

1.3.2 JavaScript 的常用语句

1.3.2.1 常用输出语句

常用的输出语句包括 alert()、console.log()、document.write(),具体介绍如下。

1. alert()

alert()用于弹出一个警告框,确保用户可以看到某些提示信息。利用 alert()可以很方便地输出一个结果,因此 alert()经常用于测试程序。例如下面的代码:

```
alert("错误程序");
```

在网页中运行上述代码,效果如图 1-3 所示。

2. console.log()

console.log()用于在浏览器的控制台中输出内容。例如下面的代码:

```
console.log('你好 JavaScript! ');
```

在网页中运行上述代码,效果图如图 1-4 所示。

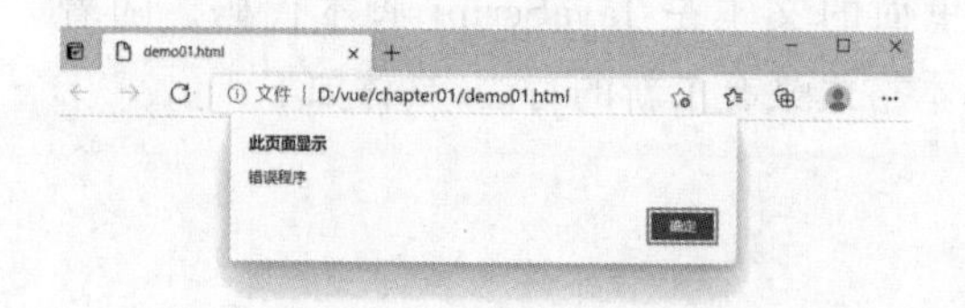

图 1-3 alert()的使用效果

图 1-4 console.log()的使用效果

从图 1-4 可以看出,此时页面中不显示任何内容。按 F12 键启动开发者工具,打开浏览器调试界面,如图 1-5 所示。

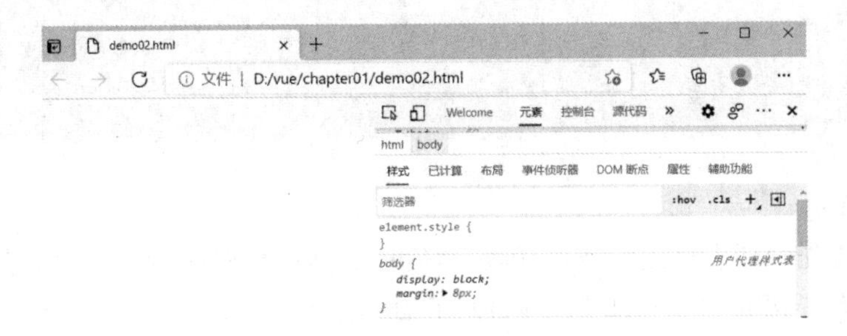

图 1-5 浏览器调试界面

在图 1-5 最上方的菜单中选择 Console(控制台),即可打开控制台。在控制台中可以看到 console.log 语句输出的内容,如图 1-6 所示。

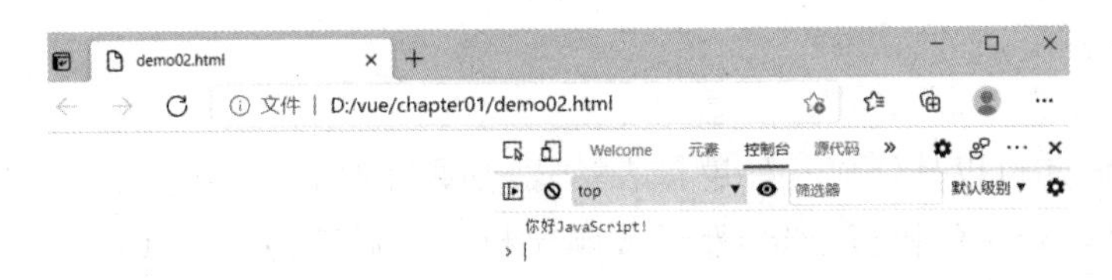

图 1-6 控制台中输出内容

3. document.write()

document.write()用于在页面中输出内容,示例代码如下:

```
document.write("<b>这是加粗文本 </b>")
```

在网页中运行上述示例代码,效果如图 1-7 所示。

图 1-7 document.write()的使用效果

从运行结果可以看出,文字被加粗了,可见 document.write()的输出内容中如果含有 HTML 标签,那么该标签会被浏览器解析。

1.3.2.2 流程控制语句

1. 顺序语句

顺序语句就是程序从上到下逐行执行的结构,这是程序最基本的结构。一个程序中的大部分代码采用的都是顺序结构。

如下代码定义了一段顺序结构,首先声明两个变量,接着将两个变量相加,最后弹出变量的值,这些都是按照顺序进行的。代码如下:

```
1 <script>
2     var name="Tom ", age=6;
3     var result=name+"今年"+age+"岁了。";
4     alert(result);
5 </script>
```

特别说明：

为方便大家阅读代码，本书案例代码左侧的数字为行号，在开发工具中通常都会自动标记。读者在写代码时不需要手工输入行号。对于简单且无须说明的代码案例，本书将不添加代码行号。

2. 选择语句

选择语句首先判断表达式的结果真假，然后根据结果判断执行哪个语句块。JavaScript中的选择语句有if语句和switch语句两种，下面将详细介绍。

1）基本的if语句

if语句是使用最广泛的选择语句，每种编程语言都有一种或者多种形式的if选择结构。基本语法如下：

```
if(条件语句){
      执行语句;
}
```

其中，条件语句可以是任何一种逻辑表达式，如果条件语句的返回结果为true，则程序先执行后面大括号{}中的执行语句，然后按顺序执行它后面的其他代码。如果条件语句的返回结果为false，则程序跳过条件语句后面的执行语句，直接去执行程序后面的其他代码。大括号的作用就是将多条语句组合成一条复合语句，作为一个整体来处理，如果大括号中只有一条语句，这对大括号{}就可以直接省略。

如下代码演示了基本的if语句：

```
1  var number=120;
2  if (number>50) {
3        alert("number 变量的值大于 50");
4  }
```

上面的条件语句首先判断number的值是否大于50，如果条件成立，则弹出“number变量的值大于50”的对话框提示，否则什么也不做。由于number的值等于120，所以会弹出对话框提示。上述代码只有一条语句，因此可以省略大括号。等价于以下代码：

```
1  var number=120;
2  if(number>50)
3        alert("number 变量的值大于 50");
```

2）if else语句

if else组合是if语句的扩展，在JavaScript中使用它来控制两个执行语句块。完整的语法格式如下：

```
if (条件语句) {
    执行语句块 1;
} else {
    执行语句块 2;
}
```

这是在if语句的后面添加的else从句，在if条件语句的返回结果为false时，执行else后面的从句，即执行语句块2。

首先向JavaScript脚本中声明值为HELLO的str变量，然后判断该变量的值是否等于

hello。如果等于,则弹出"字符串等于 hello"的对话框提示,否则弹出"字符串不等于 hello"的对话框提示。代码如下:

```
1    var str="HELLO";
2    if (str=="hello") {
3        alert("字符串等于 hello")
4    } else{
5        alert("字符串不等于 hello")
6    }
```

由于定义的字符串为大写 HELLO,与小写 hello 进行比较的结果为 false,因此这时会执行 else 语句后面的内容,弹出"字符串不等于 hello"的对话框提示。

对于上述的 if else 语句,还有一种更简单的写法,即使用三元运算符表示。基本语法如下:

```
变量=布尔表达式 ? 语句 1 : 语句 2
```

更改上面的代码,通过三元运算符的形式弹出 str="hello"表达式的结果。代码如下:

```
1  var str="HELLO";
2  alert(str=="hello"? "字符串等于 hello" : "字符串不等于 hello");
```

3) if else if else 语句

通常情况下,if 语句的主要功能是给程序提供一个分支。有时候程序中仅有一个分支是不够的,这就需要使用多分支的 if else if else 语句。基本语法如下:

```
if (条件语句 1) {
    执行语句块 1;
} else (条件语句 2){
    执行语句块 2;
}
...
else if(条件语句 n){
    执行语句块 n;
}else{
    执行语句块 n+1;
}
```

使用 if else if else 语句时,依次判断表达式的值,当某个分支的条件表达式的值为 true 时,则执行该分支对应的语句块,然后跳到整个 if 语句之外继续执行程序。如果所有的表达式均为 false,则执行语句块 n+1,然后继续执行后续程序。

向 HTML 页面中添加 select 元素,它向用户提供一系列的星期选择列表。代码如下:

```
1     <select style="width: 200px;" id="weather"
2         onChange="ChangeDay (this.value)">
3         <option value="- 1" selected>---请选择---</option>
10        <option value="星期一" selected>星期一</option>
11        <option value="星期二" selected>星期二</option>
12        <option value="星期三" selected>星期三</option>
13        <option value="星期四" selected>星期四</option>
14        <option value="星期五" selected>星期五</option>
```

```
15        <option value="星期六" selected>星期六</option>
16        <option value="星期日" selected>星期日</option>
17    </select>
```

从上述代码可以看出，select 元素包含一个 onChange 事件属性，当用户选择天气时会自动触发 Change 事件调用 ChangeWeather()函数，并向该函数中传入用户选择的天气。在该函数中通过 if else if else 语句进行判断，代码如下：

```
21    function ChangeWeather(value) {
22        if (value=="星期一") {
23          alert("星期一")
24        }else if (value=="星期二") {
25          alert("星期二")
26        }else if (value=="星期三") {
27          alert("星期三")
28        }else if (value=="星期四") {
29          alert("星期四")
30        }else if (value=="星期五") {
31          alert("星期五")
32        }else if (value=="星期六") {
33          alert("星期六")
34        }else if (value=="星期日") {
35          alert("星期日")
36        }else {
37          alert("您还没有选择星期,快来选择吧")
38        }
39    }
```

在浏览器中运行本例代码，选择下拉列表中的星期进行测试，效果如图 1-8 所示。

图 1-8　if else if else 的使用

4) if 语句的嵌套

if 语句还可以嵌套使用。下面通过判断闰年的案例演示 if 语句的嵌套使用。

在 HTML 页面中创建一个输入框和按钮，输入完毕后单击按钮判断输入的年份是否为闰年。判断闰年的基本方法：能被 4 整除而不能被 100 整除或者能直接被 400 整除。步骤如下。

(1) 在 HTML 页面中添加一个输入框和一个按钮，为按钮添加 Click 事件。代码如下：

```
请输入您要判断的年份：<input type="text" id="myvalue" />   
  <input type="button" value="提交" onclick="CheckYear()" />
```

(2) 创建自定义的 CheckYear()函数，在该函数中首先获取页面中的输入框对象，接着判断输入的值能否被 400 整除，如果不能，则执行 else 语句中的代码。在 else 语句中，首先通过if语句判断输入的值能否被4整除，如果能，则再次嵌套if else语句，判断输入的值能否被100整除。代码如下：

```
1  function CheckYear() {
2  var obj=document.getElementById("myvalue");//获取页面中指定的输入框对象
3  if (obj.value% 400==0){alert(obj.value+"是闰年，它能直接被400整除");
4    }else {
5        if (obj.value%4==0) {
6            if (obj.value% 100 ! =0) {
7            alert(obj.value+"是闰年，它能被4整除但是不能被100整除");
8                } else {
9                    alert(obj.value+"不是闰年，它不满足条件");
10               }
11           }
12       }
13   }
```

(3) 在浏览器中运行该页面，输入数字进行测试，测试效果如图1-9所示。

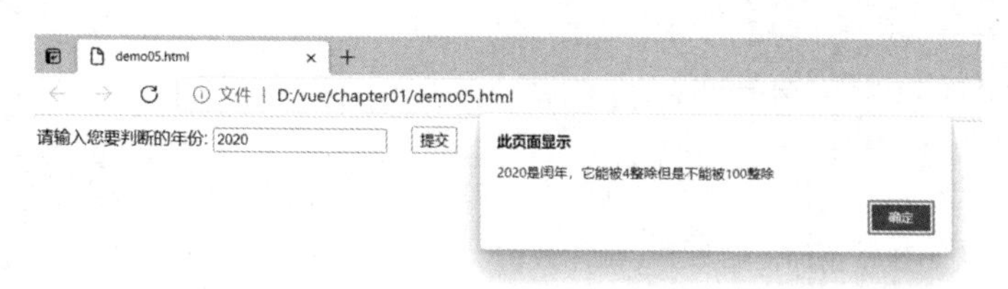

图1-9　if语句嵌套的使用

5) switch语句

Switch语句用于将一个表达式的结果与多个值进行比较，根据比较结果来选择执行的语句。

基本语法如下：

```
switch (表达式) {
    case 值 1:
        语句块 1;
        break;
    case 值 2:
        语句块 2;
        break;
        ...
    case 值 n:
        语句块 n;
        break;
    default:
        语句块 n+1;
        break;
}
```

case语句相当于定义了一个标记位置，程序根据switch条件表达式的结果，直接跳转到第一个匹配的标记位置处，开始顺序执行后面的代码，直到遇到break语句或者函数返回语句为止。default语句是可选的，它匹配上面所有的case语句定义的值以外的其他值。

3. 循环语句

循环语句也称为迭代语句，让程序重复执行某个程序块，直到表达式的结果为假时结束循环。

在JavaScript中，循环语句有for语句、for in语句、while语句和do while语句。

1）for语句

for语句是在程序执行前先判断条件表达式是否为真的循环语句。for语句通常使用在知道循环次数的循环中，基本语法如下：

```
for(初始化表达式；循环条件表达式；循环后的操作表达式)
{
    执行语句块；
}
```

下面通过for循环语句求10以内的整数值：

```
1    var sum=0;
2    for (var i=1; i<10; i++) {
3        sum+=i;
4    }
5    alert("从 1 到 9 相加的结果是："+sum);
```

上述代码中，for后面小括号中的内容被分号（;）分隔成三部分：第一部分是为i赋初始值，只在刚进入for语句时执行一次；第二部分i<10是一个条件判断语句，条件满足就进入for循环，循环体中的代码执行完后，会再回来执行这个条件判断语句，直到条件不成立时结束循环；第三部分i++是对变量i的操作，每次循环体代码执行完，将要进入下一轮条件判断前执行。

执行上述代码，查看弹出的对话框提示，提示内容为"1到9相加的结果是：45"。

for语句可以使用下面的特殊语法格式：

```
for(;;){
 …
}
```

上述语法是一个无限循环语句，需要使用break语句跳出循环。例如，前面使用for循环的程序代码，还可以修改成下面的代码：

```
1  var sum=0;
2  var i=1;
3  for (;;) {
4    if(i>=10){
5        break;
6    }
7    sum+=i;
8    i++;
9  }
```

2）for in 语句

for in 语句用于对数组或者对象的属性进行循环操作。for in 循环中的代码每执行一次，就会对数组的元素或者对象的属性进行一次操作。基本语法如下：

```
for（变量 in 对象）{
    执行语句
}
```

其中“变量”可以是数组元素，也可以是对象的属性。

下面演示 for in 循环语句的使用。实现步骤如下。

（1）在页面中添加一个 span 元素，为 span 元素指定字体大小、字体样式和粗细程度。代码如下：

```
<span id="show" style="font-size: 18px; font-family: '仿宋'; font-weight: bold;"></span>
```

（2）在 JavaScript 中添加代码，首先定义 Book 对象，并向该对象中添加 bookName、bookTypeName 和 bookPrice 三个属性，然后用 for in 语句取出每个属性的名称和该属性名称对象的值，并将它们连接成一个字符串后显示到页面。代码如下：

```
1  function Book() {
2      this.bookName="三体"
3      this.bookTypeName="科幻小说"
4      this.bookPrice="38.0"
5  }
6  var book=new Book();
7  var str="";
8  for (var obj in book) {
9      str+="Person 对象中"+obj+"属性的值是："+book[obj]+"\n<br/> "
10  }
11  document.getElementById("show").innerHTML=str;
```

上述代码中，obj 表示取出的属性，book[obj]表示该属性对应的属性值。

（3）在浏览器中打开该页面，输出结果如图 1-10 所示。

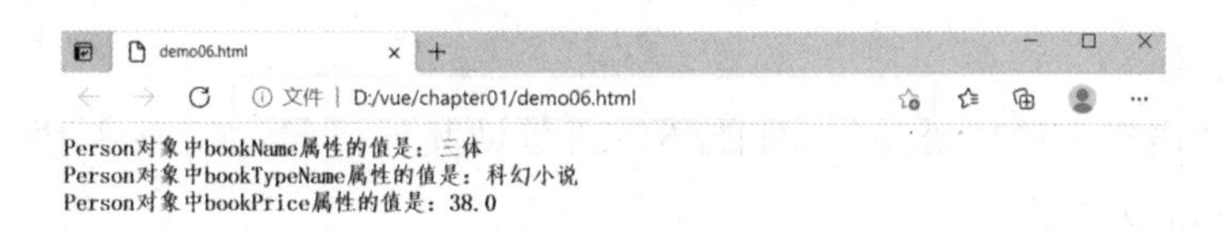

图 1-10　for in 的使用

3）while 语句

while 语句也是循环语句，当条件表达式结果为真时 while 控制的语句块执行。与 for 语句不同的是，while 执行重复次数未定的循环。

基本语法如下：

```
while(条件表达式语句){
    //执行语句块
}
```

当条件表达式的返回值为 true 时，就执行大括号中的语句块；当执行完语句块的内容后，再次检测条件表达式的返回值，如果返回值还为 true，则重复执行大括号中的语句块；如此反复，直到返回值为 false 时，结束整个循环过程，接着往下执行 while 代码段后的程序代码。

在 JavaScript 中，通过 while 语句计算 10 以内(不包括 10)数字的总和。代码如下：

```
1  var i=1,sum=0;
2  while(i<10){
3      sum+=i;
4      i++;
5  }
6  alert(sum);
```

上述代码首先声明 i 和 sum 两个变量，接着通过 while 语句循环 i 变量，指定的条件是 i<10，在 while 语句块中，将 sum 和 i 的值相加，并保存到 sum 变量中，然后将 i 的值加 1。遍历结束后，通过 alert()弹出 sum 变量的值。

将 while 循环语句中的条件表达式指定为 true 时，也能实现无限循环。代码如下：

```
while(true){
    语句块
}
```

4) do while 语句

do while 语句的功能和 while 语句的类似，但它是在执行完第一次循环之后才检测条件表达式的值，这意味着包含在大括号中的代码块至少要被执行一次。基本语法如下：

```
do{
    执行语句块
}while(条件表达式语句);
```

下面演示 do while 循环语句的用法。

```
1  do{
2      x=x+i;
3      i++;
4  }while(i<5)
```

4. 其他语句

在使用选择语句和循环语句时，可能还需要借助其他语句，如 break 语句、continue 语句、return 语句和 with 语句等。

1) break 语句

break 语句可以中止循环体中的执行语句和 switch 语句。只有循环条件表达式的值为 false 时，循环语句才能结束循环，如果想提前中断循环，可以在循环体语句块中添加 break 语句，也可以在循环体语句块中添加 continue 语句，跳过本次循环要执行的剩余语句，然后开始下一次循环。

例如要通过 for 循环语句计算 1～100 之间的整数之和，如果整数 i 能被 5 整除，则跳出当前循环，具体代码如下：

```
1  var sum=0;
2  for (i=1;i<=100;i++) {
3      if(i% 5==0)
```

```
4        break;
5      sum+=i;
6  }
7  alert(sum);
```

在上述代码的for语句中，当i的值分别取1、2、3、4时会将这些值相加，当i的值取值为5时，则跳出当前的循环，不再执行该循环。因此，对话框弹出的提示结果为10，这是将1、2、3、4相加的结果。

2）continue语句

continue语句只能出现在循环的循环体语句块中，无标号的continue语句的作用是跳过当前循环的剩余语句，接着执行下一次循环。

更改上面示例中的代码，将代码中的break使用continue替换。如果当前的数字能够被5整除，则跳出当前的循环，执行下一次循环。代码如下：

```
1   var sum=0;
2   for (i=1; i<=100; i++) {
3       if (i %5==0)
4           continue;
5       sum+=i;
6   }
7   alert(sum);
```

运行上述代码，可以看到弹出对话框的提示为4000。这是因为，当i的值为5的倍数（即5、10、15、20等）时，不再执行sum=+i语句，因此不会将它们相加。

3）return语句

程序员可以自定义函数，也可以使用系统中内置的函数。自定义函数时，函数是可以有返回值的，返回值使用return语句来实现。在使用return语句时，函数会停止执行，并返回指定的值。

以下例子中根据用户输入的用户名和密码判断是否登录成功。实现步骤如下。

(1) 在页面的表单元素中添加3行，第一行为用户登录名，第二行为登录密码，第三行为按钮。主要代码如下：

```
1   账号:<input type="text" id="loginname" /><br/>
2   密码:<input type="password" id="loginpass" /><br/>
3   <input type="button" onclick="CheckInfo()" value= "登录" />
```

(2) CheckInfo()函数判断用户登录是否成功。该函数首先获取用户输入的登录名和密码，然后调用CheckInfo()函数获取判断结果，并将结果保存到result变量中，最后弹出结果。代码如下：

```
1 function CheckInfo() {
2   var n=document.getElementById("loginname").value
3   var p=document.getElementById("loginpass").value
4   var result=CheckMyInfo(n, p);
5   alert(result)
6 }
```

(3) CheckMyInfo()函数需要传入两个参数，第一个参数表示登录名，第二个参数表示登录密码，在该函数中判断登录名是否为 admin，登录密码是否为 123456。如果登录成功，返回“登录成功”字符串；如果登录失败，返回“登录失败”字符串。代码如下：

```
1  function CheckMyInfo(name, pass) {
2    if (name= = "admin" && pass= = "123456") {
3      return "登录成功";
4    } else {
5      return "登录失败";
6    }
7  }
```

（4）运行上述代码，向页面中输入内容进行测试，登录失败时的效果如图 1-11 所示。

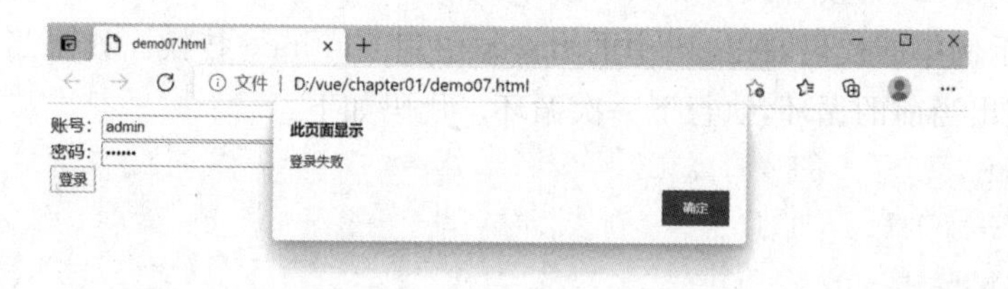

图 1-11　return 的使用

4）with 语句

with 为一组语句创建默认的对象。在这组语句中，任何不指定对象的属性引用都将被认为是默认对象。基本语法如下：

```
with(Object){
    执行语句块;
}
```

其中，Object 为语句指定要使用的默认对象名称，两边必须有小括号。如果一段连续的程序代码中多次使用到了某个对象的许多属性或者方法，那么只要在 with 后面的小括号中写出这个对象的名称，然后就可以在随后的大括号中的执行语句里直接引用该对象的属性名或者方法名，不必再在每个属性和方法名前都加上对象实例名和点(.)了。

假设要获取系统当前的日期，通过 new Date()实例对象 current_time，然后调用该对象的 getFullYear()、getMonth()和 getDate()方法获取年月日。代码如下：

```
1  var current_time=new Date();
2  var str=current_time.getFullYear()+"年";
3  str+=current_time.getMonth()+"月";
4  str+=current_time.getDate()+"日";
5  alert(str)
```

除了年月日外，还可以获取系统的当前时间，即时分秒。每次获取这些信息时，都需要通过“current_time.”进行获取，这显得非常麻烦，可以直接使用 with 语句。更改上述代码，内容如下：

```
1  var current_time=new Date();
2  with(current_time) {
3      var str=getFullYear()+"年"+getMonth()+"月"+current_time.getDate()+"日";
4  }
5  alert(str)
```

5）异常处理语句

程序中不可避免地存在无法预知的反常情况，这种反常称为异常。JavaScript 为处理在程序执行期间可能出现的异常提供了内置支持，由正常控制流之外的代码来处理。

异常处理语句是一个强大的、多用途的错误处理和恢复系统。常用的两种异常处理语句为 try catch 语句和 try catch finally 语句。

（1）try catch 语句。

基本语法如下：

```
try {
    语句块，
    可能出现异常的代码；
}
catch {
    出现异常时执行的语句；
}
```

try 语句和 catch 语句是成对使用的。其中，try 语句块中包含可能会发生异常的代码；catch 语句定义了如何处理错误。

下面通过案例演示 try catch 语句的使用。在页面中输入数字进行判断，如果输入的数字不等于 10，则抛出一个异常提示。实现步骤如下：

① 向页面中添加一个输入文本框和一个按钮。相关代码如下：

```
1  猜数字：<input type="text" id="number" />
2  <input type="button" onclick="CheckNum()" value= "测试" />
```

② 创建自定义的 CheckNum()函数，首先获取文本框输入的值，然后在 try 语句中添加代码，判断 number 的值是否等于 10，是则直接向页面输出内容，不是则通过 throw 抛出一个异常，并使用 catch 语句捕获异常，弹出提示对话框。

代码如下：

```
1  function CheckNum() {
2      var number=document.getElementById("number").value;
3      try {
4        number=parseInt(number);
5        if (number==10) {
6          document.write("恭喜您，真聪明，我心里想的数字是 10");
7        } else {
8          throw "很抱歉，距离我心里所想的数字还有一段距离";
9        }
10     } catch (e) {
11       alert(e)
12     }
13 }
```

③ 运行上述代码，向页面中输入内容，效果如图 1-12 所示。

（2）try catch finally 语句。

除了 try catch 语句外，还会经常使用 try catch finally 语句，finally 块中包含了始终被

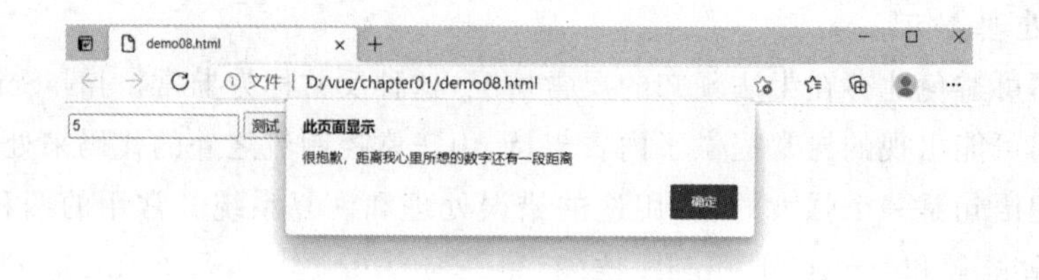

图 1-12　try catch 的使用

执行的代码。基本语法如下：

```
try {
    语句块;
} catch {
    语句块;
} finally {
    语句块;
}
```

更改上面示例中的代码，在 try catch 语句之后添加 finally 语句块，该语句块中弹出一个对话框提示。代码如下：

```
1  function CheckNum() {
2      var number=document.getElementById("number").value;
3      try {
4          number=parseInt(number);
5          if (number==10) {
6              document.write("恭喜您,真聪明,我心里想的数字是 10");
7          } else {
8              throw "很抱歉,距离我心里所想的数字还有一段距离";
9          }
10      } catch (e) {
11         alert(e)
12      }finally {
13         alert("在 finally 语句块弹出了内容")
14      }
15  }
```

运行上述代码，观察效果，无论用户在页面中输入的数字是否正确，最后都会弹出“在 finally 语句块弹出了内容”的对话框提示。

1.3.3　JavaScript 数据类型、数据操作、函数及对象

1.3.3.1　数据类型

任何一种程序设计语言都离不开对数据的操作处理，对数据进行操作前必须要确定数据的类型。数据类型规定了可以对该数据进行的操作和数据的存储方式。JavaScript 的基本数据类型有数值型、字符串型、布尔型、空型、未定义型 5 种。下面对这几种基本数据类型做具体介绍。

1. 数值型

JavaScript中,用于表示数字的类型称为数值型。JavaScript的数字可以写成十进制、十六进制和八进制,具体介绍如下。

(1) 十进制是全国通用的计数法,采用0～9十个数字,遵循逢十进一的原则。例如,下面的数字都是采用十进制的数字。

```
5         //十进制数
12.8      //十进制数
-0.25     //十进制数
```

(2) 十六进制以"0x"或"0X"开头,后面跟0～F十六进制数字,具体实例如下:

```
0x1a2e      //十六进制数
0x2d5e      //十六进制数
0x2         //十六进制数
```

(3) 八进制以"0"开头,采用0～7八个数字,遵循逢八进一的原则,具体示例如下:

```
015         //八进制数
02345       //八进制数
-0123       //八进制数
```

2. 字符串型

字符串型(String)是JavaScript用来表示文本的数据类型,JavaScript中的字符串型数据包含在单引号或双引号中,具体介绍如下:

(1) 单引号括起来的一个或多个字符,示例如下:

```
'前端开发工程师'
'v'
```

(2) 双引号括起来的一个或多个字符,示例如下:

```
"程序员"
"vue"
```

3. 布尔型

布尔型(Boolean)是JavaScript中较常用的数据类型之一,通常用于逻辑判断,它只有true和false两个值,表示事物的"真"和"假"。

4. 空型

空型(Null)用于表示一个不存在的或无效的对象与地址,它的取值只有一个null。由于JavaScript对大小写字母书写要求严格,因此变量的值只有是小写的null时才表示空型。

5. 未定义型

未定义型(undefined)用于声明的变量还未被初始化时,变量的默认值为undefined。与null不同的是,undefined表示没有为变量设置值,而null则表示变量不存在或无效。

1.3.3.2 数据基本操作

数据的操作包括算术运算、比较大小、赋值等,具体介绍如下:

1. 算术运算

JavaScript支持加(+)减(-)乘(*)除(/)四则运算,具体实例如下:

```
alert(110+220);                //输出结果:330
alert(5 *  6+20 / 5-2);        //输出结果:32
alert(2 *  (5+4) / 5-1);       //输出结果:2.6
```

JavaScript程序根据先乘除后加减的规则进行运算，利用小括号可以改变优先顺序。

2. 比较大小

JavaScript支持>、<、>=、<=、==(等于)等比较符号(比较运算符)。通过比较运算符号可以比较两个数字的大小，具体示例如下：

```
alert(10>20)          //输出结果:false
alert(20 <30)         //输出结果:true
alert(11==22)         //输出结果:false
alert(11==11)         //输出结果:true
```

从上述示例可以看出，比较的结果是true或false，这是一种布尔类型的值，表示真和假。

3. 赋值

赋值使用赋值运算符，最基本的赋值运算符是等于号“=”。其他运算符可以和赋值运算符“=”联合使用，构成组合赋值运算符。表1-1列举了部分赋值运算符。

表1-1　部分赋值运算符

赋值运算符	描　述
=	将右边表达式的值赋给左边的变量。例如，x=11
+=	将运算符左边的变量加上右边表达式的值赋给左边的变量。例如，x+=2，相当于x=x+2
-=	将运算符左边的变量减去右边表达式的值赋给左边的变量。例如，x-=2，相当于x=x-2

4. 使用字符串保存数据

在JavaScript中，使用单引号或双引号包裹的数据是字符串，具体示例如下：

```
alert('vue')          //单引号字符串
alert("vue")          //双引号字符串
```

5. 比较两个字符串是否相同

使用“==”运算符可以比较两个字符串是否相同，具体示例如下：

```
alert("11"=="22")     //输出结果:false
alert("11"=="11")     //输出结果:true
```

6. 字符串与数字的拼接

使用“+”运算符操作两个字符串时，表示字符串拼接，具体示例如下：

```
alert('11'+'22')      //输出结果为:1122
```

若其中一个是数字，则表示将数字与字符串拼接，示例代码如下：

```
alert('11+ 22= '+ 11+ 22)    //输出结果为:11+22=1122
```

通过输出结果可以看出，字符串会与相邻的数字拼接。如果需要先对“11+22”进行计算，应使用小括号提高优先级，示例代码如下：

```
alert('11+22='+(11+22))    //输出结果为:11+22=33
```

7. 使用变量保存数据

当一个数据需要多次使用时，可以利用变量将数据保存起来。变量是指在程序运行过程中，值可以发生改变的量，可以看作存储数据的容器。每一个变量都有一个名称，通过名称可以访问其保存的数据。

下面示例演示如何使用var关键字来声明变量，然后利用变量进行运算：

```
var num1=11;        //使用名称为 num1 的变量保存数字 11
var num2=22;        //使用名称为 num2 的变量保存数字 22
alert(num1+num2);   //输出结果为:33
alert(num1-num2);   //输出结果为:-11
```

在上述示例中，var关键字后面的num1、num2是变量名，“=”用于将右边的数据赋值给左边的变量。通过变量保存数据后，就可以进行运算了。

变量的值可以被修改。接下来在上述示例的基础上继续写代码，实现交换两个变量的值。

```
var temp=num1;                          //将变量 num1 的值赋给变量 temp
num1=num2;                              //将变量 num2 的值赋给 num1
num2=temp;                              //将变量 temp 的值赋给 num2
alert('num1='+num1+',num2='+num2);      //输出结果为:num1=11,num2=22
```

1.3.3.3 函数

在程序中经常需要重复执行某些操作，如果每次重复书写相同的代码，不仅增加了开发人员的工作量，而且增加了代码后期的维护难度。函数可以将程序中的代码模块化，提高程序的可读性。

1. 认识函数

前面使用的alert()输出语句，就是一个函数。其中alert是函数名称，小括号用于接收输入的参数，例如：

```
alert (123) ;
```

上面的示例代码表示将数字“123”传给alert()函数。函数执行后就会弹出一个警告框，并将“123”显示出来。在JavaScript中像alert()这样的函数是浏览器内核自带的，不用引入任何函数库就可以直接使用，这样的函数也称内置函数。常见的内置函数还有prompt()、parseInt()、confirm()等 。

除了直接调用JavaScript内置函数，用户还可以自己定义一些函数，用于封装代码。在JavaScript中，使用关键字function来定义函数，其语法格式如下：

```
function 函数名(参数 1, 参数 2) {
    函数体
}
```

从上述语法格式可以看出，函数由关键字“function”“函数名”“参数”“函数体”四部分组成，关于这四部分的解释如下：

- function：在声明函数时必须使用的关键字。
- 函数名：创建函数的名称，函数名称是唯一的。
- 参数：在定义函数时使用的参数，目的是接收调用该函数时传进来的实际参数，这类参数称为“形参”。在定义函数时参数是可选项，当有多个参数时，各参数用“,”分隔。
- 函数体：函数定义的主体，专门用于实现特定的功能。

对函数定义的语法有所了解后，下面演示定义一个简单的函数show()：

```
1   function show() {
2       alert("轻松学习 JavaScript")
3   }
```

上述代码定义的 show()函数比较简单，函数中没有定义参数，并且函数体中仅使用 alert()语句返回一个字符串。

2. 调用函数

当函数定义完成后，要想在程序中发挥函数的作用，必须调用这个函数。函数的调用非常简单，只需引用函数名，并传入相应的参数即可。函数调用的语法格式如下：

```
函数名称(参数 1,参数 2,...)
```

在上述语法格式中，参数可以是一个或多个，也可以省略。调用函数的参数必须具有确定的值，以便把这些值传送给形参，这类参数称为“实参”。

下面通过案例演示函数调用的方法。

```
1  <!DOCTYPE html>
2  <html>
3        <head>
4            <meta charset="utf-8">
5            <title> 调用函数</title>
6        </head>
7        <body>
8            <script type="text/javascript">
9                 //定义函数
10                function sum(a, b) {
11                     c=a+b;      //函数内部的代码
12                     return c;       //函数的返回值
13                }
14                //调用函数
15                alert(sum(11, 22))  //输出结果为:33
16             </script>
17        </body>
18    </html>
```

在此例中，第 10 行代码中的 function 是定义函数使用的关键字，sum 是函数名，小括号中的参数 a 和 b 用于保存函数调用时传递的参数；第 12 行代码中的 return 关键字用于将函数的处理结果返回；第 15 行代码中的 alert()，用于调用函数并输出结果。运行效果如图1-13 所示。

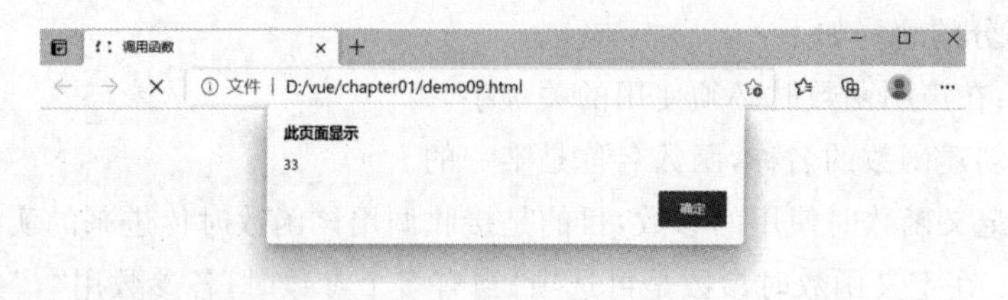

图 1-13　调用函数

3. 函数中变量的作用域

函数中的变量需要先定义后使用，但这并不意味着定义变量后就可以随意使用。变量需要在它的作用范围内才可以被使用，这个作用范围称为变量的作用域。在 JavaScript 中，根据作用域的不同，变量可分为全局变量和局部变量，对它们的具体解释如下。

- 全局变量：定义在所有函数之外，作用于整个程序的变量。
- 局部变量：定义在函数体之内，作用于函数体的变量。

1.3.3.4 对象

JavaScript 是一种基于对象的脚本语言，在 JavaScript 中，除了语言结构、关键字以及运算符之外，其他所有事物都是对象。对象在 JavaScript 中扮演着重要的角色，本节将详细讲解对象的相关知识。

1. 认识对象

在生活中，我们接触到的各种事物都是对象。所有客观存在的、可以被描述的事或者物都是对象。简而言之，万事万物皆对象。例如网页可以看作一个对象，它既包含背景色、布局等属性，也包含打开、跳转、关闭等使用方法。对象包含属性和方法两个要素，具体解释如下。

- 属性：用来描述对象特性的数据，即若干变量。
- 方法：用来操作对象的若干动作，即若干函数。

在 JavaScript 中，属性作为对象成员的变量，表明对象的状态；方法作为对象成员的函数，表明对象所具有的行为。通过访问或设置对象的属性，调用对象的方法，就可以对对象进行各种操作，从而获得需要的功能。在程序中若要调用对象的属性或方法，则需要在对象后面加上一个点“.”，然后再加上属性名或方法即可。例如：

```
1    screen.width     //调用对象属性
2    Math.sqrt(x)     //调用对象方法
```

上述代码中，第 1 行代码用于调用对象的属性，表示通过 screen 对象的 width 属性获取宽度；第 2 行代码用于调用对象的方法，表示通过 Math 对象的 sqrt()方法获取 x 的算术平方根。

2. window 对象

window 对象表示整个浏览器窗口，用于获取浏览器窗口的大小、位置，或设置定时器等。window 对象常用的属性和方法如表 1-2 所示。

表 1-2 window 对象常用的属性和方法

属性/方法	说明
document、history、location、navigator、screen	返回相应对象的引用。例如 document 属性返回 document 对象的引用
parent、self、top	分别返回父窗口、当前窗口和最顶层窗口的对象引用
screenLeft、screenTop、screenX、screenY	返回窗口的左上角、在屏幕上的 X、Y 坐标。Firefox 不支持 screenLeft、screenTop，IE8 及更早的 IE 版本不支持 screenX、screenY
innerWidth、innerHeight	分别返回窗口文档显示区域的宽度和高度
outerWidth、outerHeight	分别返回窗口的外部宽度和高度
closed	返回当前窗口是否已被关闭的布尔值
opener	返回对创建此窗口的窗口引用

续表

属性/方法	说　明
open()、close()	打开或关闭浏览器窗口
alert()、confirm()、prompt()	分别表示弹出警告框、确认框、用户输入框
moveBy()、moveTo()	以窗口左上角为基准移动窗口，moveBy()是按偏移量移动，moveTo()是移动到指定的屏幕坐标
scrollBy()、scrollTo()	scrollBy()是按偏移量滚动内容，scrollTo()是滚动到指定的坐标
setTimeout()、clearTimeout()	设置或清除普通定时器
setInterval()、clearInterval()	设置或清除周期定时器

下面通过代码演示 window 对象的属性和方法应用，对其中的属性进行详细讲解。

1）window 对象的基本使用

前面我们经常使用 alert()弹出一个警告框，实际上完整的写法应该是 window. alert()，即调用 window 对象的 alert()方法。因为 window 对象是最顶层的对象，所以调用它的属性或方法时可以省略 window。

下面示例演示了 window 对象的基本使用，代码如下：

```
1   //获取文档显示区域宽度
2   var width=window.innerWidth;
3   //获取文档显示区域高度(省略 window)
4   var height=innerHeight;
5   //调用 alert 输出
6   window.alert(width+"*"+height)
7   //调用 alert 输出(省略 window)
8   alert(width+"*"+height)
```

上述代码输出了文档显示区域的高度和宽度。当浏览器的窗口大小改变时，输出的数值就会发生改变。

2）打开和关闭窗口

window. open()方法用于打开新窗口，window. close()方法用于关闭窗口。示例代码如下：

```
1   //弹出新窗口
2   var newWin=window.open("new.html");
3   //关闭新窗口
4   newWin.close();
5   //关闭本窗口
6   window.close();
```

上述代码中，window. open("new. html")；表示打开一个新窗口，并使新窗口访问 new. html。该方法返回了新窗口的对象引用，因此可以通过调用新窗口对象的 close()方法关闭窗口。

3）setTimeout()定时器的使用

setTimeout()定时器可以实现延时操作，即延迟一段时间后执行指定的代码。示例代码如下：

```
1    //定义 show 函数
2    function show() {
3        alert("2s 已经过去了");
4    }
5    //2s 后调用 show 函数
6    setTimeout(show, 2000);
```

上述代码实现了当网页打开后，停留 2 秒就会弹出 alert()提示框。setTimeout(show，2000)的第一个参数表示要执行的代码，第二个参数表示要延时的毫秒值。

当需要清除定时器时，可以使用 clearTimeout()方法。示例代码如下：

```
1    function showA() {
2        alert("定时器 A");
3    }
4    function showB() {
5        alert("定时器 B");
6    }
7    //设置定时器 t1,2s 后调用 showA 函数
8    var t1= setTimeout(showA, 2000);
9    //设置定时器 t2,2s 后调用 showB 函数
10    var t2= setTimeout(showB, 2000);
11    //清除定时器 t1
12    clearTimeout(t1);
```

上述代码设置了两个定时器：t1 和 t2。如果没有清除定时器，则两个定时器都会执行；如果清除了定时器 t1，则只有定时器 t2 可以执行。在代码中，setTimeout 的返回值是该定时器的 ID 值，当清除定时器时，将 ID 值传入 clearTimeout()的参数中即可。

4）setInterval()定时器的使用

setInterval()定时器用于周期性执行脚本，即每隔一段时间执行指定的代码，通常用于在网页上显示时钟、实现网页动画、制作漂浮广告等。注意，如果不使用 clearInterval()清除定时器，该方法会一直循环执行，直到页面关闭为止。

3. document 对象

document 对象用于处理网页文档，通过该对象可以访问文档中所有的标签。表 1-3 列举了 document 对象常用的属性和方法。

表 1-3　document 对象的常用属性和方法

属性/方法	说　明
body	访问<body>元素
lastModified	获得文档最后修改的日期和时间
referrer	获得该文档的来路 URL 地址，当文档通过超链接被访问时有效
title	获得当前文档的标题
write()	向文档写 HTML 或 JavaScript 代码

在使用时，"document"或"window.document"可表示该对象。

4. 元素对象常用操作

元素对象表示 HTML 标签，例如一个"＜div＞"元素对象就表示网页文档中的一个"＜div＞"标签。元素对象的常用操作如表 1-4 所示。

表 1-4 元素对象的常用操作

类型	方法	说明
访问指定节点	getElementById()	获取拥有指定 ID 的第一个标签对象的引用
	getElementsByName()	获取带有指定名称的标签对象集合
	getElementsByTagName()	获取带有指定标签名的标签对象集合
	getElementsByClassName()	获取指定 class 的标签对象集合(不支持 IE6～IE8 浏览器)
创建节点	createElement()	创建元素节点
	createTextNode()	创建文本节点
节点操作	appendChild()	为当前节点增加一个子节点(作为最后一个子节点)
	insertBefore()	为当前节点增加一个子节点(插到指定子节点之前)
	removeChild()	删除当前节点的某个子节点

此外，元素对象还有一些属性和内容的操作方法。元素属性和内容的操作方法如表 1-5 所示。

表 1-5 元素属性和内容操作

类型	属性/方法	说明
元素内容	innerHTML	获取或设置元素的 HTML 内容
样式属性	className	获取或设置元素的 class 属性
	style	获取或设置元素的 style 样式属性
位置属性	offsetWidth、offsetHeight	获取或设置元素的宽和高(不含滚动条)
	scrollWidth、scrollHeight	获取或设置元素的完整的宽和高(含滚动条)
	offsetTop、offsetLeft	获取或设置包含滚动条，距离上或左边滚动过的距离
	scrollTop、scrollLeft	获取或设置元素在网页中的坐标
属性操作	getAttribute()	获得元素指定属性的值
	setAttribute()	为元素设置新的属性
	removeAttribute()	为元素删除指定的属性

除了前面讲解的元素属性外，对于元素对象的样式，还可以直接通过"style 属性名称"的方式操作。在操作样式名称时，需要去掉 CSS 样式名中的横线"_"，并将第二个英文首字母大写。例如，设置背景颜色的 background-color，在 style 属性操作中，需要修改为 backgroundColor。表 1-6 列举了 style 属性中 CSS 样式名称的书写及说明。

表1-6 style属性中CSS样式

名　称	说　明
background	设置或返回元素的背景属性
backgroundColor	设置或返回元素的背景色
display	设置或返回元素的显示类型
height	设置或返回元素的高度
left	设置或返回定位元素的左部位置
listStyleType	设置或返回列表项标签的类型
overflow	设置或返回如何处理呈现在元素框外面的内容
textAlign	设置或返回文本的水平对齐方式
textDecoration	设置或返回文本的修饰
width	设置或返回元素的宽度
textIndent	设置或返回文本第一行的缩进

下面的示例代码就是对ID名为test的元素进行操作：

```
1    var test=document.getElementById("test"); //获得待操作的元素对象
2    test.style.width="200px";
3    //设置样式,相当于: # test{width:200px; }
4    test.style.height="100px";
5    //设置样式,相当于: # test {height:100px; }
6    test.style.backgroundColor="# ff0000";
7    //设置样式,相当于: # test {background- color:# ff0000;}
```

5. 自定义对象

除了直接使用JavaScript中的内置对象，用户也可以自己创建一个自定义对象，并为对象添加属性和方法。下面通过代码演示自定义对象的创建和使用。具体示例代码如下：

```
1    //创建对象
2    var student={}; //创建一个名称为 student 的空对象
3    //添加属性
4    student.name='小伟'; //为 student 对象添加 name 属性
5    student.gender='男'; //为 student 对象添加 gender 属性
6    student.age=19; //为 student 对象添加 age 属性
7    //访问属性
8    alert(student.name); //访问 student 对象的 name 属性,输出结果:小明
9    //添加方法
10    student.introduce=function() {
11      return '我叫,+this.name+', 今年 '+this.age+'岁。';
12    };
13    // 调用方法
14    alert(student.introduce()); //输出结果:我叫小伟,今年 19 岁。
```

从上述代码可以看出，使用大括号"{}"即可创建一个自定义的空对象，创建后通过赋

值的方式可以为对象添加成员。如果赋值的是一个可调用的函数，则表示添加的是方法，否则表示添加的是属性。

在 student 对象的 introduce()方法中，this 表示当前对象。通过 this 来访问当前对象的属性或方法，可以使对象内部的代码不依赖于对象外部的变量名，当对象的变量名被修改时，不影响对象内部的代码。

1.3.4 JavaScript 事件处理

1.3.4.1 事件和事件调用

事件是指可以被 JavaScript 侦测到的交互行为，例如在网页中单击鼠标、滚动页面、敲击键盘等。当发生事件以后，可以利用 JavaScript 编程来执行一些特定的代码，从而实现网页的交互效果。

当事件发生后，要想事件处理程序能够启动，就需要调用事件处理程序。在 JavaScript 中调用事件处理程序，首先需要获得处理对象的引用，然后将要执行的处理函数赋值给对应的事件。为了方便大家理解和掌握，下面通过一个案例进行演示。

```
1    <!DOCTYPE html>
2    <html>
3        <head>
4            <meta charset="utf-8">
5            <title> 在 JavaScript 中调用事件处理程序</title>
6        </head>
7        <body>
8            <button id="save"> 点击按钮</button>
9        </body>
10   </html>
11   <script type="text/javascript">
12       var btn=document.getElementById("save");
13       //script 里面为调用程序的示例代码
14       btn.onclick=function() {//onclick 是鼠标单击事件
15           alert("轻松学习 JavaScript 事件")
16       }
17   </script>
```

在此例中，第 12～15 行代码为调用程序的示例代码。其中第 14 行代码的 onclick 是鼠标单击事件。

运行结果如图 1-14 所示。

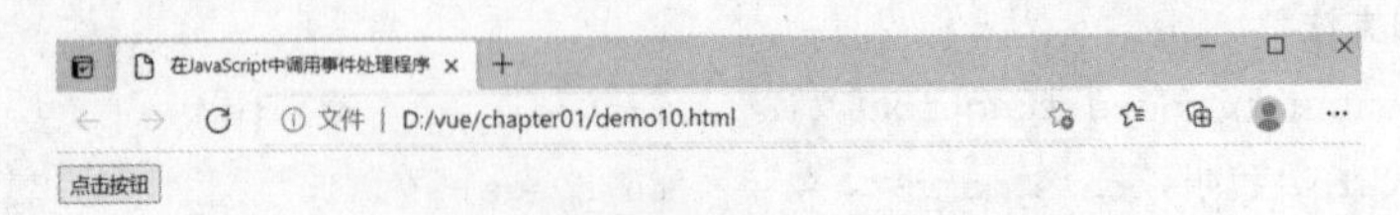

图 1-14 事件调用(运行结果)

单击图 1-14 中的“点击按钮”，将弹出图 1-15 所示的警示框。

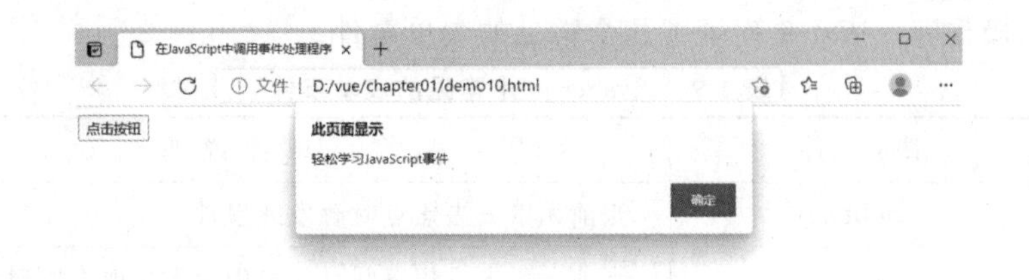

图 1-15　事件调用(警示框)

1.3.4.2　常见的 JavaScript 事件

JavaScript 中的常用事件包括鼠标事件、键盘事件、表单事件和页面事件。具体介绍如下。

1. 鼠标事件

鼠标事件是指通过鼠标动作触发的事件。鼠标事件有很多,表 1-7 列举了几个常用的鼠标事件。

表 1-7　JavaScript 中常用的鼠标事件

类　别	事　件	事件说明
鼠标事件	onclick	鼠标单击时触发此事件
	ondblclick	鼠标双击时触发此事件
	onmousedown	鼠标按下时触发此事件
	onmouseup	鼠标弹起时触发此事件
	onmouseover	鼠标移动到某个设置了此事件的元素上时触发此事件
	onmousemove	鼠标移动时触发此事件
	onmouseout	鼠标从某个设置了此事件的元素上离开时触发此事件

注意:

JS 是区分大小写的,变量名、函数、关键字都要区分大小写。onclick 只是浏览器提供 JS 的一个 DOM 接口,让 JS 可以操作 DOM,所以 onclick 大小写都是没问题的,类似于 HTML 代码不区分大小写。

2. 键盘事件

键盘事件是指用户在使用键盘时触发的事件。例如,用户按【Esc】键关闭打开的状态栏,按【Enter】键直接完成光标的上下切换等。表 1-8 列举了几个常见的键盘事件。

表 1-8　JavaScript 中常见的键盘事件

类　别	事　件	事件说明
键盘事件	onkeydown	当键盘上的某个按键被按下时触发此事件
	onkeyup	当键盘上的某个按键被按下后弹起时触发此事件
	onkeypress	当输入有效的字符按键时触发此事件

3. 表单事件

表单事件是指对 Web 表单操作时发生的事件。例如,表单提交前对表单的验证,表单重置时的确认操作等。表1-9列举了几个常见的表单事件。

表1-9 JavaScript中常见的表单事件

类别	事件	事件说明
表单事件	onblur	当前元素失去焦点时触发此事件
	onchange	当前元素失去焦点并且元素内容发生改变时触发此事件
	onfocus	当某个元素获得焦点时触发此事件
	onreset	当表单被重置时触发此事件
	onsubmit	当表单被提交时触发此事件

4. 页面事件

页面事件可以改变JavaScript代码的执行时间。表1-10列举了常用的页面事件。

表1-10 页面事件

类别	事件	事件说明
页面事件	onload	当页面加载完成时触发此事件
	onunload	当页面卸载时触发此事件

1.3.5 ECMAScript 6

ECMAScript 6(简称ES6)是于2015年6月正式发布的JavaScript语言的标准，正式名为ECMAScript 2015(ES2015)。它的目标是使得JavaScript语言可以用来编写复杂的大型应用程序，成为企业级开发语言。下面我们将详细介绍ES6的新增功能。

1.3.5.1 声明命令

1. let命令

ES6新增了let命令，用来声明变量。它的用法类似于var，但let声明的变量，只在声明所在的块级作用域内有效。

let不允许在相同作用域内重复声明同一个变量。

let实际上为JavaScript新增了块级作用域，在{}被包围的范围外，不受内层的let变量影响。

2. const命令

const声明一个只读的常量。一旦声明，常量的值就不能改变，且声明时必须立即初始化，不能留到以后赋值。const的作用域与let命令的相同：只在声明所在的块级作用域内有效。

const保证变量指向的那个内存地址不得改动。对于简单类型的数据(数值、字符串、布尔值)，值就保存在变量指向的那个内存地址，因此等同于常量。但对于复合类型的数据(对象和数组等)，变量指向的内存地址保存的只是一个指针，const只能保证这个指针是固定的，至于它指向的数据结构是不是可变的，就完全不能控制了。因此，将一个对象声明为常量必须小心。

```
1    const ids={};                 // 等价于 const ids=[]
2    ids.prop=123;                 // 为 ids 添加一个属性,可以成功
3    console.log(ids.prop);        //123
4    ids={};                       // 将 ids 指向另一个对象,就会报错
```

3. class 命令

ES6 提供了更接近传统语言的写法,引入了类的概念(类的数据类型就是函数,类本身就指向构造函数),作为对象的模板。通过 class 关键字,可以定义类。class 可以看作只是一个语法糖,新的 class 写法只是让对象原型的写法更加清晰、更像面向对象编程的语法而已。例如:

```
1    function Point(x, y) {
2        this.x=x;
3        this.y=y;
4    }
5    Point.prototype.toString=function () {
6        return '('+this.x+', '+this.y+')';
7    };
8
9    // 上面为原先写法,下面为 ES6 的 class 写法
10
11    class Point {
12    constructor(x, y) {  // 构造方法,this 关键字代表实例对象
13        this.x=x;
14        this.y=y;
15      }
16      toString() { // 自定义方法,方法之间不需要用逗号分隔,加了会报错
17        return '('+this.x+', '+this.y+')';
18    }
19 }
```

构造函数的 prototype 属性,在 ES6 的类上面继续存在。事实上,类的所有方法都定义在类的 prototype 属性上面。

类的属性名,可以采用表达式:

```
1    let methodName= 'getSum';
2    class Math{
3        [methodName]() {
4        }
5    }
```

与函数一样,类也可以使用表达式的形式定义。下面代码使用表达式定义了一个类。需要注意的是,这个类的名字是 MyClass 而不是 Mc,Mc 只在 class 的内部代码可用,指代当前类:

```
    const MyClass=class Mc { // 如果类的内部没用到的话,可以省略 Mc
1    getClassName() {
2        return Mc.name;
```

```
3     }
4   };
5   let my=new MyClass();
6   console.log(my.getClassName()) // Mc
7   Mec.name // 报错,Mc 没有定义
```

类是对象(实例)的模板,所有在类中定义的方法,都会被对象继承。如果在一个方法前,加上 static 关键字,就表示该方法不会被对象继承,而是直接通过类来调用,这就称为静态方法。

```
1   class Car {
2     static sayHi() {
3       return 'hello';
4     }
5   }
6   Car.sayHi() // 'hello'
7   var car=new Car();
8   car.sayHi() // 报错 car.sayHi 不是一个函数(不存在该方法)
```

如果静态方法包含 this 关键字,这个 this 指的是类,而不是实例。静态方法可以与非静态方法重名,父类的静态方法,可以被子类继承。

4. import 和 export 命令

import 属于声明命令,它和 export 命令配合使用。export 命令用于规定模块的对外接口,import 命令用于输入其他模块提供的功能。

一个模块就是一个独立的文件。该文件内部的所有变量,外部无法获取。如果外部能够读取模块内部的某个变量、函数或类,就必须使用 export 关键字输出。export 输出的变量就是本来的名字,可以使用 as 关键字重命名:

```
1   // profile.js
2   export var firstName='Jen';
3   export function f() {};
4   export var year=1998;
5
6   //写法 2,与上等同
7   var firstName='Jen';
8   function f() {};
9   var y=1998;
10   export {firstName, f, y as year};
```

export 语句输出的接口,与其对应的值是动态绑定关系,即通过该接口可以取到模块内部实时的值。export 命令可以出现在模块的任何位置,只要处于模块顶层就可以。如果处于块级作用域内,就会报错。

使用 export 命令定义了模块的对外接口以后,其他 JS 文件就可以通过 import 命令加载这个模块,变量名必须与被导入模块对外接口的名称相同。import 命令可以使用 as 关键字,将输入的变量重命名。除了指定加载某个输出值,还可以使用整体加载,即用 * 指定一个对象,所有输出值都加载在这个对象上面。

import 命令输入的变量都是只读的，因为它的本质是输入接口。也就是说，不允许在加载模块的脚本里面改写接口。但是，如果是一个对象，改写对象的属性是允许的。并且由于 import 是静态执行，所以不能使用表达式和变量这些只有在运行时才能得到结果的语法结构。

```
1    import a from './xxx.js'; // 也可以是绝对路径，.js 后缀可以省略
2
3    a.foo='hello'; // 合法操作
4    a={}; // 报错：a 是只读的
5
6    import { 'f'+'oo' } from '/my_module.js';// 报错，语法错误（不能用运算符）
7
8    if (x===1) {
9        import { foo } from 'module1'; // 报错，语法错误（import 不能在{}内）
10   } else {
11       import { foo } from 'module2';
12   }
```

注意：

import 命令具有提升效果，会提升到整个模块的头部，首先执行。import 可以不导入模块中的任何内容，只运行模块中的全局代码。如果多次执行同一模块的 import 语句，那么只会执行一次其全局代码，但变量均会正常引入（相当于合并处理）。

除了用大括号引入变量，import 还可以直接自定义引入默认变量。

1.3.5.2 兼容问题

不同浏览器的不同版本对 ES6 的支持度不同，而 Babel 是一个广泛使用的 ES6 转码器，可以将 ES6 代码转为 ES5 代码，从而在现有环境中执行。

1.4 jQuery 简介

jQuery 是一个快速、简洁的 JavaScript 框架。jQuery 设计的宗旨是“write Less，Do More”，即倡导写更少的代码，做更多的事情。它封装 JavaScript 常用的功能代码，提供一种简便的 JavaScript 设计模式，优化 HTML 文档操作、事件处理、动画设计和异步交互。

jQuery 的核心特性可以总结为：具有独特的链式语法和短小清晰的多功能接口；具有高效灵活的 CSS 选择器，并且可对 CSS 选择器进行扩展；拥有便捷的插件扩展机制和丰富的插件。jQuery 兼容各种主流浏览器，如 IE、Firefox、Safari 等。

如果您之前已经学习过 jQuery，在以后的项目开发中可以按需使用。如果您之前没有学习过 jQuery，此处简单了解即可，不影响本书后面的学习，也不影响当前大多数新项目的开发。

1.5 Vue

Vue（读音 /vjuː/）是一套用于构建用户界面的渐进式 JavaScript 框架。与其他大型框架不同的是，Vue 是可以自底向上逐层应用的。一方面，Vue 的核心库只关注视图层，方便与第三方库或既有项目整合。另一方面，Vue 完全有能力驱动采用单文件组件和 Vue 生态系统支持的库开发的复杂单页应用。

Vue.js 的目标是通过尽可能简单的 API 实现响应的数据绑定和组合的视图组件。

Vue.js 自身不是一个全能框架，它只聚焦于视图层。因此，它非常容易学习，非常容易与其他库或已有项目整合。在与相关工具和支持库一起使用时，Vue.js 也能完美地驱动复杂的单页应用。

Vue 具有如下特点：

(1) 易用。在 HTML、CSS、JavaScript 的基础上，快速上手。

(2) 灵活。简单小巧的核心和渐进式技术栈使它足以应付任何规模的应用。

1.6 Element-UI

Element-UI 是一套为前端开发者、UI 设计师和产品经理准备的基于 Vue 2.0 的桌面端 UI 组件库，提供了配套设计资源，帮助用户设计的网站快速成型。

Element-UI 具有如下特性：

(1) 一致性。

与现实生活一致：与现实生活的流程、逻辑保持一致，遵循用户习惯的语言和概念。

在界面中一致：所有的元素和结构需保持一致，比如设计样式、图标和文本、元素的位置等。

(2) 反馈。

控制反馈：通过界面样式和交互效果让用户可以清晰地感知自己的操作。

页面反馈：用户操作后，通过页面元素的变化清晰地展现当前状态。

(3) 效率。

简化流程：设计简洁直观的操作流程。

清晰明确：语言表达清晰且表意明确，让用户快速理解进而做出决策。

帮助用户识别：界面简单直白，让用户快速识别而非回忆，减少用户记忆负担。

(4) 可控。

用户决策：根据场景可给予用户操作建议或安全提示，但不能代替用户进行决策。

结果可控：用户可以自由地进行操作，包括撤销、回退和终止当前操作等。

关于 Element-UI 的详细使用，将在本书第 10 章进行讲解和演示。

1.7 Mint-UI

Mint-UI 是一个基于 Vue 的手机端 UI 框架，其样式类似于手机 APP 样式。

Mint-UI 包含丰富的 CSS 和 JS 组件，能够满足日常的移动端开发需要。通过它，可以快速构建出风格统一的页面，提高开发效率。

Mint-UI 能够实现真正意义上的按需加载组件。可以只加载声明过的组件及其样式文件，无须再纠结文件体积过大的问题。

考虑到移动端的性能门槛，Mint-UI 采用 CSS3 处理各种动态效果(简称动效)，避免浏览器进行不必要的重绘和重排，从而使用户获得流畅顺滑的体验。

依托 Vue.js 高效的组件化方案，Mint-UI 做到了轻量化。即使全部引入，压缩后的文件体积也仅有约 100 KB。

关于 Mint-UI 的详细使用，将在本书第 10 章进行讲解和演示。

1.8 前端开发技术选型

- 使用 HTML5 作为构建 Web 页面内容的基础语言，编写网页的结构。
- 使用 CSS3 实现页面样式。
- 使用 JavaScript 实现页面逻辑、行为和动作等。
- 使用 Vue 作为前端开发的 JS 框架。
- 使用 Element-UI 或 Mint-UI 作为用户界面 UI 组件库。

课后习题

一、简答题

1. 什么是 HTML，在 Web 前端开发中 HTML 的主要功能是什么？
2. 什么是 CSS，在 Web 前端开发中 CSS 的主要功能是什么？
3. 什么是 JavaScript，在 Web 前端开发中 JavaScript 的主要功能是什么？
4. 请简述 JavaScript、Vue 和 Element-UI 之间的联系和区别。

第 2 章 常用开发工具

工欲善其事，必先利其器。本章主要介绍软件公司在 Web 前端开发中使用率较高的 Visual Studio Code、HBuilderX、Notepad++、谷歌浏览器、火狐浏览器等开发工具。

如果读者没有熟悉的 Web 前端开发工具，建议直接使用本章推荐的工具，这些工具都是前端开发的利器。当然，读者也可以选择自己习惯使用的开发工具。

2.1 Visual Studio Code

Visual Studio Code(简写为 VS Code)是由微软公司推出的一款免费、开源的编辑器，可用于 Windows、macOS 和 Linux。它具有对 JavaScript、TypeScript 和 Node. js 的内置支持，并具有丰富的其他语言(如 Java、Python、PHP、Go、C++)和运行时(如. NET)扩展的生态系统。

VS Code 推出之后便很快就流行了起来，深受开发者的青睐。一个强大的编辑器可以让开发变得简单、便捷、高效，前端开发人员可以选择 VS Code 作为主要的前端开发工具。

VS Code 编辑器具有如下特点：

(1) 轻巧极速，占用系统资源较少。

(2) 具备语法高亮显示、智能代码补全、自定义快捷键和代码匹配等功能。

(3) 跨平台，不同的开发人员为了工作需要，会选择不同平台来进行项目开发工作，这样就在一定程度上限制了编辑器的使用范围。VS Code 编辑器支持跨平台，使用起来也非常简单。

(4) 主题界面的设计比较人性化。例如，可以快速查找文件直接进行开发，可以通过分屏显示代码，主题颜色可以进行自定义设置(默认是黑色)，也可以快速查看最近打开的项目文件并查看项目文件结构。

(5) 提供了丰富的插件。VS Code 提供了插件扩展功能，用户可根据需要自行下载安装，只需在安装配置成功之后，重新启动编辑器，就可以使用此插件提供的功能了。

2.1.1 安装

(1) 打开 Visual Studio Code 官网 https://code.visualstudio.com/Download，如图 2-1 所示。

(2) 根据操作系统类型选择对应的版本，单击“Download”按钮。此处我们选择下载 Windows 系统上的 Visual Studio Code 64 位最新免费安装版。

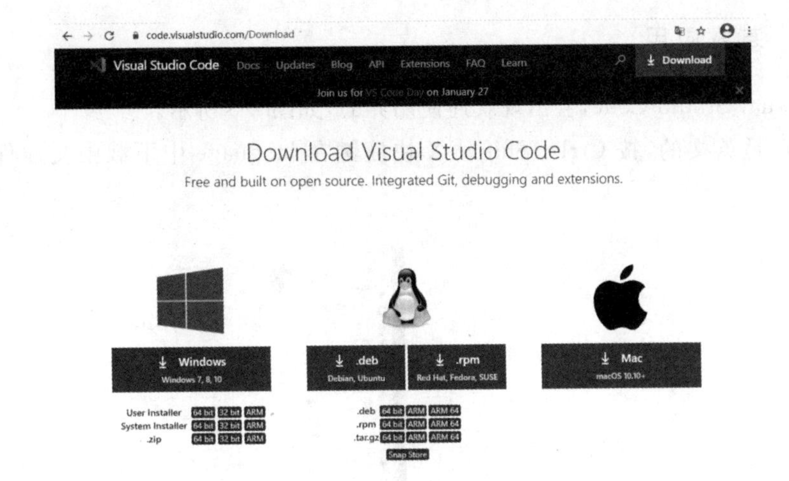

图 2-1　VS Code 官网页面

（3）下载完成后，双击安装程序，按照提示一步一步单击“下一步”按钮，完成安装。具体安装步骤如图 2-2、图 2-3、图 2-4 所示。

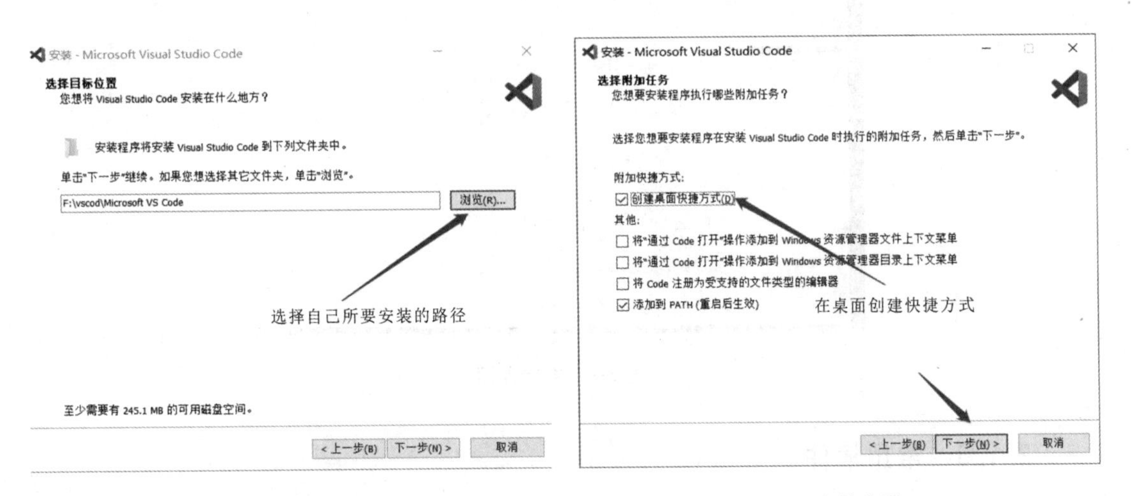

图 2-2　安装步骤(一)　　　　图 2-3　安装步骤(二)

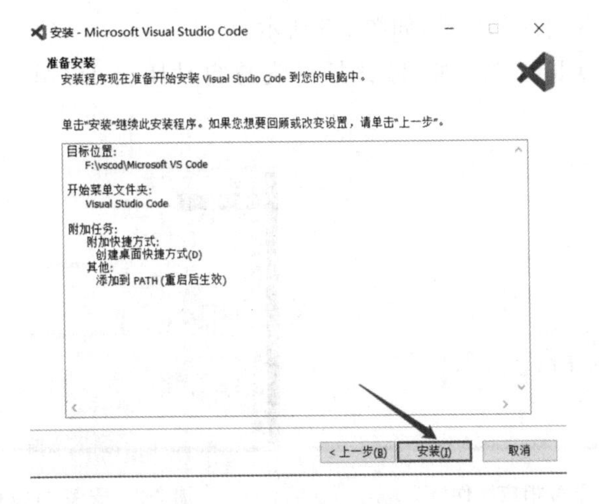

图 2-4　安装步骤(三)

◆ 2.1.2 基本应用

打开 Visual Studio Code，会出现欢迎使用界面，如图 2-5 所示。

默认首页是英文的，按 Ctrl＋Shift＋X 快捷键在 language 中下载中文插件，如图 2-6 所示。

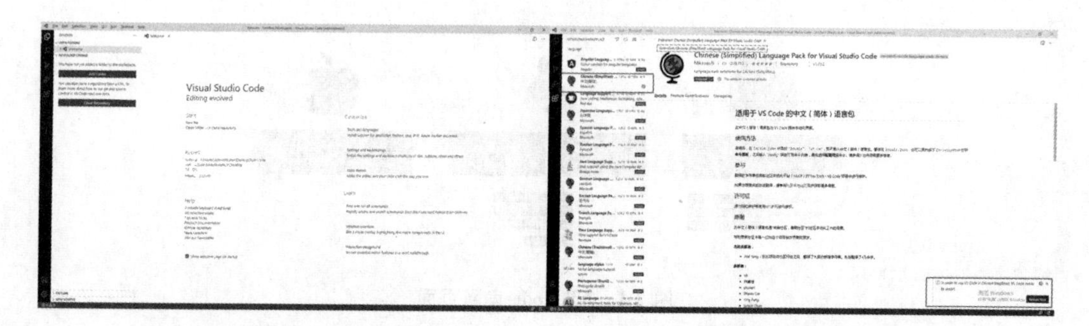

图 2-5 欢迎使用界面　　　　图 2-6 下载中文插件

下载插件后，单击图 2-5 右下角，重启 VS Code，这时就改变为中文，如图 2-7 所示。

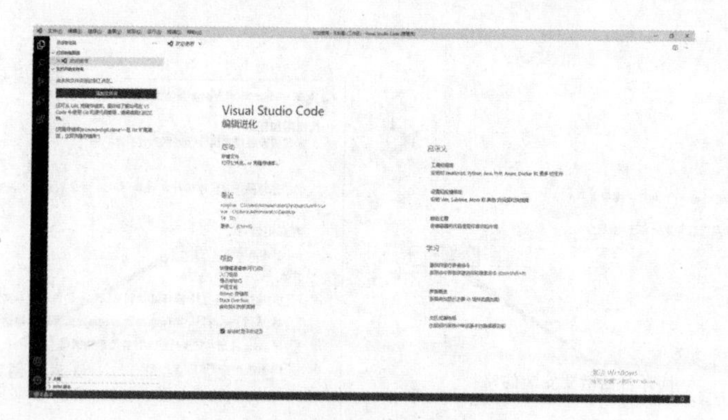

图 2-7 中文界面

◆ 2.1.3 常用插件

为使用方便，我们可以安装一些常用插件。使用快捷键 Ctrl＋Shift＋X 或单击图 2-7 中指定位置，然后下载相对应的插件，如图 2-8 所示。

(1) 安装 Auto Close Tag 插件，该插件支持自动闭合 HTML/XML 标签，如图 2-9 所示。

图 2-8 下载相应插件

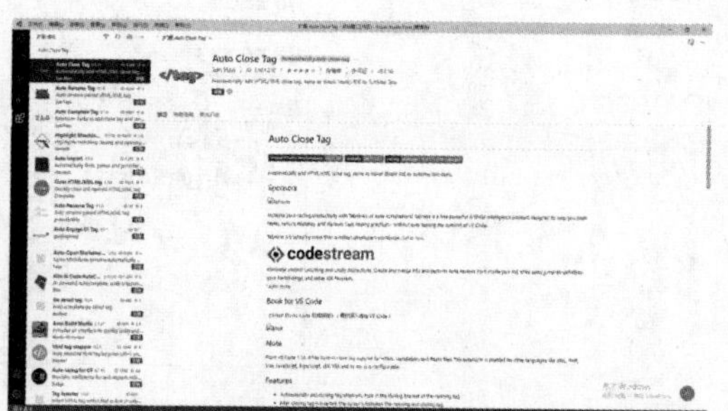

图 2-9 安装 Auto Close Tag 插件

(2) 安装 Auto Rename Tag 插件，该插件支持自动完成另一侧标签的同步修改，如图 2-10所示。

(3) 安装 Debugger for Chrome 插件，该插件可以映射 VS Code 上的断点到 Chrome 上，方便调试，如图 2-11 所示。

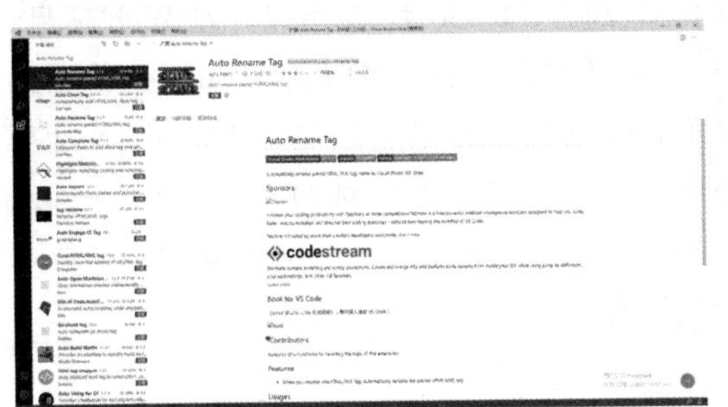

图 2-10　安装 Auto Rename Tag 插件

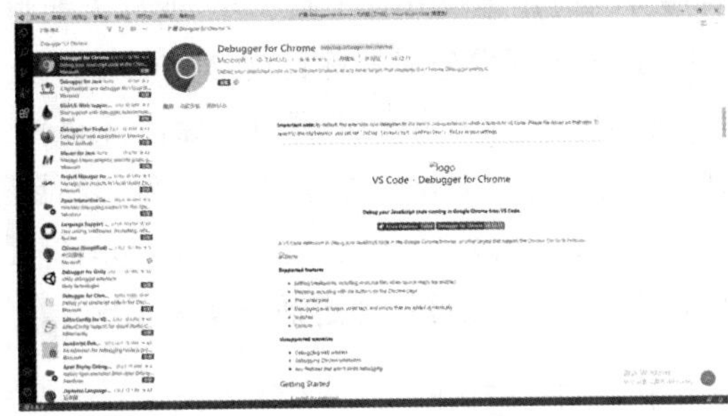

图 2-11　安装 Debugger for Chrome 插件

(4) 安装 ESLint 插件，该插件可以实现 JS 语法纠错，如图 2-12 所示。

(5) 安装 Open in Browser 插件，该插件支持快捷键与鼠标右键快速在浏览器中打开 HTML 文件，支持用户指定浏览器，包括 Firefox、Chrome、Opera、IE 以及 Safari，如图 2-13 所示。

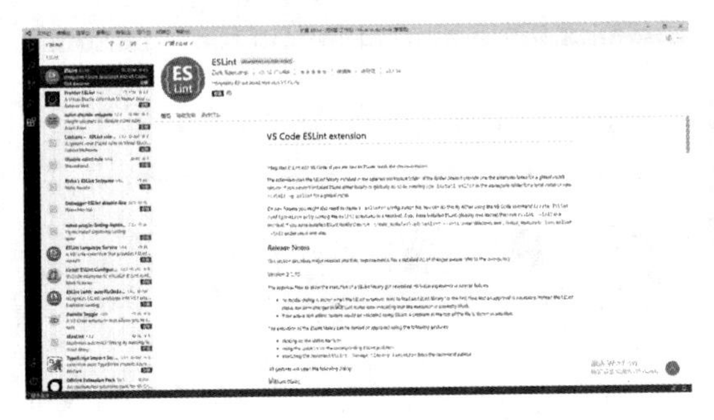

图 2-12　安装 ESLint 插件

图 2-13　安装 Open in Browser 插件

(6) 安装 Vetur 插件，该插件是 Vue 多功能集成插件，包括语法高亮、智能提示、emmet、错误提示、格式化、自动补全、debugger。Vetur 是 Vue 开发者必备的插件，如图 2-14 所示。

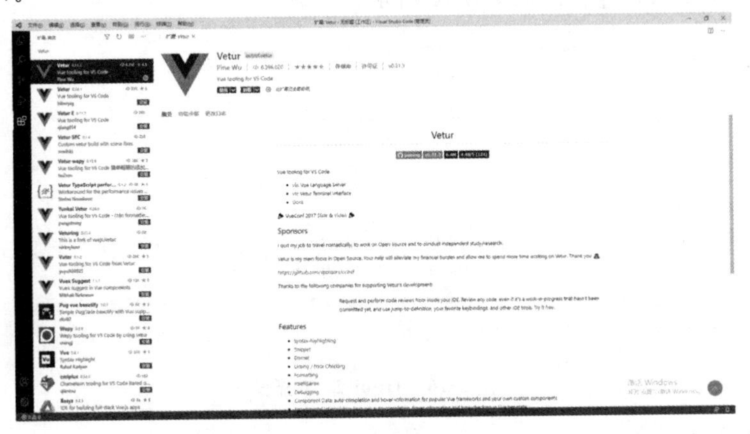

图 2-14　安装 Vetur 插件

2.2 HBuilderX

HBuilder 中的 H 是 HTML 的缩写，Builder 是建设者的意思。HBuilder 是为前端开发者服务的通用集成开发工具 IDE，或称为编辑器。它与 VS Code 类似，可以开发 Web 项目。HBuilder 的开发公司宣称目前有 600 万开发者在使用 HBuilder。老版的 HBuilder 使用红色 logo，已于 2018 年停止更新。绿色 logo 的 HBuilderX 是当前的新版本。HBuilderX 运行速度快，对 Markdown、Vue 支持良好，还能开发 App、小程序，尤其对 DCloud 的 uni-app、HTML5 Plus 移动 App(简称 H5+App)等手机端产品有良好的支持。除了服务前端技术栈，HBuilderX 也可以通过插件支持 PHP 等开发语言。

2.2.1 安装

(1) 打开 HBuilderX 官网 https://www.dcloud.io/hbuilderx.html。

(2) 单击“DOWNLOAD”按钮，下载 Windows 版。

(3) 选择下载的压缩包并解压，然后单击 HBuilderX.exe 就可以使用了，如图 2-15 所示。

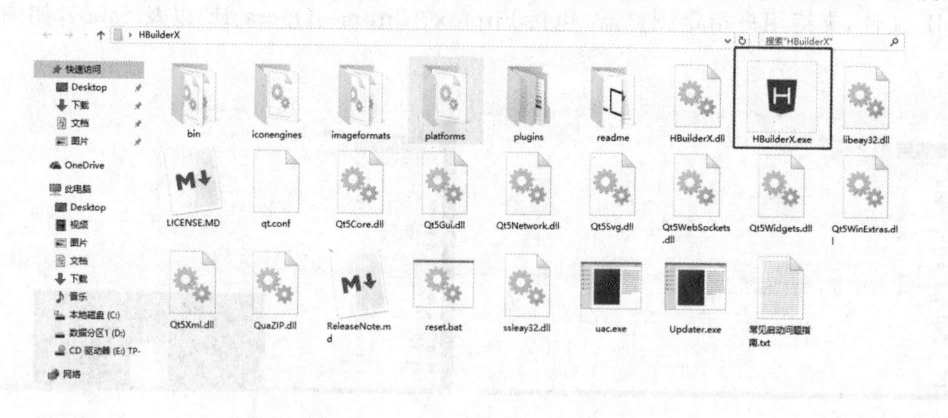

图 2-15　单击 HBuilderX.exe

2.2.2 基本应用

打开 HBuilderX，软件界面如图 2-16 所示。

图 2-16　HBuilderX 界面

可以选择更改主题，如图 2-17 所示。

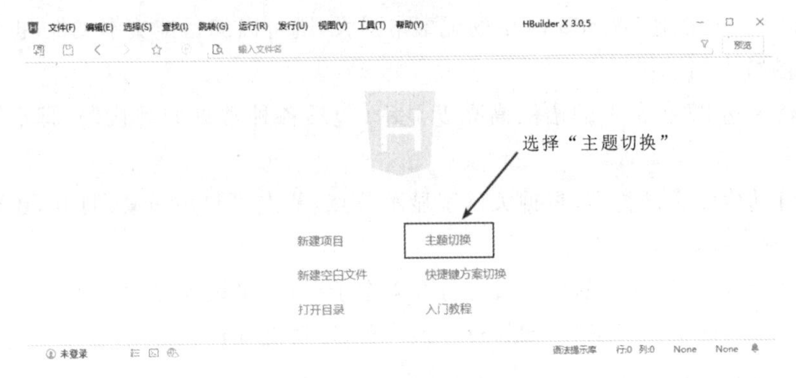

图 2-17　更改主题

在 HBuilderX 中创建新项目,如图 2-18 所示。

新建项目

◉ 普通项目(V)　○ uni-app(U)　○ Wap2App(P)　○ 5+App(A)　○ HBuilderX插件扩展(E)

项目名称

C:/Users/Administrator/Documents/HBuilderProjects　浏览

选择模板

✓ 空项目	仅包含一个工程目录
基本HTML项目	包含index.html和css、js、img目录
vue项目(普通模式)	在html中引用vue.js
vue项目(2.6.10)	vue-cli默认项目(仅包含babel)
element-starter	element-ui的项目模板

创建(N)

图 2-18　创建新项目

2.2.3　常用插件

打开“工具”菜单,单击“插件安装”命令进行插件安装,如图 2-19、图 2-20 所示。

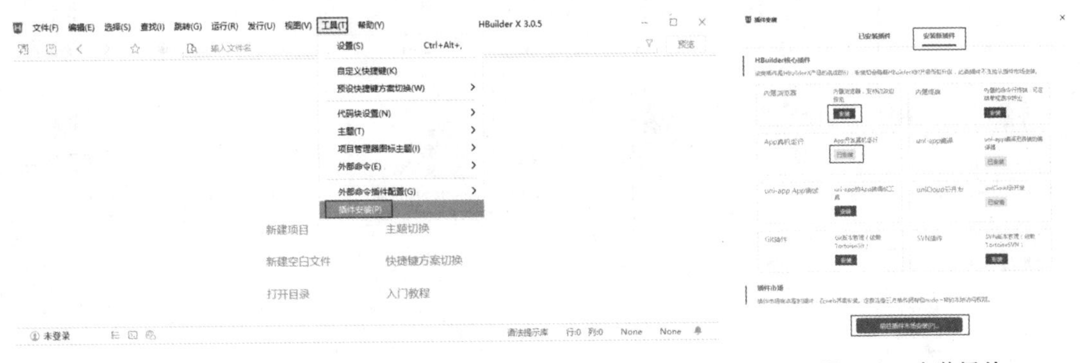

图 2-19　单击“插件安装”命令　　图 2-20　安装插件

2.3　Notepad++

2.3.1　简介

Notepad++是 Windows 操作系统下的一款免费文本编辑器,自带中文并支持多国语言。Notepad＋＋功能比 Windows 中的记事本强大，既可以编写纯文本文件，也可以编写程序代码。它的特点如下：

（1）支持多达 27 种语言的语法高亮度显示（包括各种常见的源代码、脚本等），还支持自定义语言；

（2）可自动检测文件类型，根据关键字显示节点，节点可自由折叠/打开，还可显示缩进引导线，代码显示得很有层次感；

（3）可打开双窗口，在分窗口中又可打开多个子窗口，可设置显示比例；

（4）提供了一些有用的工具，如邻行互换位置、宏功能等；

（5）可统计并显示选中的文本的字节数；

（6）支持正则匹配字符串及批量替换；

（7）具有强大的插件机制，扩展了编辑能力。

2.3.2 安装

（1）打开 Notepad＋＋官网 https://notepad-plus.en.softonic.com/，如图 2-21 所示。

图 2-21　打开 Notepad＋＋官网

（2）单击“Free Download”，下载后解压，双击“notepad＋＋.exe”即可运行，如图 2-22 所示。

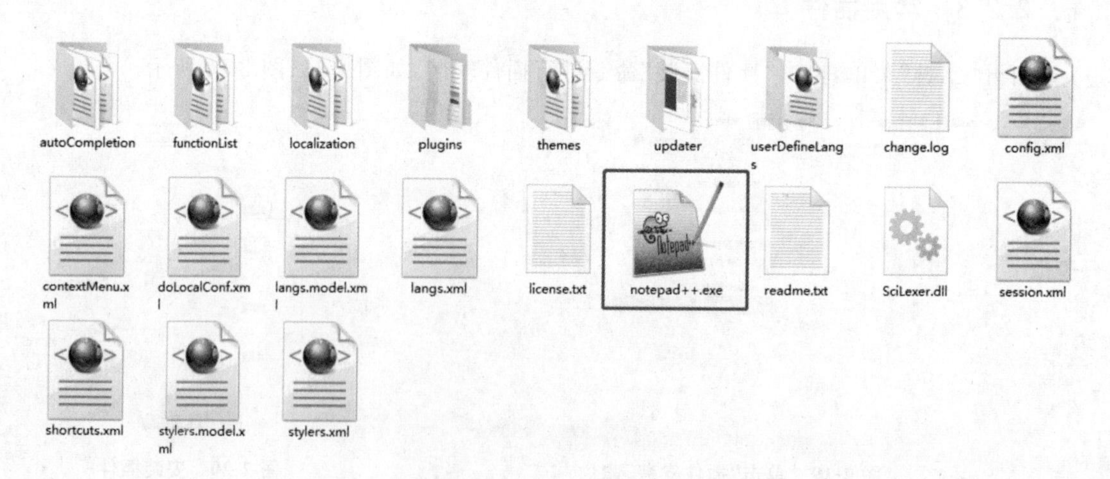

图 2-22　双击“notepad＋＋.exe”

（3）首次打开 Notepad＋＋，默认语言为 English。单击 Settings 菜单下的 Preference 选项，进入首选项设置窗口，如图 2-23 所示，选中“中文简体”即可完成语言切换，如图 2-24 所示。

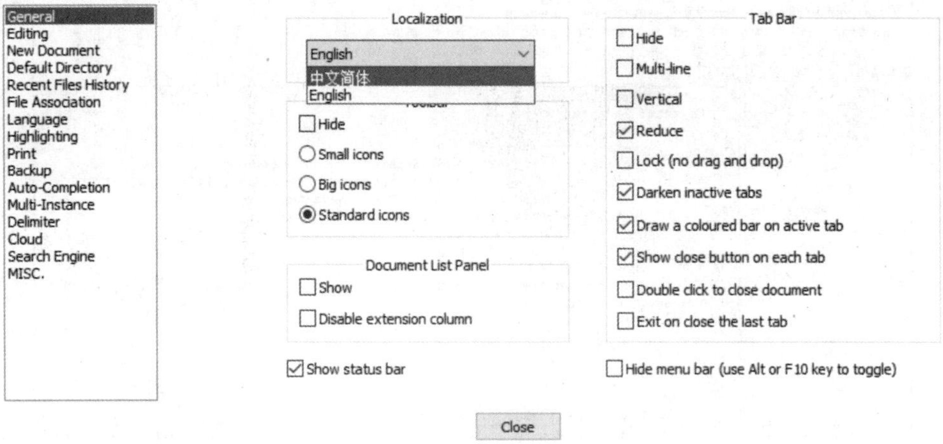

图 2-23　首选项设置窗口

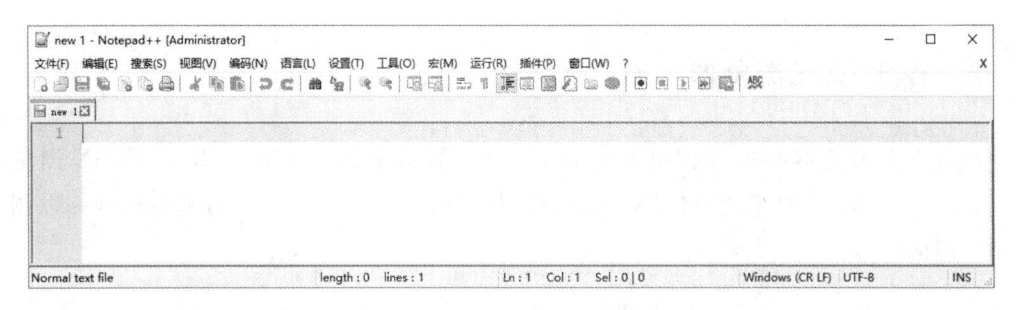

图 2-24　完成语言切换

2.3.3　基本应用

单击“文件”菜单，选择“在工作区打开文件夹”命令，如图 2-25 所示。

选择一个文件夹打开后，可以在左侧工作区双击打开文件，如图 2-26 所示。

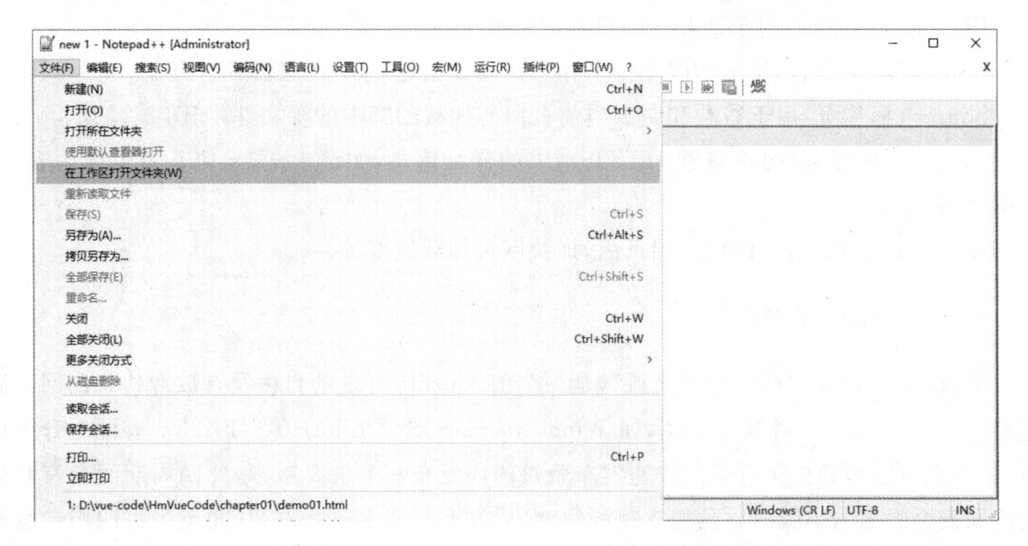

图 2-25　选择“在工作区打开文件夹”命令

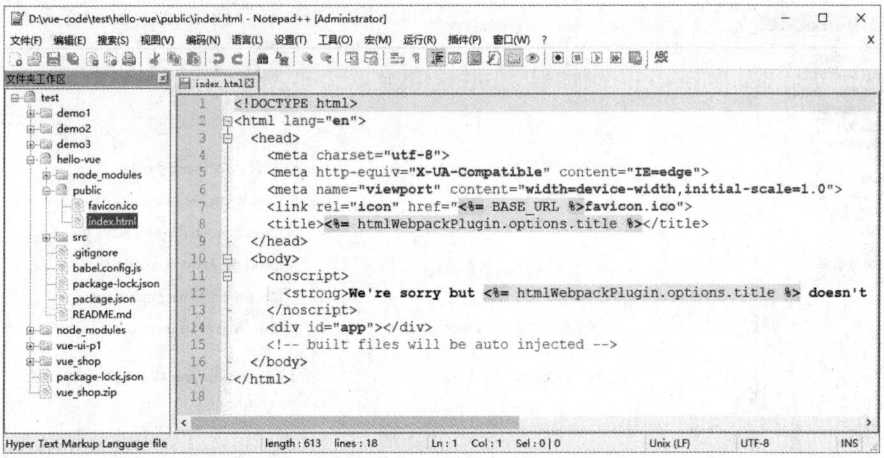

图 2-26　打开文件

2.4 谷歌/火狐浏览器

目前主流浏览器有火狐浏览器(Firefox)、谷歌浏览器(Google Chrome)、IE 浏览器(Internet Explorer)、苹果浏览器(Safari)、欧朋浏览器(Opera)等。本书主要选择谷歌浏览器作为调试工具。

2.4.1　谷歌 Chrome 浏览器

谷歌 Chrome 浏览器(简称谷歌浏览器)是 Google 公司开发的 Web 浏览器。

谷歌浏览器基于强大的 JavaScript V8 引擎,支持多标签浏览,每个标签页面都在独立的"沙箱"内运行,在提高安全性的同时,一个标签页面的崩溃也不会导致其他标签页面被关闭。

谷歌浏览器提供了丰富的开发者调试工具,主要功能如下。

Elements 标签页:用于查看和编辑当前页面中的 HTML 和 CSS 元素。

Console 标签页:用于显示脚本中所输出的调试信息,或运行测试脚本等。

Sources 标签页:用于查看和调试当前页面所加载的脚本的源文件,如图 2-27 所示。

Network 标签页:用于查看 HTTP 请求的详细信息,如请求头、响应头及返回内容等,如图 2-28 所示。

Audits 标签页:用于优化前端页面,加快网页加载速度等。

2.4.2　火狐浏览器

Mozilla Firefox,中文俗称"火狐",是一个由 Mozilla 开发的自由及开放源代码的网页浏览器。Firefox 支持多种操作系统,如 Windows、macOS 及 Linux 等。Firefox 有两个升级渠道:快速发布版和延长支持版。快速发布版每四周发布一个主要版本,此四周期间会有修复崩溃和安全隐患的小版本。延长支持版每 42 周发布一个主要版本,其间至少每四周会有修复崩溃、消除安全隐患和更新政策相关的小版本。由于该浏览器开放了源代码,因此还有一些第三方编译版供使用。

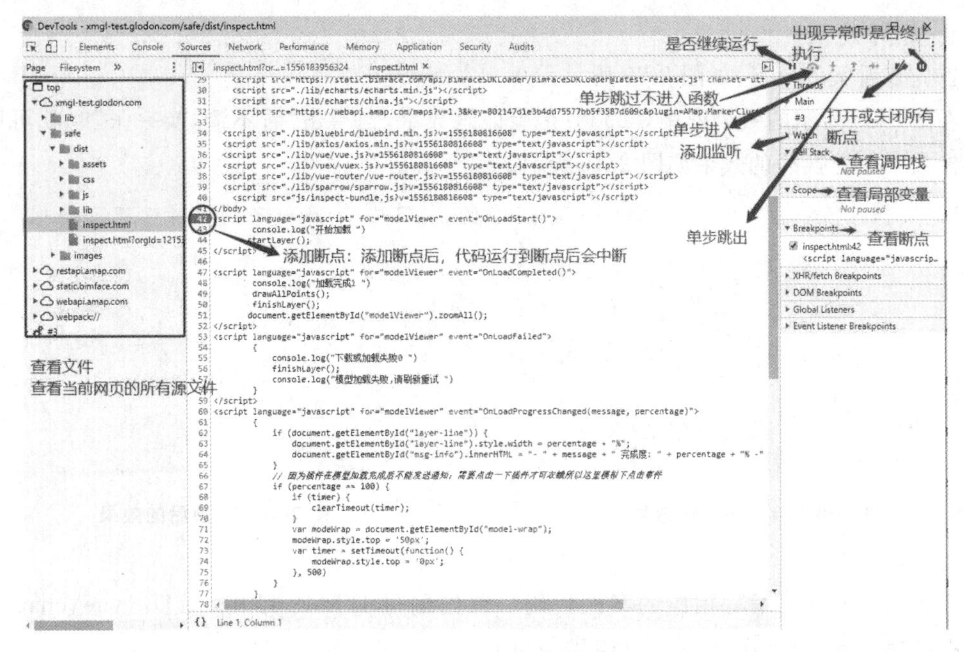

图 2-27　Sources 标签页

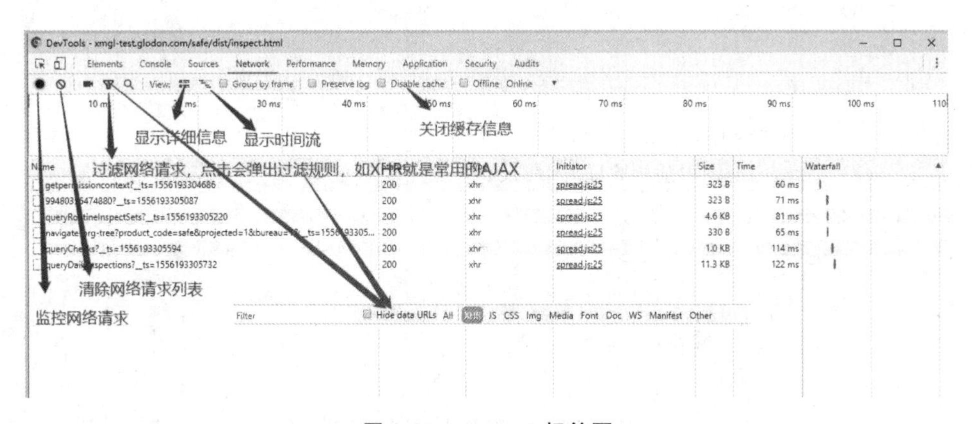

图 2-28　Network 标签页

2.5　JavaScript 基本应用

2.5.1　验证码案例

验证码就是一串随机产生的数字或符号，在用户登录或注册账号的过程中经常出现。用户需要将验证码输到表单并提交服务器验证，验证成功后才能使用某项功能。图 2-29 所示为用户登录验证码。

图 2-29　用户登录验证码

用户如果看不清验证码，可以选择更换，直到输入正确验证码，才能完成登录。下面的案例将通过 for 循环以及给变量赋值的方法，制作常用的登录界面验证效果。

1. 案例效果

首先查看案例效果，如图 2-30 所示。

在图 2-30 所示的效果图中，“5938”是验证码数字，当单击“看不清，换一张”时就可以随即更换数字。更换后的效果如图 2-31 所示。

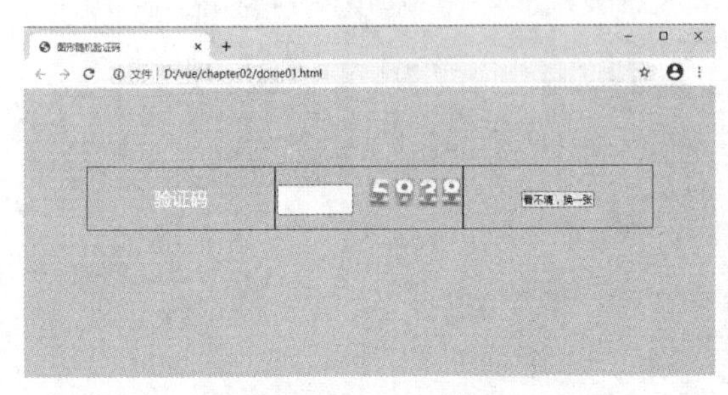

图 2-30　验证码案例效果

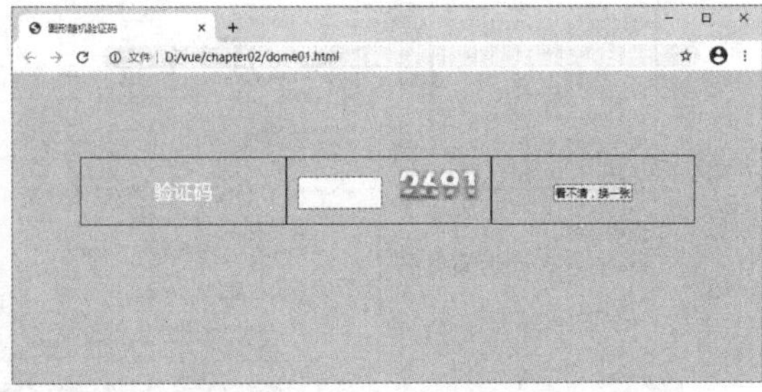

图 2-31　更换后的效果

2. 案例代码

接下来我们开始编写相应的案例代码。首先编写 HTML 结构，在 D:\vue\chapter02 目录中创建 demo01. html 文件，具体代码如下：

```
1    <! doctype html>
2    <html>
3        <head>
4            <meta charset="utf- 8">
5            <title>图形随机验证码</title>
6        </head>
7        <body>
8            <ul>
9                <li>验证码</li>
10                <li>
11                    <input name="textfield" type="text" id="textfield" size="10"
style="height:35px; vertical- align:middle" /> 
12                    <span id="code">
13                        <img src="images/5.png" alt="" />
14                        <img src="images/9.png" alt="" />
15                        <img src="images/3.png" alt="" />
16                        <img src="images/8.png" alt="" />
17                    </span>
18                </li>
19                <li id="wz"><input type="button" value="看不清,换一张" /></li>
20            </ul>
21        </body>
22    </html>
```

运行上述代码，效果如图 2-32 所示。

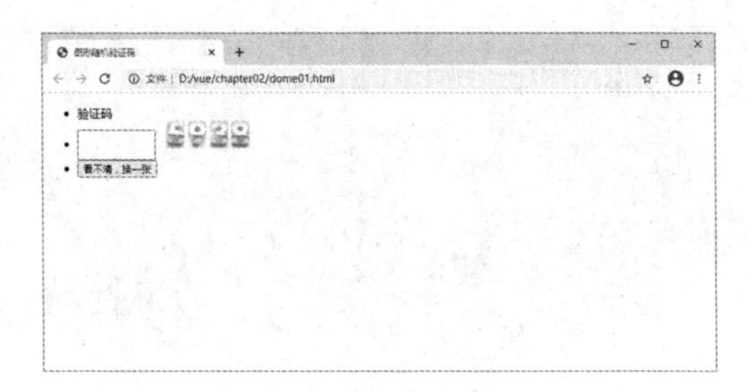

图 2-32　验证码案例运行效果(一)

接下来在 HTML 中嵌入 CSS 样式。具体代码如下：

```
1    <style type="text/css">
2        *  {
3            margin: 0;
4            padding: 0;
5            list-style: none;
6        }
7        body {
8            background: rgba(153, 193, 233, 0.562);
9            color: # fff;
10           font-size: 24px;
11       }
12       ul {
13           width: 756px;
14           margin: 100px auto;
15           clear: both;
16       }
17       ul li {
18           float: left;
19           width: 250px;
20           height: 80px;
21           line-height: 80px;
22           border: 1px solid rgb(62, 62, 65);
23           text-align: center;
24       }
25       span {
26           display: inline-block;
27           vertical-align: middle;
28       }
29       # wz {
30           font-size: 24px;
31           cursor: pointer;
32       }
33   </style>
```

保存文件，刷新页面，效果如图 2-33 所示。此时单击“看不清，换一张”按钮，数字不会发生任何变化。

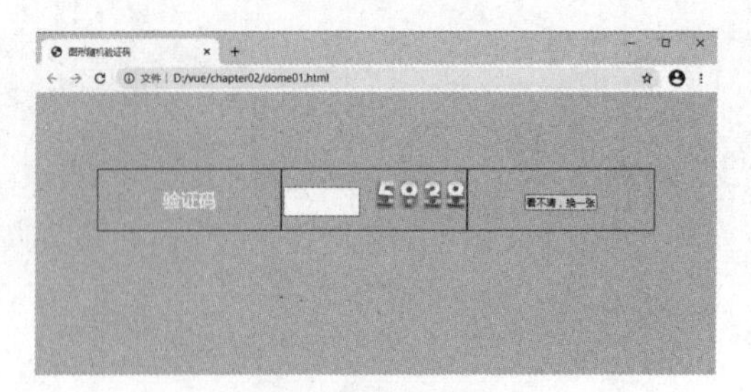

图 2-33　验证码案例运行效果(二)

接下来在 HTML 中嵌入 JavaScript 代码。具体代码如下：

```
1    <script type="text/javascript">
2        window.onload=function() {
3            var wz=document.getElementById("wz");
4            var num; //随机数字
5            var pic=""; //随机图片路径
6            wz.onclick=function() {
7                var img="";
8                for (var i=0; i <4; i++) {
9                    num=Math.floor(Math.random() *  10);
10                   pic="<img src='images/"+num+".png' />";
11                   img=img+pic;
12               }
13               var oCode=document.getElementById('code');
14               oCode.innerHTML=img;
15           }
16       }
17   </script>
```

保存文件，刷新页面，单击“看不清，换一张”按钮，数字会随即发生变化，效果如图 2-34 所示。

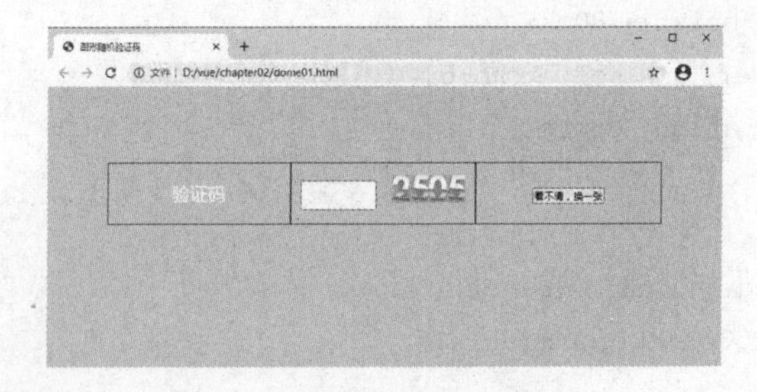

图 2-34　验证码案例运行效果(三)

2.5.2　轮播图案例

轮播图可以通过图片将信息更直观地展示给用户并吸引用户。由于网页空间是有限的，为了更合理地利用网页空间，就需要将多张焦点图排列在一起，通过轮播的方式进行展示。在网页设计中，运用 JavaScript 可以轻松实现焦点图轮播效果。下面将通过一个焦点图切换案例进行演示。

1. 案例效果

在编写代码之前，先查看一下案例效果，如图 2-35 所示。

在图 2-35 所示的焦点图中，共有 4 张图片，每隔一段时间，会自动切换一张图片。在焦点图上有 4 个和图片相关联的圆点，用于表示焦点图的播放顺序。鼠标悬停在某一个圆点上，会切换到该圆点对应的图片。图 2-36 所示为鼠标悬停到第 3 个圆点的效果截图。

图 2-35　轮播图案例效果

图 2-36　鼠标悬停到第 3 个圆点的效果截图

2. 案例代码

分析案例效果之后，接下来就可以编写相应的代码。首先编写 HTML 结构，在 D:\vue\chapter02 目录中创建 demo02.html 文件，具体代码如下：

```
1   <! doctype html>
2   <html>
3   <head>
4   <meta charset="utf-8">
5   <title>焦点图切换</title>
6   <link rel="stylesheet" type="text/css" href="css/index.css">
7   <script type="text/javascript" src="javascript/index.js"></script>
8   </head>
9   <body>
10      <div class="banner">
11          <div class="banner_pic" id="banner_pic">
12              <div class="current"><img src="images/011.jpg" alt="" /></div>
13              <div class="pic"><img src="images/022.jpg" alt="" /></div>
14              <div class="pic"><img src="images/033.jpg" alt="" /></div>
15              <div class="pic"><img src="images/044.jpg" alt="" /></div>
16          </div>
17          <ol id="button">
18              <li class="current"></li>
19              <li class="but"></li>
20              <li class="but"></li>
21              <li class="but"></li>
22          </ol>
23      </div>
24  </body>
25  </html>
```

在上述所示的代码中，第 6 行代码用于引入外链的 CSS 样式，第 7 行代码用于引入外链的 JavaScript 动效。

运行代码,效果如图 2-37 所示。

图 2-37　运行代码效果

接下来编写 CSS 样式。具体代码如下:

```
1    @ charset "utf-8";
2    /* 重置浏览器的默认样式* /
3    body, ul, li, ol, dl, dd, dt, p, h1, h2, h3, h4, h5, h6, form, fieldset, legend, img
{margin:0; padding:0; border:0; list-style:none;}
4    /* banner* /
5    .banner{
6       width:500px;
7       height:333px;
8       margin:13px auto 15px auto;
9       position:relative;
10      overflow: hidden;
11   }
12   .banner .banner_pic .pic{display:none;}
13   .banner .banner_pic .current{display:block;}
14   .banner ol{
```

```
15         position:absolute;
16         left:50% ;
17         bottom:6% ;
18     }
19     .banner ol .but{
20         float:left;
21         width:10px;
22         height:10px;
23         border:1px solid # 2fafbc;
24         border-radius:50% ;
25         margin-right:12px;
26         text-align:center;
27         line-height:22px;
28         background:# fff;
29         color:# 2fafbc;
30         font-size:16px;
31         font-weight:bold;
32         opacity:0.5;
33     }
34     .banner ol li{cursor:pointer;}
35     .banner ol .current{
36         color:# fff;
37         background:# 2fafbc;
38         float:left;
39         width:10px;
40         height:10px;
41         border:1px solid # 2fafbc;
42         border-radius:50% ;
43         margin-right:12px;
44         text-align:center;
45         line-height:22px;
46         font-size:16px;
47         font-weight:bold;
48     }
```

保存文件,刷新页面,效果如图 2-38 所示。此时页面不具备动态效果,焦点图不能自动切换。

图 2-38　刷新页面效果

接下来添加 JavaScript 代码，使焦点图可以自动轮播。具体代码如下：

```
1   window.onload=function() {
2       //实现轮播效果
3       //保存当前焦点元素的索引
4       var current_index=0;
5       //5000 表示调用周期，以毫秒为单位，5000 毫秒就是 5 秒
6       var timer=window.setInterval(autoChange, 5000);
7       //获取所有轮播按钮
8       var button_li=document.getElementById("button").getElementsByTagName("li");
9       //获取所有 banner 图
10       var pic_div=
        document.getElementById("banner_pic").getElementsByTagName("div");
11       //遍历元素
12       for (var i=0; i <button_li.length; i++) {
13           //添加鼠标滑过事件
14           button_li[i].onmouseover=function() {
15               //定时器存在时清除定时器
16               if (timer) {
17                   clearInterval(timer);
18               }
19               //遍历元素
20               for (var j=0; j <pic_div.length; j++) {
21                   //将当前索引对应的元素设为显示
22                   if (button_li[j]==this) {
23                       current_index=j; //从当前索引位置开始
24                       button_li[j].className="current";
25                       pic_div[j].className="current";
26                   } else {
27                       //将所有元素改变样式
28                       pic_div[j].className="pic";
29                       button_li[j].className="but";
30                   }
31               }
32       }
33       //鼠标移出事件
34       button_li[i].onmouseout=function() {
35           //启动定时器，恢复自动切换
36           timer=setInterval(autoChange, 5000);
37       }
38   }
39
40   function autoChange() {
```

```
41        //自增索引
42        ++current_index;
43        //当索引自增达到上限时,索引归0
44        if(current_index==button_li.length){
45            current_index=0;
46        }
47        for(var i=0; i<button_li.length; i++){
48            if(i==current_index){
49                button_li[i].className="current";
50                pic_div[i].className="current";
51            }else{
52                button_li[i].className="but";
53                pic_div[i].className="pic";
54            }
55        }
56    }
57 }
```

保存文件,刷新页面,焦点图将按照JavaScript代码设置每隔5秒自动切换一次。

2.6 jQuery基本应用

我们可以使用jQuery简化JS的编码,下面将演示jQuery的基本应用。在本书的学习中,读者只需要简单了解jQuery即可。

例2-1 jQuery基本应用案例。

在D:\vue\chapter02目录中创建demo03.html文件,具体代码如下:

```
1  <!DOCTYPE html>
2  <html>
3  <head>
4      <meta charset="utf-8">
5      <script src="jquery-3.5.1.min.js">
6      </script>
7      <script>
8          $(document).ready(function(){
9              $("#hide").click(function(){
10                 $("p").hide();
11             });
12             $("#show").click(function(){
13                 $("p").show();
14             });
15         });
16     </script>
17 </head>
```

```
18    <body>
19        <p>如果你点击"隐藏" 按钮,我将会消失。</p>
20        <button id="hide">隐藏</button>
21        <button id="show">显示</button>
22    </body>
23    </html>
```

第 5 行代码引入了 jQuery.min.js 脚本,第 7～16 行代码是显示隐藏的 JS 事件,运行效果如图 2-39 所示。

单击"隐藏"按钮就会隐藏此段文字,如图 2-40 所示。

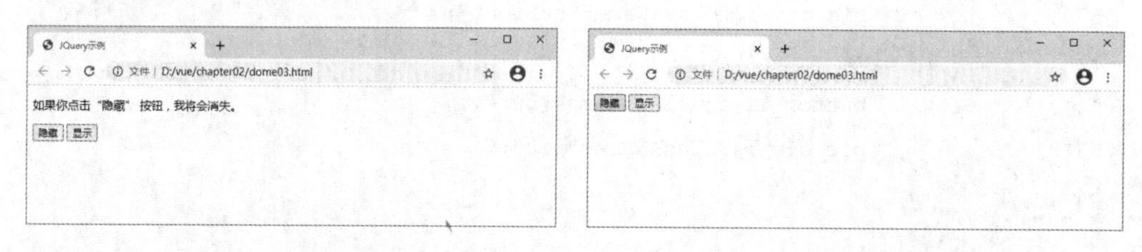

图 2-39　例 2-1 效果　　**图 2-40　单击"隐藏"按钮的效果**

2.7 Vue 基本应用

2.7.1 Vue 简介

Vue 是一套用于构建用户界面的渐进式框架。与其他大型框架相比,Vue 是可以自底向上逐层应用的。可以用 Vue 开发一个全新项目,也可以将 Vue 引入一个现有的项目中。

单页应用是前端开发的一种形式,在切换页面的时候,不会刷新整个页面,而是通过 Ajax 异步加载新的数据,改变页面的内容。为了更方便地开发这类复杂的应用,市面上出现了 Angular、React、Vue 等框架。Vue 通过虚拟 DOM 技术来减少对 DOM 的直接操作,通过尽可能简单的 API 来实现响应的数据绑定,支持单向和双向数据绑定。组件化的特性提高了开发效率,使代码更容易复用,并提高了项目的可维护性,便于团队的协同开发。

Vue 与现代化的工具链以及各种支持类库结合使用时,也完全能够为复杂的单页应用提供驱动。工具链是指在前端开发过程中用到的一系列工具,例如,使用脚手架工具创建应用,使用依赖管理工具安装依赖包,以及使用构建工具进行代码编译等。

Vue 基本工作原理图如图 2-41 所示。

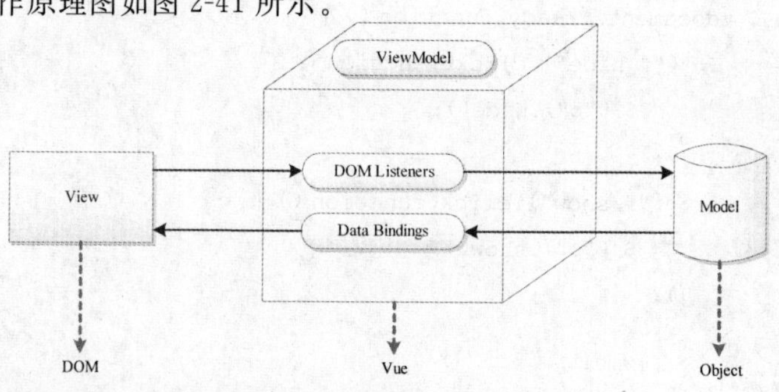

图 2-41　Vue 基本工作原理图

Model 数据层，主要负责业务数据；View 视图层，负责视图部分；ViewModel 视图模型层，是连接视图与数据的数据模型，负责监听 Model 或者 View 的修改。

在 MVVM 中，数据（Model）和视图（View）是不能直接通信的，视图模型（ViewModel）就相当于一个观察者，监控着双方的动作，并及时通知进行相应操作。当 Model 发生变化的时候，ViewModel 能够监听到这种变化，并及时通知 View 做出相应的修改。反之，当 View 发生变化时，ViewModel 监听到变化后，通知 Model 进行修改，实现了视图与数据的互相解耦。

2.7.2 Vue 的下载和引入

Vue 目前的最新版本是 2.×，从 Vue 官方网站可以获取下载地址，如图 2-42 所示。

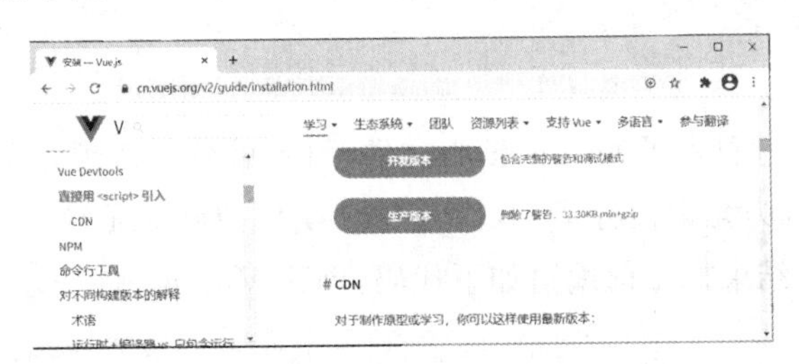

图 2-42　下载 Vue 页面

从图 2-42 中可以看出，Vue 的核心文件有两种版本，分别是开发版本（vue.js）和生产版本（vue.min.js）。生产版本是压缩后的文件。为了方便学习，推荐选择开发版本。

将 vue.js 文件下载后，打开文件，在代码开头的文件中查看版本号，如下所示：

```
/* !
 * Vue.js v2.5.12
 * (c) 2014-2020 Evan You
 * Released under the MIT License.
 * /
```

在上述代码中，2.5.12 就是 Vue 核心文件的版本号。

当在 HTML 网页中使用 Vue 时，使用<script>标签引入 vue.js 即可，示例代码如下：

```
<script src="vue.min.js"></script>
```

上述代码表示引入当前路径下的 vue.js 文件。

2.7.3 Hello Vue.js 案例

学习了 Vue 的引用方法后，下面我们将使用 Vue 在页面中输出“Hello Vue.js”，开启一个 Vue 案例的体验之旅。

例 2-2　使用 Vue 在页面中输出“Hello Vue.js”。

(1) 在 D:\vue\chapter02 目录中创建 demo04.html 文件，具体代码如下：

```
1    <!DOCTYPE html>
2    <html>
3    <head>
4        <meta charset="utf-8" />
5        <title></title>
```

```
6        <!--引入了 vue.js 核心文件-->
7        <script src="vue.min.js"></script>
8        <!--直接引用网上 vue.js-->
9        <!--<script src="https://unpkg.com/vue/dist/vue.js"></script>-->
10    </head>
11
12    <body>
13        <!--根元素-->
14        <div id="app">
15        </div>
16    </body>
17
18    </html>
```

上述代码中，第 7 行引入了 vue.js 核心文件，引入后就会得到一个 Vue 构造器，用来创建 Vue 实例。第 14 行为元素设置了 id，作为 Vue 实例控制的元素。

(2) 在</body>结束标签前编写如下代码，创建 Vue 实例：

```
1    <script>
2        var vm=new Vue({ //创建了一个 Vue 实例
3            el: '# app',
4            data: {
5                msg: 'Hello Vue.js'
6            }
7        })
8    </script>
```

上述代码中，第 2 行创建了一个 Vue 实例，保存为 vm(含义为 ViewModel)；第 3 行的 el 表示当前 vm 实例要控制的页面区域，即 id 为 app 的元素；第 4 行的 data 属性用来存放 el 中要用到的数据；第 5 行设置了 data 对象的属性 msg 为“Hello Vue.js”。

(3) 通过 Vue 提供的“{}”插值表达式，把 data 数据渲染到页面。修改页面中 id 为 app 的根容器的代码，如下所示：

```
1    <! --根元素-->
2    <div id="app">
3        <! --将 msg 绑定到 p 元素-->
4        <p>{{msg}}</p>
5        <!--插入 msg 数据-->
6    </div>
```

(4) 通过浏览器访问 demo04.html，运行结果如图 2-43 所示。

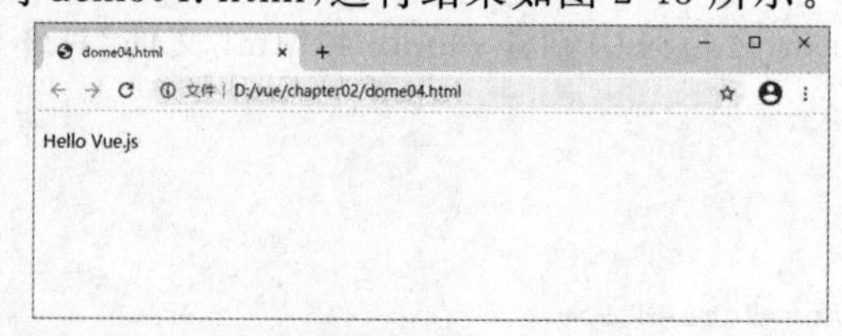

图 2-43 例 2-2 效果

课后习题

一、选择题

1. 以下关于 Vue 的说法错误的是(　　)。

A. Vue 的主要优势是轻量级、双向数据绑定

B. 在创建 Vue 实例之前,应确保已经引入了 vue.js 文件

C. Vue 与前端开发框架 React 都可以用来创建复杂的前端项目

D. Vue 与 React 语法是完全相同的

2. 关于 Vue 的优势的说法错误的是(　　)。

A. 双向数据绑定　　B. 实现组件化　　C. 增加了代码的耦合度　　D. 轻量级框架

3. 下列开发工具中不属于 Vue 开发所需工具的是(　　)。

A. Chrome 浏览器　　B. VS Code 编辑器　　C. vue-devtools　　D. 微信开发者工具

二、填空题

1. Vue 是构建________的渐进式框架。

2. Vue 中通过________属性可以获取相应 DOM 元素。

3. MVVM 主要包含三个部分,分别是 Model、View 和________。

4. 在进行 Vue 调试时,通常使用________工具来完成调试工作。

5. 在 Vue 中页面结构以________形式存在。

三、判断题

1. Vue 被设计为自下而上逐层应用。(　　)

2. Vue 是一套构建用户界面的渐进式框架,Vue 的核心只关注视图层。(　　)

3. Vue 能够在 Node.js 环境下进行开发,并使用 npm 包管理器来安装依赖。(　　)

4. Vue 中 MVVM 框架主要包含三部分:Model、View 和 ViewModel。(　　)

5. Vue 完全能够为复杂的单页应用提供驱动。(　　)

四、简答题

1. 什么是 Vue 框架?

2. Vue 框架有哪些优势?

第3章 Vue基本语法及应用

Vue 改善了前端开发体验，极大地提高了开发效率。

本章将对 Vue 基础语法及应用进行讲解，主要内容包括：Vue 实例及配置选项、Vue 数据绑定、Vue 事件、Vue 组件、Vue 生命周期、Vue 全局 API、Vue 实例属性、Vue 组件合并和 Vue 全局配置。

本章内容较多，是全书后续章节学习的基础。建议大家多上机实践，通过实验来加深对 Vue 理论知识的理解。

3.1 Vue 实例及配置选项

每个 Vue 应用都是从使用 Vue 构造器创建 Vue 实例开始的。通过 new 关键字调用 Vue({})构造函数可以创建 Vue 实例。

创建 Vue 实例的基本语法规则如下：

```
<script>
   var vm=new Vue({
     // 选项，通过选项对 Vue 实例进行配置
   })
</script>
```

我们把构造函数 Vue({})参数内的属性，称为选项。选项用于对 Vue 实例进行配置，常用的选项如表 3-1 所示。

表 3-1　Vue 实例配置选项

选　项	说　明
el	唯一根元素
data	Vue 实例的数据对象
methods	定义 Vue 实例中的方法
computed	计算属性
watch	监听数据变化
filters	过滤器
components	定义子组件

下面我们将详细讲解表 3-1 中列举的这些选项。

3.1.1 el 唯一根标签

el 即单词 element 的简写，意为元素。在创建 Vue 实例时，el 选项表示当前 Vue 实例绑定的页面元素。这个绑定的元素，将会成为 Vue 实例在页面上的根元素，也就是唯一根标签。

我们可以通过 class 或 id 选择器将页面结构与 Vue 实例中的 el 绑定。写法如下：

```
el 选项的值：'id 或类选择器'
```

为了帮助读者更好地理解，下面我们通过例 3-1 演示其具体应用方法。

例 3-1 在 VS Code 中创建 XX. html 文件后，在文本区中输入！并回车，即可创建 HTML 文档模板。

(1) 创建 D:\vue\chapter03 目录，在该目录下创建 demo01. html 文件，将 vue. js 文件放入该目录下，然后在 demo01. html 文件引入 vue. js 文件，如下所示：

```
<script src="vue.js"></script>
```

(2) 在 demo01. html 文件中编写代码，创建 vm 实例对象，完整代码如下：

```
1 <! DOCTYPE html>
2 <html>
3 <head>
4   <meta charset="UTF-8">
5   <title>Document01</title>
6   <script src="vue.js"></script>
7 </head>
8 <body>
9   <! --定义唯一根元素 div-->
10  <div id="app">{{message}}</div>
11
12  <script>
13    var vm=new Vue({
14      el: '# app', // 通过 el 与 div 元素绑定
15      data: {
16        message: 'Hello,Vue 实例已创建！'
17      }
18    })
19  </script>
20</body>
21</html>
```

(3) 在谷歌浏览器中打开 demo01. html 文件，运行结果如图 3-1 所示。

← → C ⓘ 文件 | D:/vue/chapter03/demo01.html

Hello,Vue实例已创建！

图 3-1 创建 Vue 实例

3.1.2 data 数据对象

data 选项表示当前 Vue 实例可以使用的数据。

data 选项的值是对象，对象中可以定义多个数据。因此我们也把 data 称为 Vue 实例的数据对象。

Vue 会将数据对象的属性自动转换为读写器 getter、setter，从而让数据对象的属性能够响应变化。

Vue 实例创建后，可以通过 vm. $data 访问数据对象。Vue 实例也代理了 date 对象上所有的属性，因此访问 vm. name 相当于访问 vm. $data. name。

下面我们通过例 3-2 演示 Vue 实例中数据对象的使用方法。

例 3-2 Vue 实例中数据对象的使用。

（1）创建 D:\vue\chapter03\demo02. html 文件，具体代码如下：

```
1 <! DOCTYPE html>
2 <html>
3 <head>
4   <meta charset="UTF-8">
5   <title>Document</title>
6   <script src="vue.js"></script>
7 </head>
8 <body>
9   <div id="app">
10     <p>姓名：{{userName}}</p>// 位置 1
11   </div>
12   <script>
13     var vm=new Vue({
14       el: '# app',
15       data: {
16         userName: '张三'
17       }
18     })
19   console.log(vm.$ data.userName)
20   console.log(vm.userName)
21   </script>
22</body>
23</html>
```

上述代码中，注释位置 1 所在行中通过“{{}}”插值语法将 data 对象的属性 userName 绑定到了 p 元素中。

（2）在谷歌浏览器中打开 demo02. html，按 F12 键，运行结果如图 3-2 所示。

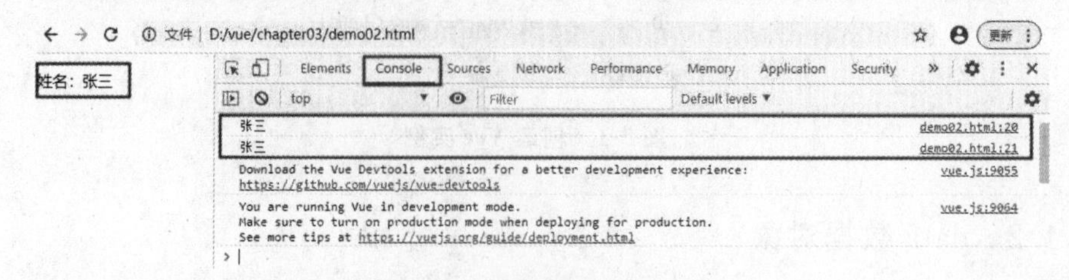

图 3-2 定义初始数据

3.1.3 methods 定义方法

methods 选项表示当前 Vue 实例可以用到的方法。

methods 选项的值是对象，对象中定义方法。通过 Vue 实例可以直接访问这些方法。

在定义的方法中，this 指向 Vue 实例本身。

定义在 methods 选项中的方法可以作为页面的事件处理方法使用。当事件触发后，就会执行相应的事件处理方法。

下面我们通过例 3-3 演示按钮的单击事件处理，单击按钮即可实现页面内容更新。

例 3-3 methods 定义方法的使用。

(1) 创建 D:\vue\chapter03\demo03.html 文件，具体代码如下：

```
1 <! DOCTYPE html>
2 <html>
3 <head>
4   <meta charset="UTF-8">
5   <title>Document</title>
6   <script src="vue.js"></script>
7 </head>
8 <body>
9   <div id="app">
10     <! --为 button 按钮绑定 click 事件-->
11     <button @ click="sendMessage">请单击</button>
12     <p>消息：{{myMessage}}</p>
13   </div>
14   <script>
15     var vm=new Vue({
16       el: '# app',
17       data: {
18         myMessage: '哈哈哈'
19       },
20       methods: {
21         // 定义事件处理方法 sendMessage
22         sendMessage() {
23           this.myMessage='呵呵呵呵呵呵呵～'
24         }
25       }
26     })
27   </script>
28</body>
29</html>
```

上述代码中，第 18 行定义了初始数据 myMessage；第 12 行使用插值语句将 myMessage 绑定到页面中；第 11 行在 button 按钮上添加了@click 属性，表示绑定单击事件，事件处理方法为 sendMessage；第 22～24 行定义了事件处理方法 sendMessage，用于改变 myMessage 的内容。

(2) 在浏览器中打开 demo03.html，运行结果如图 3-3 所示。

(3) 单击页面中的"请单击"按钮，运行结果如图 3-4 所示。

← → C ⓘ 文件 | D:/vue/chapter03/demo03.html

请单击

消息：哈哈哈

图 3-3 初始页面

← → C ⓘ 文件 | D:/vue/chapter03/demo03.html

请单击

消息：呵呵呵呵呵呵呵~

图 3-4 触发单击事件

3.1.4 computed 计算属性

计算属性定义时是一个方法，但是当属性使用，所以称为计算属性。

当有一些数据需要随着其他数据变动而变动时，就需要使用计算属性。

计算属性通常用于处理计算逻辑。

Vue 实例的 computed 选项用于表示当前实例可以用到的计算属性。

computed 选项的值是对象，在该对象中可以定义方法。

计算属性需要返回计算结果，计算属性具有缓存。在事件处理方法中，this 指向的 Vue 实例的计算属性结果会被缓存起来。如果计算属性的依赖没有进行数据更新，那么会直接从缓存中获取值，多次访问都会返回之前的计算结果。

下面我们通过例 3-4 演示 computed 计算属性的使用。

例 3-4 computed 计算属性的使用。

(1) 创建 D:\vue\chapter03\demo04.html 文件，具体代码如下：

```
1 <! DOCTYPE html>
2 <html>
3 <head>
4   <meta charset="UTF-8">
5   <title>Document</title>
6   <script src="vue.js"></script>
7 </head>
8 <body>
9   <div id="app">
10        商品单价：{{price}}     
11        商品数量：
12       <button @ click="count==0 ? 0 : count--">-</button>
13       {{count}}
14       <button @ click="count++">+</button>    
15       总费用：{{payMoney}}
16   </div>
17   <script>
18     var vm=new Vue({
```

```
19        el: '# app',
20        data: {
21          price: 10,
22          count: 1
23        },
24        computed: {
25          // 总费用 payMoney
26          payMoney() {
27            return this.price *  this.count
28          }
29        }
30      })
31    </script>
32 </body>
33 </html>
```

上述代码中,第 15 行 payMoney 表示总费用,总费用是通过商品数量和单价计算出来的;第 12 行对商品数量进行判断,当商品数量为 0 时,将 count 设为 0,反之,则将 count 的值减 1。第 24 行在 computed 中编写了总费用处理方法 payMoney,其返回值就是根据商品数量和商品单价相乘计算出的总费用,computed 会计算得到最终的计算结果。

(2) 在浏览器中打开 demo04. html,运行结果如图 3-5 所示。

← → C ① 文件 | D:/vue/chapter03/demo04.html
商品单价:10 商品数量:[-] 1 [+] 总费用:10

图 3-5 computed 计算属性

在图 3-5 中,默认商品数量为 1 件,总费用为 10 元。单击增加数量按钮时,商品数量加 1,总费用会在当前价格的基础上增加 10 ;单击减少数量按钮时,商品数量减 1,总费用会减少 10。

◆ 3.1.5 watch 状态监听

watch 即观察和监测。Vue 中的事件处理方法可以通过单击事件、键盘事件等触发条件来触发,但不能自动监听当前 Vue 对象的状态变化。为了解决上述问题,Vue 提供了状态监听功能。

watch 选项表示监测 data 选项中的数据变化。watch 选项的值是对象,在对象中可以定义方法。需要注意的是,watch 是监测 data 的数据变化,watch 的方法名必须与 data 的属性名一致。

如果需要在数据变化的同时进行异步操作,或者计算开销比较大时,建议使用状态监听进行处理。

下面我们通过例 3-5 演示 watch 状态监听功能的使用。

例 3-5 watch 状态监听功能的使用。

(1) 创建 D:\vue\chapter03\demo05. html 文件,具体代码如下:

```
<div id="app">
    <!--通过 v-model 在表单控件上创建双向数据绑定-->
    <input type="text" v-model="myNumber">
  </div>
```

(2) 在 demo05. html 中编写 JavaScript 代码。完整代码如下所示:

```
1 <! DOCTYPE html>
2 <html>
3 <head>
4   <meta charset="UTF-8">
5   <title>Document</title>
6   <script src="vue.js"></script>
7 </head>
8 <body>
9   <div id="app">
10     <! --通过 v-model 在表单控件上创建双向数据绑定-->
11     <input type="text" v-model="myNumber">
12   </div>
13   <script>
14     var vm=new Vue({
15       el: '# app',
16       data: {
17         myNumber: 1
18       },
19       // 使用 watch 监听 myNumber 变化
20       watch: {
21         myNumber (newNumber, oldNumber) {
22           console.log('新数字为:'+newNumber,'旧数字为:'+oldNumber)
23         }
24       }
25     })
26   </script>
27 </body>
28 </html>
```

(3) 在浏览器中打开 demo05. html 文件,运行结果如图 3-6 所示。

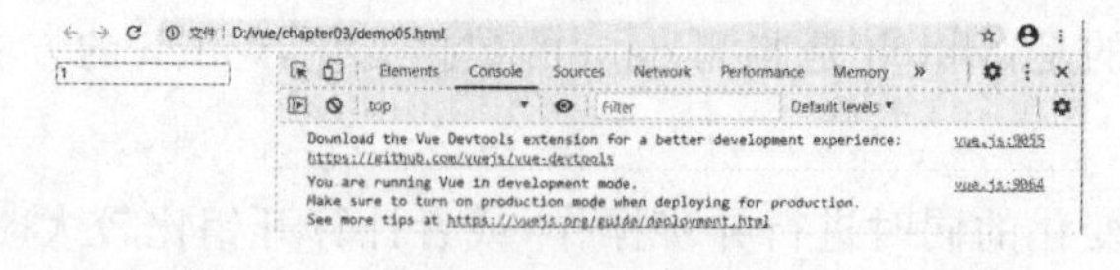

图 3-6　初始页面

(4) 按 F12 打开控制台,修改表单中的数字为 123456,运行效果如图 3-7 所示。

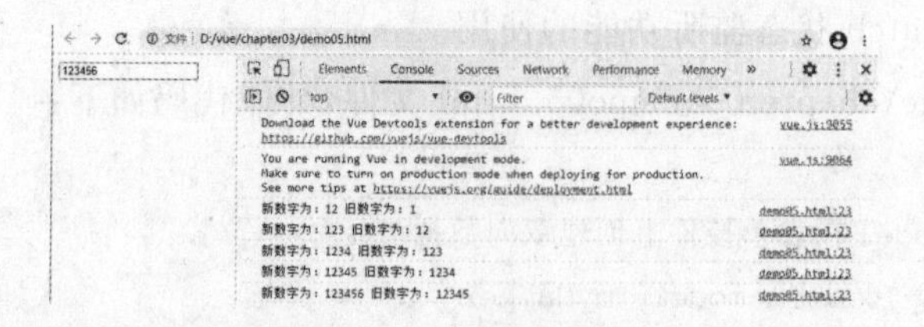

图 3-7　watch 监听变化

从图 3-7 可以看出，watch 成功监听了表单元素中的内容变化。

3.1.6 filters 过滤器

filter 是过滤器的意思。前端开发中，我们可以通过数据绑定将 data 绑定到页面中，通常情况下数据经过逻辑层处理后展示最终结果。但实际上，在 Vue 中数据的变化既可以通过 Vue 逻辑层进行操作，也可以通过过滤器来操作。

filters 选项表示对 data 中的数据进行格式化。

filters 选项的值是对象，在该对象中可以定义方法。

filters 选项常用于数据格式化，如字符串大小写转换和日期的格式化等。

需要注意的是：

(1) 过滤器函数必须定义第一个参数，该参数就是使用过滤器的数据。

(2) 过滤器函数需要将格式化的结果返回。

过滤器有两种使用方式：插值表达式和属性绑定。下面我们分别进行讲解。

1. 在插值表达式中使用过滤器

通过“{{data 属性名}}”语句，可以将 data 中的数据插入页面中，该语句就是插值表达式。在插值表达式中还可以使用过滤器来对数据进行处理，语句为“{{data |filter}}”。

下面我们通过例 3-6 演示如何在插值表达式中使用过滤器。

例 3-6 利用过滤器将数据中的小写字母转换成大写字母。

(1) 创建 D:\vue\chapter03\demo06.html 文件，具体代码如下：

```
1 <!DOCTYPE html>
2 <html>
3 <head>
4   <meta charset="UTF-8">
5   <title>Document</title>
6   <script src="vue.js"></script>
7 </head>
8 <body>
9   <div id="app">
10     <p>消息原文：{{myMessage}}</p>
11     <p>消息过滤：{{myMessage | change}}</p>
12   </div>
13   <script>
14     var vm=new Vue({
15       el: '# app',
16       data: {
17         myMessage: 'hello vue'
18       },
19       filters: {
20         // 字母小写转大写，其中 toUpperCase()是 Vue 实例提供的函数
21         change (value) {
22           return value ? value.toUpperCase() : ''
```

```
23        }
24      }
25    })
26  </script>
27 </body>
28 </html>
```

上述代码中，第 11 行代码 myMessage 作为参数传递到 change 过滤器中执行，change 将返回的最终结果展示到页面中。第 11 行代码中的符号“|”称为管道符，管道符之前代码执行的结果会传给后面作为参数进行处理。在多个参数进行传递时，第一个参数就是前一个方法执行的结果，如 value 就是 hello vue。

（2）在浏览器中打开 demo06.html，运行效果如图 3-8 所示。

← → C ① 文件 | D:/vue/chapter03/demo06.html
消息原文：hello vue
消息过滤：HELLO VUE

图 3-8　在插值表达式中使用过滤器

2. 在 v-bind 属性绑定中使用过滤器

v-bind 用于属性绑定，如“v-bind:id="data"”表示绑定 id 属性，值为 data。在 data 后面可以加过滤器，语法为"data | filter"。下面我们通过例 3-7 进行代码演示。

例 3-7　在 v-bind 属性绑定中使用过滤器。

（1）创建 D:\vue\chapter03\demo07.html 文件，具体代码如下：

```
1 <!DOCTYPE html>
2 <html>
3 <head>
4   <meta charset="UTF-8">
5   <title>Document</title>
6   <script src="vue.js"></script>
7 </head>
8 <body>
9   <div id="app">
10     <p v-bind:id="dataId | formatId">在 v-bind 属性绑定中使用过滤器</p>
11   </div>
12   <script>
13     var vm=new Vue({
14       el: '# app',
15       data: {
16         dataId: 'abcdef1'
17       },
18       filters: {
19         //字符串处理
20         formatId(value){
21           return value ? value.charAt(2) +value.indexOf('f') : ''
22         }
23       }
24     })
```

```
25 </script>
26 </body>
27 </html>
```

上述代码中,第 10 行的 id 属性通过 v-bind 与 data 中的 dataId 绑定,并且通过管道符传递给了 formatId 进行处理;第 20 行的 formatId()方法需要定义在 filters 选项中;第 21 行的 chartAt()是字符串处理的方法,参数为索引值,当前获取的是索引为 2 的字符 c,而 indexOf()方法的参数为指定字符 f,字符 f 所在的索引为 5。

(2) 在浏览器中打开 demo07.html,按 F12 键查看 Elements,运行结果如图 3-9 所示。

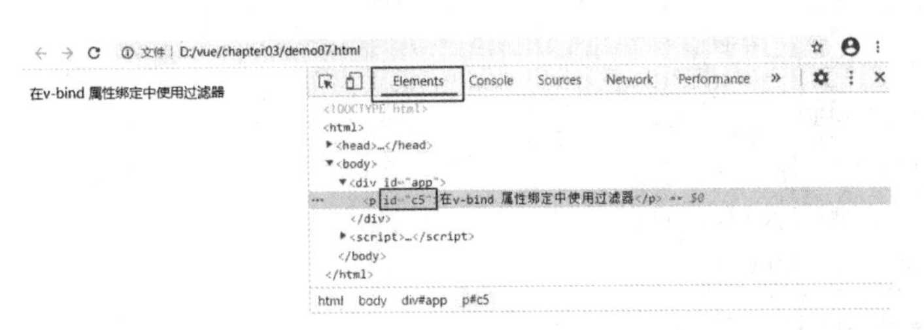

图 3-9 在 v-bind 属性绑定中使用过滤器

3.2 Vue 数据绑定

Vue 的数据绑定功能极大地提高了开发效率。本节将会讲解如何实现元素样式绑定以及类名控制;如何通过 v-for 内置指令绑定数据实现列表结构等;通过案例演示如何将 v-model 指令应用到实际开发中。

3.2.1 绑定样式

class 与 style 是 HTML 元素的属性,用于设置元素的样式,我们可以用 v-bind 来设置样式属性。

Vue 提供了样式绑定功能,可以通过绑定内联样式和绑定样式类这两种方式来实现。下面我们分别进行讲解。

1. 绑定内联样式

在 Vue 实例中定义的初始数据 data,可以通过 v-bind 将样式数据绑定给 DOM 元素。下面我们通过例 3-8 进行代码演示。

例 3-8 绑定内联样式。

(1) 创建 D:\vue\chapter03\demo08.html 文件,具体代码如下:

```
1 <!DOCTYPE html>
2 <html>
3 <head>
4   <meta charset="UTF-8">
5   <title>Document</title>
6   <script src="vue.js"></script>
7 </head>
8 <body>
```

```
9  <div id="app">
10      <!--绑定样式属性值-->
11      <div id="div1" v-bind:style="{backgroundColor:color1, width:size1, height:
size2}">
12      <!--绑定样式对象-->
13      <div v-bind:style="div2"></div>
14    </div>
15  </div>
16  <script>
17    var vm=new Vue({
18      el:'# app',
19      data:{
20        color1:'yellow',
21        size1:'100% ',
22        size2:'200px',
23        div2:{backgroundColor:'orange', width:'111px', height:'111px'},
24      }
25    })
26  </script>
27 </body>
28 </html>
```

(2) 在浏览器中打开 demo08.html,运行结果如图 3-10 所示。

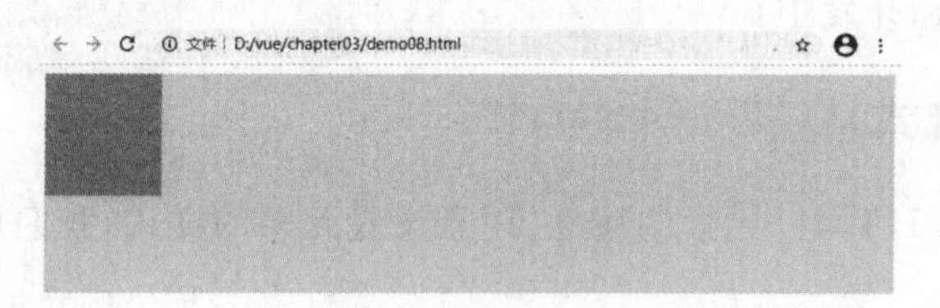

图 3-10　绑定内联样式

在图 3-10 所示结果中,内层 div 的样式是通过绑定 div2 样式对象实现的,外层 div 的样式是绑定 data 数据中定义的样式属性名实现的。

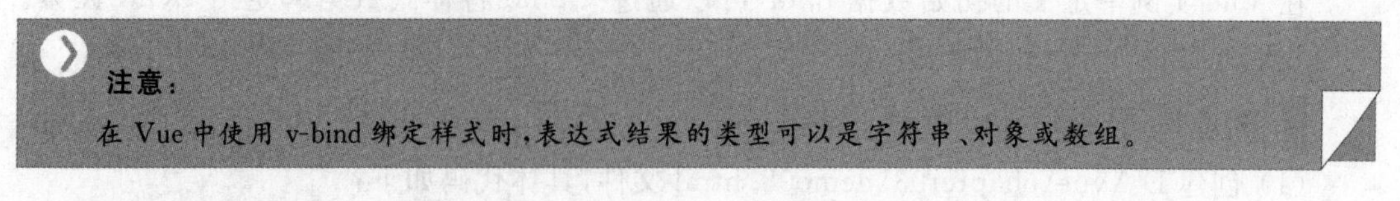

注意:
在 Vue 中使用 v-bind 绑定样式时,表达式结果的类型可以是字符串、对象或数组。

2. 绑定样式类

样式类即以类名定义元素的样式。下面我们通过例 3-9 演示样式类的绑定。

例 3-9　绑定样式类。

(1) 创建 D:\vue\chapter03\demo09.html 文件,完整代码如下:

```
1 <!DOCTYPE html>
2 <html lang="en">
3 <head>
```

```
4    <meta charset="UTF-8">
5    <meta name="viewport" content="width=device-width, initial-scale=1.0">
6    <title>Document</title>
7    <script src="vue.js"></script>
8    <style>
9        .box {
10           background-color: yellow;
11           padding: 20px;
12           width: 200px;
13           height: 100px;
14       }
15    </style>
16</head>
17<body>
18    <div id="app">
19        <div v-bind:class="{box: isShow}">
20            绑定样式类
21        </div>
22    </div>
23    <script>
24        var vm=new Vue({
25            el: '# app',
26            data: {
27                isShow: true,
28                // isShow: false,
29            }
30        })
31    </script>
32</body>
33</html>
```

在上述代码中，第 19 行通过 v-bind 绑定了 class 类名属性，第 27、28 行用于在 data 数据中定义类样式是否生效，可分别查看 isShow: true 或 isShow:false 的效果。

(2) 在浏览器中打开 demo09. html 文件，运行结果如图 3-11 所示。

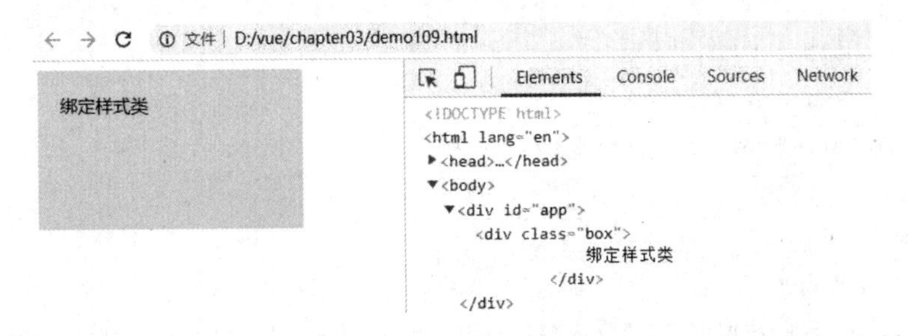

图 3-11　绑定类样式

从图 3-11 可以看出，Vue 已经成功将类样式绑定到页面中。当 isShow 为 false 的时候，样式不生效。

◆ 3.2.2 内置指令

Vue 为开发者提供内置指令，通过内置指令就可以用简洁的代码实现复杂的功能。常用内置指令如表 3-2 所示。

表 3-2 常用内置指令

路　径	说　明
v-model	双向数据绑定
v-on	监听事件
v-bind	单向数据绑定
v-text	插入文本内容
v-html	插入包含 HTML 的内容
v-for	列表渲染
v-if	条件渲染
v-show	显示隐藏

Vue 的内置指令规则：以 v 开头，后缀用来区分指令的功能，且通过短横线连接。指令必须写在 DOM 元素上。另外，内置指令还可以使用简写方式，例如，v-on：click 简写为@click，v-bind：class 简写为：class。

小提示：

在 Vue 2.×中，代码复用和抽象的主要形式是组件，然而，有的情况下，仍然需要对普通 DOM 元素进行底层操作，这时候就会用到自定义指令。自定义指令会在后续的内容中详细讲解。

1. v-model

v-model 主要实现数据双向绑定，通常用在表单元素上，例如 input、textarea、select 等。下面我们通过例 3-10 进行演示。

例 3-10 v-model 的使用。

(1) 创建 D:\vue\chapter03\demo10.html 文件，具体代码如下：

```
1 <! DOCTYPE html>
2 <html>
3 <head>
4   <meta charset="UTF-8">
5   <title>Document</title>
6   <script src="vue.js"></script>
7 </head>
8 <body>
9   <div id="app">
10     v-model 双向数据绑定，消息内容：<input type="text"  v-model="myMessage">
11   </div>
12   <script>
```

```
13    var vm=new Vue({
14      el: '# app',
15      data: {
16        myMessage: '111'
17      }
18    })
19  </script>
20</body>
21</html>
```

上述代码中，第 10 行使用 input 元素定义一个文本输入框，type 属性值为 text，通过 v-model 指令绑定了 data 中的 msg 数据。

(2) 在浏览器中打开 demo10. html，运行结果如图 3-12 所示。

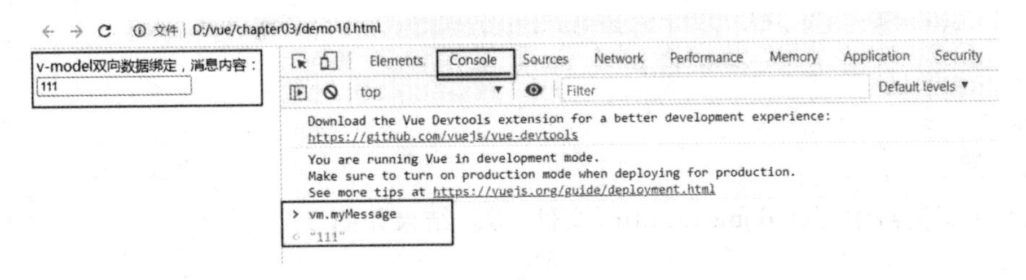

图 3-12　v-model 指令

(3) 在控制台中查看 vm. msg 属性，其输出结果为"v-model 指令"。这时我们改变 msg 的值为"双向数据绑定"，此时输入框显示的值与 msg 的值保持一致，如图 3-13 所示。

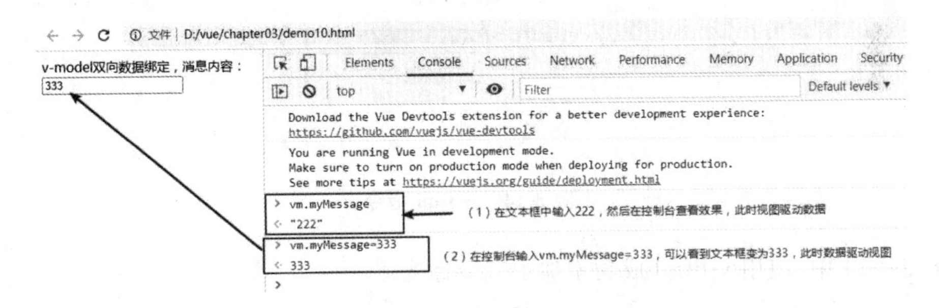

图 3-13　双向数据绑定

从图 3-13 可以看出，双向数据绑定是数据驱动视图的结果。如果修改输入框内容为新值，则 vm. msg 值会发生改变，所以通过 v-model 可以实现双向数据绑定。

2. v-html

v-html 是在 DOM 元素内部插入 HTML 标签内容。下面我们通过例 3-11 进行演示。

例 3-11　v-html 的使用。

(1) 创建 D:\vue\chapter03\demo11. html 文件，具体代码如下：

```
1 <! DOCTYPE html>
2 <html>
3 <head>
4   <meta charset="UTF-8">
```

```
5    <title>Document</title>
6    <script src="vue.js"></script>
7 </head>
8 <body>
9    <div id="app">
10      <p v-html="myMessage"></p>
11   </div>
12   <script>
13      var vm=new Vue({
14        el: '# app',
15        data: {
16          myMessage: '<h3>v-html 插入三级标题</h3>'
17        }
18      })
19   </script>
20</body>
21</html>
```

(2) 在浏览器中打开 demo11. html 文件，运行结果如图 3-14 所示。

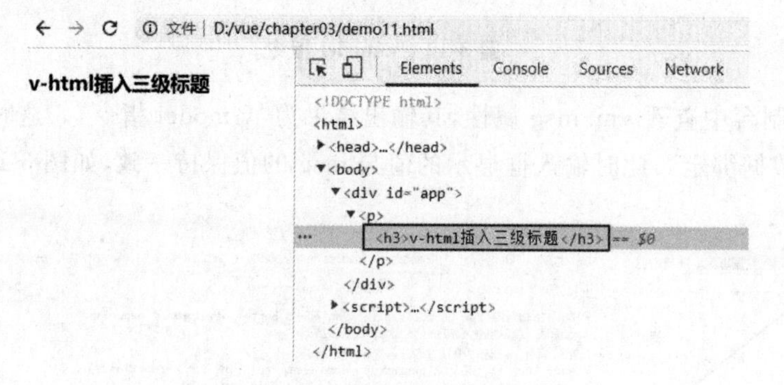

图 3-14　v-html 指令

在图 3-14 中，使用 v-html 成功添加了三级标题。

3. v-text

v-text 是在 DOM 元素内部插入文本内容。下面我们通过例 3-12 进行演示。

例 3-12　v-text 的使用。

(1) 创建 D:\vue\chapter03\demo12. html 文件，具体代码如下：

```
1 <! DOCTYPE html>
2 <html>
3 <head>
4    <meta charset="UTF-8">
5    <title>Document</title>
6    <script src="vue.js"></script>
7 </head>
8 <body>
```

```
9  <div id="app">
10   <h2 v-text="myMessage"></h2>
11  </div>
12  <script>
13    var vm=new Vue({
14      el: '# app',
15      data: {
16        myMessage: 'v-text 插入文本'
17      }
18    })
19  </script>
20</body>
21</html>
```

(2) 在浏览器中打开 demo12.html 文件，运行结果如图 3-15 所示。

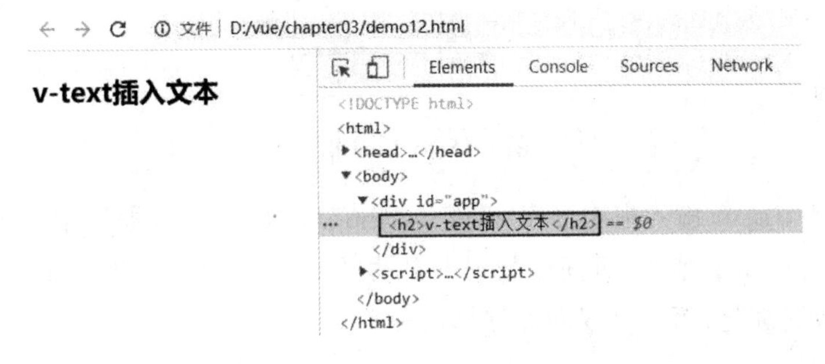

图 3-15　v-text 指令

4. v-bind

v-bind 可以实现单向数据绑定。下面我们通过例 3-13 进行演示。

例 3-13　v-bind 的使用。

(1) 创建 D:\vue\chapter03\demo13.html 文件，具体代码如下：

```
1 <! DOCTYPE html>
2 <html>
3 <head>
4   <meta charset="UTF-8">
5   <title>Document</title>
6   <script src="vue.js"></script>
7 </head>
8 <body>
9   <div id="app">
10     v-bind 单向数据绑定，消息：<input v-bind:value="myMessage">
11   </div>
12   <script>
13     var vm=new Vue({
14       el: '# app',
15       data: {
```

```
16          myMessage: 'aaa'
17       }
18     })
19   </script>
20</body>
21</html>
```

上述代码中使用 v-bind 绑定 value 值,value 为表单元素属性,表示输入框的文本内容。

(2) 在浏览器中打开 demo13. html,运行结果如图 3-16 所示。

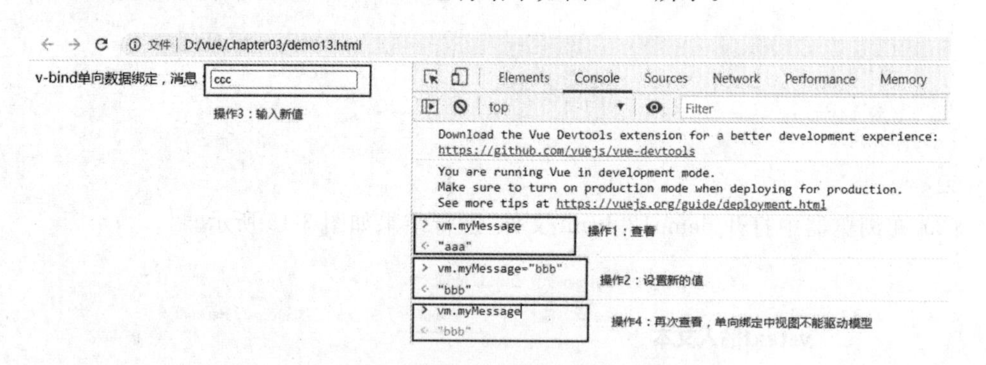

图 3-16 v-bind 指令

在图 3-16 中,input 输入框中显示"我是 v-bind",说明 msg 数据绑定已经成功。需要注意的是,当改变 vm. msg 值时,页面中数据会自动更新,但不能实现视图驱动数据变化,所以 v-bind 是单向数据绑定,而不是双向数据绑定。

5. v-on

v-on 是事件监听指令,直接与事件类型配合使用。下面我们通过例 3-14 进行演示。

例 3-14 v-on 的使用。

(1) 创建 D:\vue\chapter03\demo14. html 文件,具体代码如下:

```
1 <! DOCTYPE html>
2 <html>
3 <head>
4   <meta charset="UTF-8">
5   <title>Document</title>
6   <script src="vue.js"></script>
7 </head>
8 <body>
9   <div id="app">
10     <p>消息:{{myMessage}}</p>
11     <button v-on:click="showMessage">请单击查看新消息</button>
12   </div>
13   <script>
14     var vm=new Vue({
15       el: '# app',
```

```
16      data: {
17        myMessage: 'hello vue'
18      },
19      methods: {
20        showMessage() {
21          this.myMessage='v-on 指令'
22        }
23      }
24    })
25  </script>
26</body>
27</html>
```

上述代码中第 11 行的 v-on 指令为按钮绑定事件，其中 click 表示单击事件，此处也可以简写为@click。

(2) 在浏览器中打开 demo14. html，运行结果如图 3-17 所示。

在图 3-17 中，页面展示的初始数据 myMessage 为“hello vue”。

(3) 单击“请单击查看新消息”按钮后，运行结果如图 3-18 所示。

图 3-17 初始页面　　图 3-18 v-on 绑定的单击事件触发

在图 3-18 中，单击“请单击查看新消息”按钮后，页面中的 myMessage 数据变为“v-on 指令”，说明单击事件成功绑定并实行。

6. v-for

v-for 可以实现页面列表渲染，常用来循环数组。下面我们通过例 3-15 进行演示。

例 3-15 v-for 的使用。

(1) 创建 D:\vue\chapter03\demo15. html 文件，具体代码如下：

```
1 <! DOCTYPE html>
2 <html>
3 <head>
4   <meta charset="UTF-8">
5   <title>Document</title>
6   <script src="vue.js"></script>
7 </head>
8 <body>
9   <div id="app">
10    <div v-for="(student,index) in students" data-id="index">
11      students 数组元素索引是:{{index}},元素内容是:{{student}}
12    </div>
13  </div>
```

```
14  <script>
15    var vm=new Vue({
16      el: '#app',
17      data: {
18        students: ['zhangsan', 'lisi', 'wangwu']
19      }
20    })
21  </script>
22</body>
23</html>
```

在上述代码中，第10行的student表示每一项内容元素，index表示当前元素索引值，students是定义在data中的list数组，里面包含数值'zhangsan'、'lisi'、'wangwu'。

（2）在浏览器中打开demo15.html文件，运行结果如图3-19所示。

图 3-19 v-for 指令

在图3-19中，通过插值语句完成了数据绑定和页面渲染。需要注意的是，在Vue 2.0以上版本的组件中使用v-for时，索引key是必须要添加的，否则程序会发出警告。

7. v-if 和 v-show 指令

v-if用来控制元素显示或隐藏，属性为布尔值。v-show可以实现与v-if同样的效果，但是v-show是操作元素的display属性的，而v-if会对元素进行删除和重新创建，所以v-if在性能上不如v-show。下面我们通过例3-16进行演示。

例 3-16 v-if 的使用。

（1）创建D:\vue\chapter03\demo16.html文件，具体代码如下：

```
1 <!DOCTYPE html>
2 <html>
3 <head>
4   <meta charset="UTF-8">
5   <title>Document</title>
6   <script src="vue.js"></script>
7 </head>
8 <body>
9   <div id="app">
10    <button @click="isShow=!isShow">显示/隐藏天气信息</button>
11    <div v-if="isShow" style="background-color:orange;">晴 温度 2-16 摄氏度 风力 3 级
</div>
12  </div>
13  <script>
14    var vm=new Vue({
15      el: '#app',
16      data: {
```

```
17          isShow: true
18        }
19    })
20  </script>
21</body>
22</html>
```

上述代码中，第 11 行的 v-if 指令绑定了 isShow 的值，默认值是 true，表示显示；第 10 行的按钮用来切换 isShow 的状态属性值。另外，读者也可以将第 11 行代码中的 v-if 改为 v-show，观察两者的区别。

（2）在浏览器中打开 demo16. html，运行结果如图 3-20 所示。

（3）单击按钮"显示/隐藏天气信息"，运行结果如图 3-21 所示。

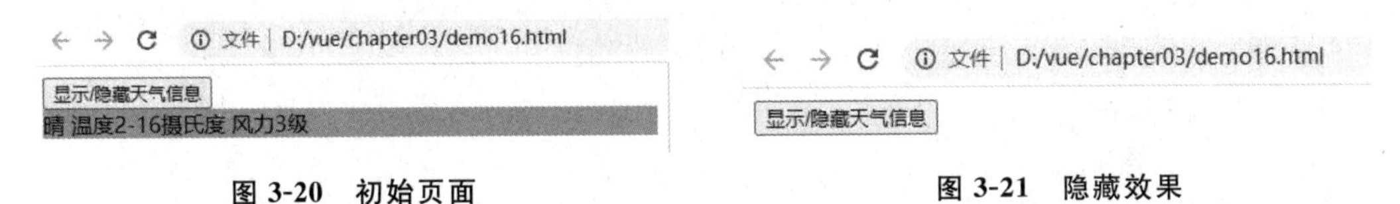

图 3-20　初始页面　　　　图 3-21　隐藏效果

3.2.3　销售记录表案例

在学习了前面的内容后，我们就可以利用 Vue 开发一个简单的销售记录表页面，并实现销售信息的添加和删除，具体步骤如例 3-17 所示。

例 3-17　开发销售记录表页面。

（1）创建 D:\vue\chapter03\demo17. html 文件，具体代码如下：

```
1 <!DOCTYPE html>
2 <html>
3 <head>
4   <meta charset="UTF-8">
5   <title>Document</title>
6   <script src="vue.js"></script>
7 </head>
8 <body>
9   <div id="app">
10     <p>销售记录表
11       <button @ click="add">添加记录</button>
12       <button @ click="del">删除记录</button>
13     </p>
14     <table border="1" width="50% " style="border-collapse: collapse">
15       <tr>
16         <th>商品编号</th>
17         <th>商品名称</th>
18         <th>商品数量</th>
19         <th>商品单价</th>
20       </tr>
21       <tr align="center" v-for="item in goods">
```

```
22          <td>{{item.id}}</td>
23          <td>{{item.name}}</td>
24          <td>{{item.count}}</td>
25          <td>{{item.price}}</td>
26        </tr>
27      </table>
28  </div>
29  <script>
30    var vm=new Vue({
31      el：'# app'，
32      data：{
33        goods：[]
34      }，
35      methods：{
36        // 添加商品信息
37        add () {
38          var good={id：'CN123'，name：'签字笔'，count：1，price：3}
39          this.goods.push(good)
40        }，
41        // 删除商品信息
42        del () {
43          this.goods.pop()
44        }
45      }
46    })
47  </script>
48</body>
49</html>
```

上述代码是销售信息列表的结构，其中第 11、12 行代码定义了操作销售信息的按钮，分别是“添加记录”和“删除记录”；第 21 行代码使用 v-for 进行了列表渲染。

上述代码中，销售信息是一个数组，第 35～45 行在 methods 中分别定义了 add 和 del 事件处理方法，当单击“添加记录”按钮时，会向销售记录表中添加一个销售信息，当单击“删除记录”按钮时，会从销售记录表删除一条销售信息。

(2) 在浏览器中打开 demo17. html 文件，运行结果如图 3-22 所示。

(3) 在页面中单击“添加记录”按钮和“删除记录”按钮，观察运行结果。例如，在销售记录表中添加 3 条销售信息后，运行结果如图 3-23 所示。

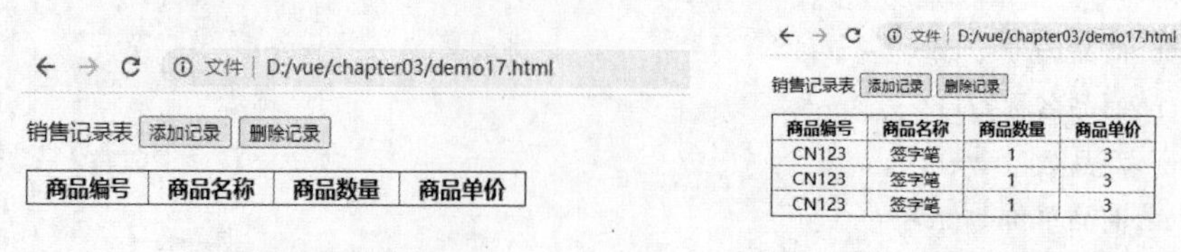

图 3-22 初始页面

图 3-23 添加记录

3.3 Vue 事件

在前端开发中，开发人员经常需要为页面元素绑定事件，为此，Vue 提供了非常灵活的事件绑定机制。本节将针对 Vue 中的事件监听和常用的事件修饰符进行详细讲解。

3.3.1 事件监听

事件监听，其实就是给元素绑定事件，调用事件处理函数。

在 Vue 中可以使用内置指令 v-on 监听 DOM 事件，设置在触发事件时运行 JavaScript 代码，或者绑定事件处理方法。

1. 在触发事件时执行 JavaScript 代码

v-on 允许在触发事件时执行 JavaScript 代码，下面我们通过例 3-18 进行演示。

例 3-18 在触发事件时执行 JavaScript 代码。

(1) 创建 D:\vue\chapter03\demo18.html 文件，具体代码如下：

```
1 <!DOCTYPE html>
2 <html>
3 <head>
4   <meta charset="UTF-8">
5   <title>Document</title>
6   <script src="vue.js"></script>
7 </head>
8 <body>
9   <div id="app">
10     <button v-on:click="num++">呼叫顾客</button>
11     <p>请第 {{num}} 号顾客到窗口办理业务</p>
12   </div>
13   <script>
14     var vm=new Vue({
15       el: '# app',
16       data: {
17         num: 1
18       }
19     })
20   </script>
21</body>
22</html>
```

(2) 在浏览器中打开 demo18.html 文件，运行结果如图 3-24 所示。

(3) 单击“呼叫顾客”按钮，运行结果如图 3-25 所示。

2. 使用按键修饰符监听按键

在监听键盘事件时，经常需要检查常见的键值。为了方便开发，Vue 允许为 v-on 添加按键修饰符来监听按键，如 Enter、空格、Shift 和 PageDown 等。下面我们以 Enter 键为例进行演示。

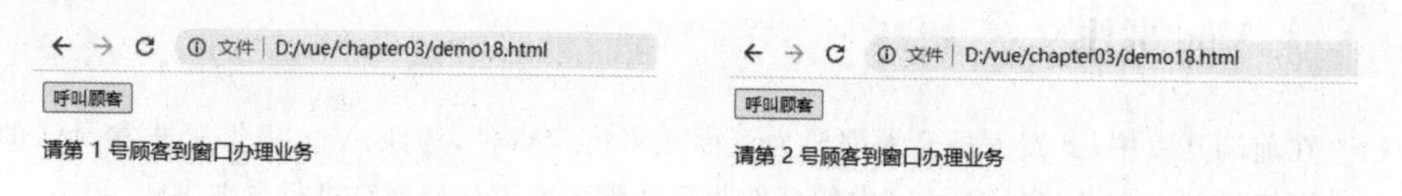

图 3-24　例 3-18 初始页面　　　　图 3-25　click 事件

例 3-19　使用按键修饰符监听按键。

(1) 创建 D:\vue\chapter03\demo19.html 文件，具体代码如下：

```
1 <!DOCTYPE html>
2 <html>
3 <head>
4   <meta charset="UTF-8">
5   <title>Document</title>
6   <script src="vue.js"></script>
7 </head>
8 <body>
9   <div id="app">
10    请输入消息：
11    <input type="text" v-on:keyup.enter="send">
12    <button v-on:click="send">提交</button>
13  </div>
14  <script>
15    var vm=new Vue({
16      el: '# app',
17      methods: {
18        send() {
19          alert('消息发送成功')
20        }
21      }
22    })
23  </script>
24</body>
25</html>
```

上述代码中，当按下键盘回车键后，就会触发 send()事件处理方法。

(2) 在浏览器中打开 demo19.html，单击 input 输入框使其获得焦点，输入 hi，然后按 Enter 键，运行结果如图 3-26 所示。

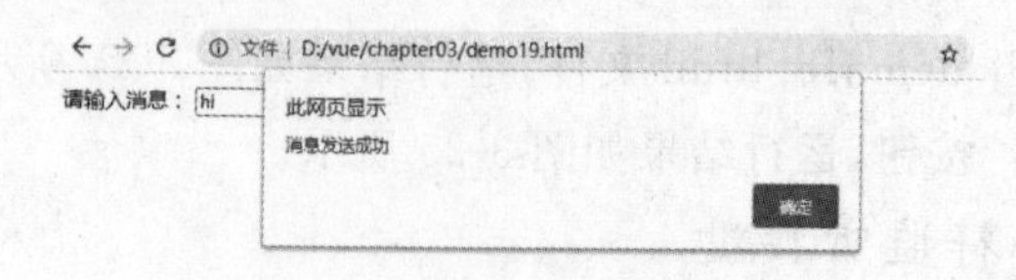

图 3-26　按 Enter 键触发事件

从图 3-26 可以看出，键盘事件绑定成功且已经执行。

3.3.2 事件修饰符

Vue 的事件修饰符允许开发者自定义事件行为，与 v-on 指令一起使用。语法规则为：

```
v-on:事件名.事件修饰符
```

例如“v-on:click.once”表示按钮只能单击一次。

常用事件修饰符如表 3-3 所示。

表 3-3 常用事件修饰符

修饰符	说明
.stop	阻止事件冒泡
.prevent	阻止默认事件行为
.capture	事件捕获
.self	将事件绑定到自身，只有自身才能触发
.once	事件只触发一次

表 3-3 所列的不同的事件修饰符会产生不同的功能。为了使读者更好地理解，下面我们分别进行详细的讲解。

1. .stop 阻止事件冒泡

在前端开发中，结构复杂的页面会有很多事件来实现交互行为。默认的事件传递方式是冒泡，即同一事件类型会在元素内部和外部都触发，这样很容易出现事件的错误触发，使用.stop 修饰符可以阻止事件冒泡行为。下面通过例 3-20 进行代码演示。

例 3-20 .stop 阻止事件冒泡。

(1) 创建 D:\vue\chapter03\demo20.html 文件，具体代码如下：

```
1 <!DOCTYPE html>
2 <html>
3 <head>
4   <meta charset="UTF-8">
5   <title>Document</title>
6   <script src="vue.js"></script>
7   <style>
8     .parent{height: 80px; background-color: orange;padding: 10px;}
9   </style>
10</head>
11<body>
12  <div id="app">
13    <p>num 的值:{{num}} </p>
14    <div class="parent" v-on:click="doParent">
15      <button v-on:click="doThis">按钮 1 允许事件冒泡 num 每次增加 2</button>
16      <button v-on:click.stop="doThis">按钮 2 阻止事件冒泡 num 每次增加 1</button>
17    </div>
```

```
18 </div>
19 <script>
20   var vm=new Vue({
21     el: '# app',
22     data: {num: 0},
23     methods: {
24       // 父元素单击事件处理方法
25       doParent () {
26         vm.num++
27       },
28       //被单击元素事件处理方法
29       doThis () {
30         vm.num++
31       }
32     }
33   })
34 </script>
35</body>
36</html>
```

(2) 打开 demo20. html 文件，单击“按钮 1 允许事件冒泡 num 每次增加 2”，运行结果如图 3-27 所示，说明子元素和父元素绑定的事件处理方法同时触发。

(3) 单击“按钮 2 阻止事件冒泡 num 每次增加 1”，运行结果如图 3-28 所示。

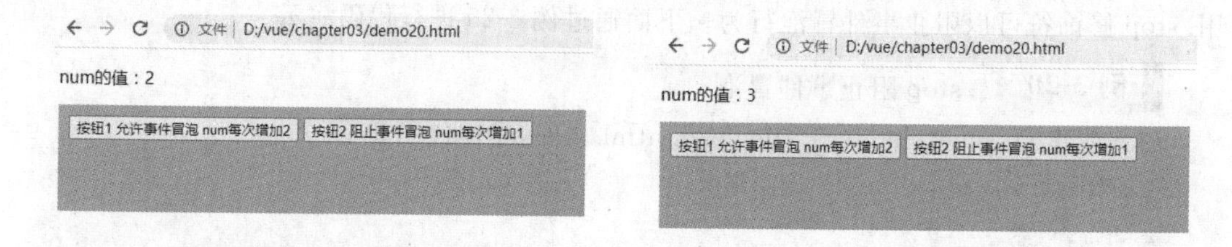

图 3-27　事件冒泡

图 3-28　.stop 阻止事件冒泡

从图 3-28 中可以看出，事件冒泡行为已成功被阻止。

2. .prevent 阻止默认事件行为

大部分 HTML 标签都具有默认行为，例如单击<a>标签时会自动跳转。在实际开发中，如果 HTML 标签的默认行为与我们定义的事件发生冲突，那么可以使用. prevent 修饰符来阻止标签的默认行为。下面我们通过例 3-21 进行代码演示。

例 3-21　. prevent 阻止默认事件行为。

(1) 创建 D:\vue\chapter03\demo21. html 文件，具体代码如下：

```
1 <!DOCTYPE html>
2 <html>
3 <head>
4   <meta charset="UTF-8">
5   <title>Document</title>
6   <script src="vue.js"></script>
```

```
7 </head>
8 <body>
9   <div id="app">
10    <a href="https://www.qq.com" v-on:click.prevent>阻止超链接跳转</a>
11    <a href="https://www.qq.com">不阻止超链接跳转</a>
12  </div>
13  <script>
14    var vm=new Vue({
15      el: '#app'
16    })
17  </script>
18</body>
19</html>
```

（2）在浏览器中打开 demo21.html 文件，运行结果如图 3-29 所示。

← → C ⓘ 文件 | D:/vue/chapter03/demo21.html

阻止超链接跳转 不阻止超链接跳转

图 3-29 例 3-21 初始页面

（3）单击“阻止超链接跳转”，页面不会发生变化；而单击“不阻止超链接跳转”，页面会跳转到 https://www.qq.com 页面。

3. .capture 事件捕获

事件捕获的顺序是由外部结构向内部结构执行，与事件冒泡的顺序相反。下面我们通过例 3-22 演示事件捕获的过程。

例 3-22 .capture 事件捕获。

（1）创建 D:\vue\chapter03\demo22.html 文件，具体代码如下：

```
1 <!DOCTYPE html>
2 <html>
3 <head>
4   <meta charset="UTF-8">
5   <title>Document</title>
6   <script src="vue.js"></script>
7   <style>
8     .parent{height: 80px; background-color: orange;padding: 10px;}
9   </style>
10</head>
11<body>
12  <div id="app">
13    <p>num 的值:{{num}} </p>
14    <div class="parent" v-on:click.capture="doParent">
15      在 div 区域中单击，触发父元素的单击事件，num 每次增加 1<br><br>
16      <button v-on:click="doThis">事件捕获按钮 num 每次增加 2</button>
17    </div>
18  </div>
19  <script>
```

```
20    var vm=new Vue({
21      el: '# app',
22      data: { num: 0 },
23      methods: {
24        // 父元素单击事件处理方法
25        doParent() {
26          vm.num++
27        },
28        //被单击元素事件处理方法
29        doThis() {
30          vm.num++
31        }
32      }
33    })
34  </script>
35</body>
36</html>
```

(2) 打开 demo22.html 文件,运行结果如图 3-30 所示。

图 3-30　事件捕获

如图 3-30 所示,单击“事件捕获按钮 num 每次增加 2”,观察 num 值的变化,可以看到事件的执行顺序为从外部到内部,这就是事件捕获的效果。

4. .self 将事件绑定到自身,只有自身才能触发

事件修饰符.self 用来实现只有 DOM 元素本身会触发事件。下面我们通过例 3-23 进行演示。

例 3-23　self 将事件绑定到自身,只有自身才能触发。

(1) 创建 D:\vue\chapter03\demo23.html 文件,具体代码如下:

```
1 <!DOCTYPE html>
2 <html>
3 <head>
4   <meta charset="UTF-8">
5   <title>Document</title>
6   <style>
7     .parent{height: 80px; background-color: orange;padding: 10px;}
8   </style>
9   <script src="vue.js"></script>
10</head>
11<body>
12
13<div id="app">
14  <p>num 的值:{{num}} </p>
```

```
15  <div class="parent" v-on:click.self="doParent">
16    在 div 区域中单击,触发父元素的单击事件,num 每次增加 1<br><br>
17    <button v-on:click="doThis">按钮 1 单击无法触发父组件事件 num 每次增加 1</button>
18  </div>
19
20  <p></p>
21
22  <div class="parent" v-on:click="doParent">
23    在 div 区域中单击,触发父元素的单击事件,num 每次增加 1<br><br>
24    <button v-on:click.self="doThis">按钮 2 单击触发父组件事件 num 每次增加 2</button>
25  </div>
26</div>
27<script>
28  var vm=new Vue({
29    el: '# app',
30    data: { num: 0 },
31    methods: {
32       // 父元素单击事件处理方法
33       doParent() {
34         vm.num++
35       },
36       //被单击元素事件处理方法
37       doThis() {
38         vm.num++
39       }
40     }
41  })
42</script>
43</body>
44</html>
```

(2) 打开 demo23. html 文件,运行结果如图 3-31 所示。

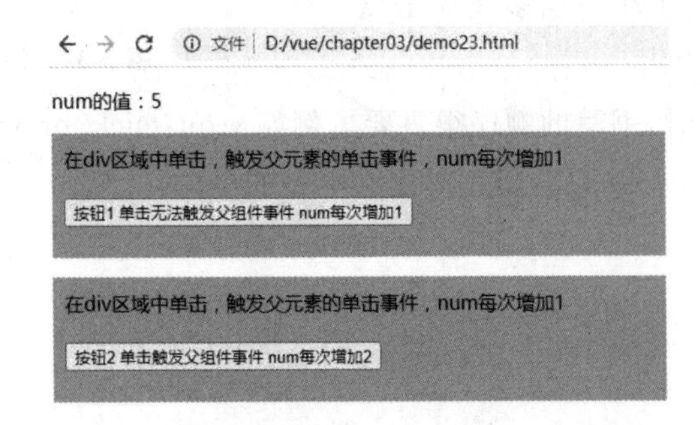

图 3-31　例 3-23 初始页面

5..once 事件只触发一次

事件修饰符.once 用于阻止多次触发,只触发一次。下面我们通过例 3-24 进行演示。

例 3-24 once 事件只触发一次。

(1) 创建 D:\vue\chapter03\demo24.html 文件，具体代码如下：

```
1 <!DOCTYPE html>
2 <html>
3 <head>
4   <meta charset="UTF-8">
5   <title>Document</title>
6   <script src="vue.js"></script>
7 </head>
8 <body>
9   <div id="app">
10     <p>num 的值：{{num}} </p>
11     <button v-on:click.once="doThis">仅执行一次 num++</button>
12   </div>
13   <script>
14     var vm=new Vue({
15       el: '# app',
16       data: { num: 0 },
17       methods: {
18         doThis() {
19           vm.num++
20         }
21       }
22     })
23   </script>
24</body>
25</html>
```

(2) 打开 demo24.html 文件，单击“仅执行一次 num＋＋”按钮，运行结果如图 3-32 所示。

图 3-32 .once 修饰符

如图 3-32 所示，单击“仅执行一次 num＋＋”按钮，num 的值为 1；当多次单击该按钮时，num 的值没有变化。

在使用事件修饰符时，书写的顺序很重要。例如 v-on:click.prevent.self 会阻止所有的单击，v-on:click.self.prevent 只会阻止对元素本身的单击。

3.4 Vue 组件

3.4.1 什么是组件

Vue 可以进行组件化开发，组件是 Vue 的基本结构单元。组件能实现复杂的页面结构，提高代码的可复用性。开发过程中只需要按照 Vue 规范定义组件，将组件渲染到页面即可。

下面我们通过例 3-25 演示组件的定义和使用。

例 3-25 组件的定义和使用。

(1) 创建 D:\vue\chapter03\demo25.html 文件,具体代码如下:

```
1 <!DOCTYPE html>
2 <html>
3 <head>
4   <meta charset="UTF-8">
5   <title>Document</title>
6   <script src="vue.js"></script>
7 </head>
8 <body>
9   <div id="app">
10     <h8></h8>
11     <h8></h8>
12     <h8></h8>
13   </div>
14   <script>
15     Vue.component('h8', {
16       data () {
17         return {
18           num: 0
19         }
20       },
21       template: '<button v-on:click="num++">按钮被单击{{num}}次</button>'
22     })
23     var vm=new Vue({ el: '# app' })
24   </script>
25</body>
26</html>
```

在上述代码中,第 15 行的 Vue.component()表示注册组件的 API,参数 h8 为组件名称,该名称与页面中的＜h8＞标签名对应。此外,组件名还可以使用驼峰法,例如,可以将第 15 行的 h8 修改为 hK8,运行结果是相同的;第 16～20 行表示组件中的数据,它必须是一个函数,通过返回值来返回初始数据;第 21 行的 template 表示组件的模板。

(2) 在浏览器中打开 demo25.html,运行结果如图 3-33 所示。

图 3-33　定义组件

如图 3-33 所示,一共有 3 个 h8 组件,单击某一个组件时,它的 count 值会进行累加。不同的按钮具有不同的 count 值,它们各自统计自己被单击的次数。

通过例 3-25 可以看出,利用 Vue 的组件功能可以非常方便地复用页面代码,实现一次定义、多次使用的效果。

◆ 3.4.2 局部注册组件

前面学习的 Vue.component()方法用于全局注册组件，除了全局注册组件外，还可以局部注册组件，通过 Vue 实例的 components 属性来实现。下面我们通过例 3-26 进行演示。

例 3-26 局部注册组件。

(1) 创建 D:\vue\chapter03\demo26.html 文件，具体代码如下：

```
1 <!DOCTYPE html>
2 <html>
3 <head>
4   <meta charset="UTF-8">
5   <title>Document</title>
6   <script src="vue.js"></script>
7 </head>
8 <body>
9   <div id="app">
10    <h8></h8>
11  </div>
12  <script>
13    var comp={
14      template: '<h1>局部组件</h1>'
15    }
16    var vm=new Vue({
17      el: '# app',
18      // 注册局部组件
19      components: { h8: comp }
20    })
21  </script>
22</body>
23</html>
```

在上述代码中，第 19 行的 components 表示组件配置选项，注册组件时只需要将组件在 components 内部完成定义即可。

(2) 在浏览器中打开 demo26.html，运行结果如图 3-34 所示。

← → C ⓘ 文件 | D:/vue/chapter03/demo26.html

局部组件

图 3-34 components 配置

◆ 3.4.3 template 模板

在前面的开发中，template 模板是用字符串保存的，这种方式不仅容易出错，也不适合编写复杂的页面结构。实际上，模板代码是可以写在 HTML 结构中的，这样就有利于在编辑器中显示代码提示和高亮显示，不仅改善了开发体验，也提高了开发效率。

Vue 提供了<template>标签来定义结构的模板，可以在该标签中书写 HTML 代码，然后通过 id 值绑定到组件内的 template 属性上。下面我们通过例 3-27 演示模板的使用。

例 3-27 template 模板的使用。

(1) 创建 D:\vue\chapter03\demo27.html 文件，具体代码如下：

```
1 <!DOCTYPE html>
2 <html>
3 <head>
4   <meta charset="UTF- 8">
5   <title>Document</title>
6   <script src="vue.js"></script>
7 </head>
8 <body>
9   <div id="app">
10     <p>vm 实例的 uname : {{uname}}</p>
11     <comp></comp>
12   </div>
13
14   <template id="my-tmp">
15     <p>组件内的 uname : {{uname}}</p>
16   </template>
17
18   <script>
19     Vue.component('comp', {
20       template: '# my-tmp',
21       data () {
22         return {
23           uname: 'jerry',
24         }
25       }
26     })
27     var vm=new Vue({
28       el: '# app',
29       data: {
30         uname: 'tom'
31       }
32     })
33   </script>
34</body>
35</html>
```

在上述代码中，第 14 行为 template 模板定义了 id 属性，其值为 my-tmp，然后在第 20 行通过＃my-tmp 与组件模板绑定。

(2) 在浏览器中打开 demo27.html，运行结果如图 3-35 所示。

← → C ⓘ 文件 | D:/vue/chapter03/demo27.html

vm实例的uname : tom

组件内的uname : jerry

图 3-35 template 模板

> **小提示：**
>
> 在全局注册组件时，组件接收的配置选项，与创建 Vue 实例时的配置选项基本相同，都可以使用 methods 来定义方法。组件内部具有自己的独立作用域，不能直接被外部访问。

3.4.4 组件之间数据传递

在 Vue 中，组件实例具有局部作用域，组件之间的数据传递需要借助一些工具(如 props 属性)来实现父组件向子组件传递数据信息。父组件和子组件的依赖关系是完成数据传递的基础，组件之间数据信息传递的过程如图 3-36 所示。

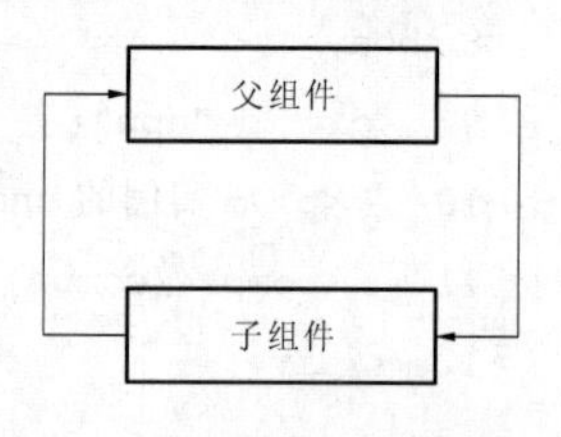

图 3-36 组件之间依赖关系

在图 3-36 所示的过程中，父组件向子组件传递是数据从外部向内部传递，子组件向父组件传递是数据从内部向外部传递。

在 Vue 中，数据传递主要通过 props 属性和 $emit 方式来实现，下面我们分别进行讲解。

1. props 传值

props 即道具，用来接收父组件中定义的数据，其值为数组，数组中是父组件传递的数据信息。下面我们通过例 3-28 演示 props 的使用。

例 3-28 props 的使用。

(1) 创建 D:\vue\chapter03\demo28.html 文件，具体代码如下：

```
1 <!DOCTYPE html>
2 <html>
3 <head>
4   <meta charset="UTF-8">
5   <title>Document</title>
6   <script src="vue.js"></script>
7 </head>
8 <body>
9   <div id="app">
10     <h8 name="新闻"></h8>
11   </div>
12   <script>
13     Vue.component('h8',{
14       props: ['name'],
15       template: '<div>{{name}}组件 </div>'
16     })
```

```
17     var vm=new Vue({
18       el: '# app'
19     })
20   </script>
21</body>
22</html>
```

在上述代码中，第 14 行的 props 接收 name 数据，name 在父组件中定义，同时 name 可以与 data 绑定，当 data 数据发生改变时，组件中的 name 值也发生变化。

图 3-37　props 传值

(2) 在浏览器中打开 demo28. html，运行结果如图 3-37 所示。

在图 3-37 所示的页面中，页面显示“新闻组件”，说明父组件信息已经传递到子组件。

需要注意的是，props 是以从上到下的单向数据流传递的，且父级组件的 props 更新会向下流动到子组件中，但是反过来则不行。

2. $emit 传值

$emit 能够将子组件中的值传递到父组件中去。$emit 可以触发父组件中定义的事件，子组件的数据信息通过传递参数的方式完成。下面我们通过例 3-29 进行代码演示。

例 3-29　$emit 的使用。

(1) 创建 D:\vue\chapter03\demo29. html 文件，具体代码如下：

```
1 <!DOCTYPE html>
2 <html>
3 <head>
4   <meta charset="UTF-8">
5   <title>Document</title>
6   <script src="vue.js"></script>
7 </head>
8 <body>
9   <div id="app">
10     <c-parent></c-parent>
11   </div>
12   <!--子组件模板-->
13   <template id="t-child">
14     <div>
15       子组件中的 message:
16       <input type="text" v-model="message">
17       <button @ click="act">Emit</button>
18     </div>
19   </template>
20   <script>
21     Vue.component('c-parent', {
22       template: '<div><c-child @ childAct="convert"></c-child>' +
```

```
23                  '<p>父组件接收子组件传来的消息 : {{message}} </p></div>',
24      data () {
25        return {
26          message: ''
27        }
28      },
29      methods: {
30        convert(value) {
31          this.message=value
32        }
33      }
34    })
35    // child组件
36    Vue.component('c-child', {
37      template: '# t-child',
38      data () {
39        return {
40          message: 'hello,我是子组件中的 message'
41        }
42      },
43      methods: {
44        act() {
45          this.$ emit('childAct', this.message);
46        }
47      }
48    })
49    var vm=new Vue({ el: '# app' })
50 </script>
51</body>
52</html>
```

在上述代码中,第 22 行的@childAct 是在 child 组件上绑定了一个名为 childAct 的事件,其值为事件处理方法 convert,且定义在 c-parent 父组件 methods 配置选项中。

(2) 在浏览器中打开 demo29.html,运行结果如图 3-38 所示。

(3) 单击"Emit"按钮,运行结果如图 3-39 所示。

← → C ⓘ 文件 | D:/vue/chapter03/demo29.html
子组件中的message: [hello,我是子组件中的messag] [Emit]
父组件接收子组件传来的消息 :

图 3-38 例 3-29 初始页面

← → C ⓘ 文件 | D:/vue/chapter03/demo29.html
子组件中的message: [hello,我是子组件中的messag] [Emit]
父组件接收子组件传来的消息 : hello,我是子组件中的message

图 3-39 传值成功

如图 3-39 所示,单击"Emit"按钮后,页面中显示了子组件中的消息,说明子组件向父组件成功地完成了传值。

3.4.5 组件切换

Vue 中的页面结构是由组件构成的，不同组件可以表示不同页面，适合进行单页应用开发。下面我们通过例 3-30 演示登录组件和注册组件的切换。

例 3-30 登录组件和注册组件的切换。

(1) 创建 D:\vue\chapter03\demo30.html 文件，具体代码如下：

```
1 <!DOCTYPE html>
2 <html>
3 <head>
4   <meta charset="UTF-8">
5   <title>Document</title>
6   <script src="vue.js"></script>
7   <style>
8     .phone,.food{
9       width: 200px;
10      height: 100px;
11      padding: 30px;
12    }
13    .phone{
14      background-color:azure;
15    }
16    .food{
17      background-color: bisque;
18    }
19    a{text-decoration: none; padding-right: 6px;}
20  </style>
21</head>
22<body>
23  <div id="app">
24    <h3>EU 商城</h3>
25    <a href="# " @ click.prevent="isShow ? isShow : isShow=!isShow">手机</a>
26    <a href="# " @ click.prevent="isShow ? isShow=!isShow : isShow">食品</a>
27    <phone class="phone" v-if="isShow"></phone>
28    <food class="food" v-else="isShow"></food>
29  </div>
30  <script>
31    Vue.component('phone', {
32      template: '<div>手机频道|网上营业厅|配件频道页面</div>'
33    })
34    Vue.component('food', {
35      template: '<div>食品|酒类|地方特产页面</div>'
36    })
```

```
37    var vm=new Vue({
38      el: '# app',
39      data: { isShow: true }
40    })
41 </script>
42</body>
43</html>
```

上述代码中，第 31 行的'phone'表示登录组件，第 34 行的'food'表示注册组件；第 27 行的 v-if 指令值为 true，表示显示当前组件，否则隐藏当前组件；第 25、26 行的.prevent 事件修饰符用于阻止<a>标签的超链接默认行为。

(2) 在浏览器中打开 demo30.html，运行结果(见图 3-42)如图 3-40 所示。

(3) 在页面中单击“食品”链接后，运行结果如图 3-41 所示。

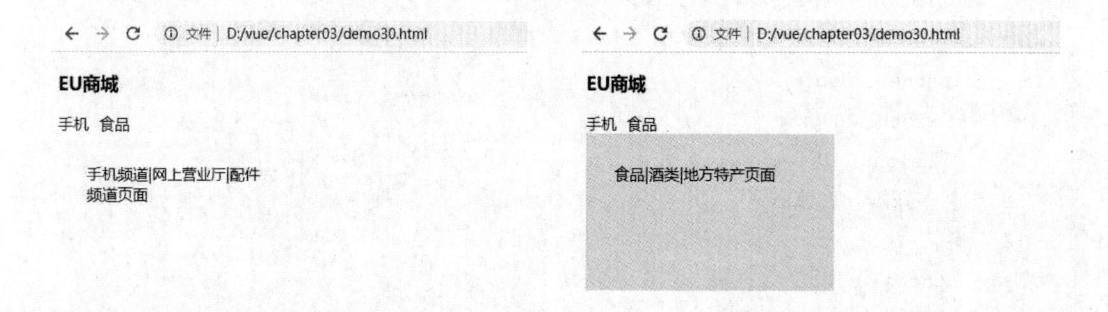

图 3-40 例 3-30 初始页面　　图 3-41 注册页面

从例 3-30 可以看出，组件的切换是通过 v-if 来控制的，除了这种方式外，还可以通过组件的 is 属性来实现，即使用 is 属性匹配组件的名称。下面我们通过例 3-31 进行演示。

例 3-31 is 属性的使用。

(1) 创建 D:\vue\chapter03\demo31.html 文件，具体代码如下：

```
1 <!DOCTYPE html>
2 <html>
3 <head>
4   <meta charset="UTF-8">
5   <title>Document</title>
6   <script src="vue.js"></script>
7   <style>
8     # app div{
9       width: 200px;
10      height: 100px;
11      padding: 30px;
12      background-color:yellow;
13    }
14    a{text-decoration: none; padding-right: 6px;}
15  </style>
16</head>
17<body>
```

```
18 <div id="app">
19   <h3>EU商城</h3>
20   <a href="# " @ click.prevent="comName='phone'">手机</a>
21   <a href="# " @ click.prevent="comName='food'">食品</a>
22   <a href="# " @ click.prevent="comName='book'">图书</a>
23   <component v-bind:is="comName"></component>
24 </div>
25 <script>
26   Vue.component('phone', {
27     template: '<div>手机频道|网上营业厅|配件频道页面</div>'
28   })
29   Vue.component('food', {
30     template: '<div>食品|酒类|地方特产页面</div>'
31   })
32   Vue.component('book', {
33     template: '<div>书籍|教材|电子书页面</div>'
34   })
35   var vm=new Vue({
36     el: '# app',
37     data: { comName: 'phone' }
38   })
39 </script>
40</body>
41</html>
```

在上述代码中，第23行的is属性值绑定了data中的comName；第20～22行的<a>标签用来修改comName的值，从而切换对应的组件。

(2) 在浏览器中打开demo31.html，运行结果(见图3-42)与图3-40所示类似。

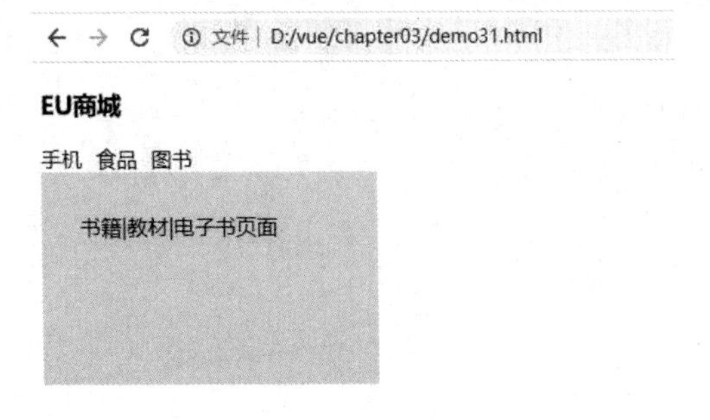

图3-42 例3-31运行结果

3.5 Vue生命周期

Vue实例为生命周期提供了回调函数，用来在特定的情况下触发，贯穿了Vue实例化的整个过程，这给用户在不同阶段添加自己的代码提供了机会。每个Vue实例在被创建时都要经过一系列的初始化过程，如初始数据监听、编译模板、将实例挂载到DOM并在数据变化时更新 DOM 等。下面我们将针对生命周期(钩子函数)进行详细讲解。

3.5.1 钩子函数

钩子函数用来描述 Vue 实例从创建到销毁的整个生命周期,具体如表 3-4 所示。

表 3-4 表示生命周期的钩子函数

钩子函数	说明
beforeCreate	创建实例对象之前执行
created	创建实例对象之后执行
beforeMount	页面挂载成功之前执行
mounted	页面挂载成功之后执行
beforeUpdate	组件更新之前执行
updated	组件更新之后执行
beforeDestroy	实例销毁之前执行
destroyed	实例销毁之后执行

在后面的小节中我们将对这些钩子函数分别进行讲解。

3.5.2 实例创建

下面我们通过例 3-32 演示 beforeCreate 和 created 钩子函数的使用。

beforeCreate:此时数据不能使用。

created:此时数据可以使用。

例 3-32 beforeCreate 和 created 钩子函数的使用。

(1) 创建 D:\vue\chapter03\demo32.html 文件,具体代码如下:

```
1 <!DOCTYPE html>
2 <html>
3 <head>
4   <meta charset="UTF-8">
5   <title>Document</title>
6   <script src="vue.js"></script>
7 </head>
8 <body>
9   <div id="app">
10    用户名:{{uname}}
11  </div>
12  <script>
13    var vm=new Vue({
14      el: '# app',
15      data: { uname: 'VUE 扫地僧 1' },
16      beforeCreate () {
17        console.log('实例创建之前 uname:'+this.$ data.uname)
```

```
18        },
19        created () {
20          console.log('实例创建之后 uname:'+this.$ data.uname)
21        }
22      })
23 </script>
24</body>
25</html>
```

(2) 在浏览器中打开 demo32. html 文件,运行结果如图 3-43 所示。

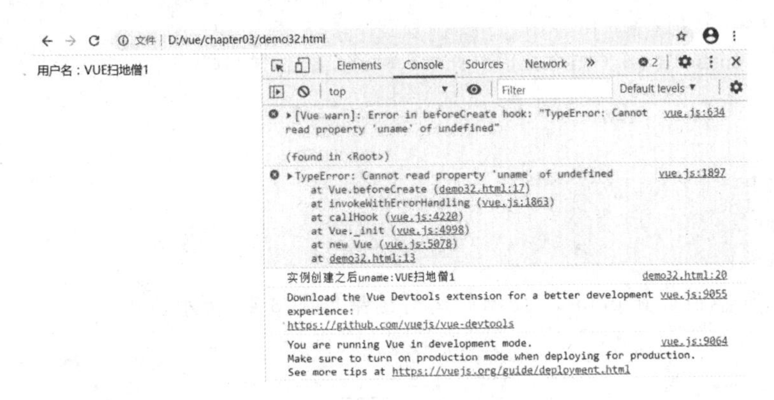

图 3-43　beforeCreate 与 created

如图 3-43 所示,beforeCreate 钩子函数输出 msg 时出错,这是因为此时数据还没有被监听,同时页面没有挂载对象。而 created 钩子函数执行时,数据已经绑定到了对象实例,但是还没有挂载对象。

3.5.3　页面挂载

Vue 实例创建后,如果挂载点 el 存在,就会进行页面挂载。下面我们通过例 3-33 演示页面挂载钩子函数 beforeMount 和 mounted 的使用。

beforeMount:无法展示数据。

mounted:可以展示数据。

例 3-33　beforeMount 和 mounted 的使用。

(1) 创建 D:\vue\chapter03\demo33. html 文件,具体代码如下:

```
1 <!DOCTYPE html>
2 <html>
3 <head>
4   <meta charset="UTF-8">
5   <title>Document</title>
6   <script src="vue.js"></script>
7 </head>
8 <body>
9   <div id="app">
10     用户名:{{uname}}
```

```
11 </div>
12 <script>
13   var vm=new Vue({
14     el: '# app',
15     data: { uname: '扫地僧' },
16     beforeMount () {
17       // 使用 this.$ el 获取 el 的 DOM 元素
18       console.log('挂载之前:'+this.$ el.innerHTML)
19     },
20     mounted () {
21       console.log('挂载之后:'+this.$ el.innerHTML)
22     }
23   })
24 </script>
25</body>
26</html>
```

(2) 在浏览器中打开 demo33.html，运行结果如图 3-44 所示。

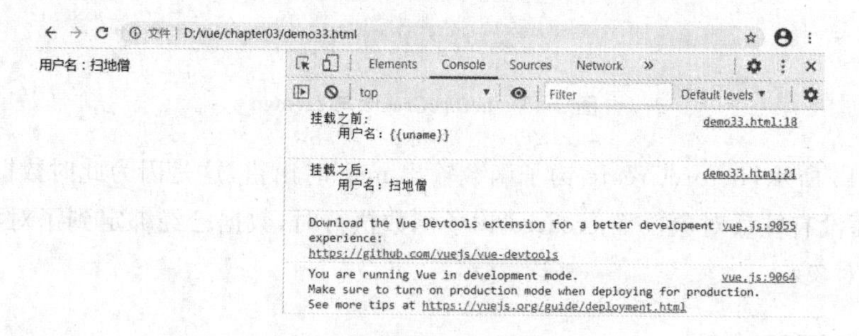

图 3-44　beforeMount 与 mounted

从图 3-44 中可以看出，挂载前数据没有被挂载到 $ el 上，所以页面无法展示页面数据；挂载后获得了 uname 数据，通过插值表达式将数据展示到页面上。

3.5.4　数据更新

Vue 实例挂载完成后，当数据发生变化时，会执行 beforeUpdate 和 updated 钩子函数。下面我们通过例 3-34 进行演示。

例 3-34　beforeUpdate 和 updated 钩子函数的使用。

(1) 创建 D:\vue\chapter03\demo34.html 文件，具体代码如下：

```
1 <!DOCTYPE html>
2 <html>
3 <head>
4   <meta charset="UTF-8">
5   <title>Document</title>
6   <script src="vue.js"></script>
7 </head>
8 <body>
```

```
9  <div id="app">
10   <div v-if="flag" ref="sdc">vue 扫地僧 3 </div>
11   <button @ click="flag=!flag">数据更新</button>
12  </div>
13  <script>
14   var vm=new Vue({
15     el: '# app',
16     data: { flag: false },
17     beforeUpdate () {
18       console.log('更新前:'+this.$ refs.sdc)
19     },
20     updated () {
21       console.log('更新后:'+this.$ refs.sdc)
22       console.log(this.$ refs.sdc)
23     }
24   })
25 </script>
26</body>
27</html>
```

上述代码中，第 10 行用来定义需要操作的元素，并给元素设置样式，添加 v-if 指令来操作元素的显示和隐藏；第 16 行代码定义 flag 状态数据，初始值为 false 表示元素隐藏，反之，则显示；第 11 行给“数据更新”按钮绑定单击事件，当单击按钮时，将 flag 的值取反，从而可以通过改变 flag 的值来直接控制元素显示和隐藏；第 10 行的 ref 用来给元素注册引用信息，设为 sdc 表示引用自身，从而在第 18 行、第 21 行和第 22 行中访问。

(2) 在浏览器中打开 demo34. html，单击“数据更新”按钮，运行结果如图 3-45 所示。

图 3-45　beforeUpdate 与 updated

如图 3-45 所示，元素没有在页面中展示时，更新前，获取不到元素；更新后，页面展示了 div 元素，控制台的输出结果就是 div 元素。

(3) 再次单击“数据更新”按钮，运行结果如图 3-46 所示。

图 3-46　控制台输出结果

3.5.5 实例销毁

生命周期的最后阶段是实例的销毁，会执行 beforeDestroy 和 destroyed 生命周期函数。

例 3-35 beforeDestroy 和 destroyed 生命周期函数的使用。

(1) 创建 D:\vue\chapter03\demo35. html 文件，具体代码如下：

```
1 <!DOCTYPE html>
2 <html>
3 <head>
4   <meta charset="UTF-8">
5   <title>Document</title>
6   <script src="vue.js"></script>
7 </head>
8 <body>
9   <div id="app">
10     <div ref="self">用户：{{uname}}</div>
11     <button v-on:click="clean">执行销毁函数</button>
12   </div>
13   <script>
14     var vm=new Vue({
15       el: '# app',
16       data: { uname: 'vue扫地僧' },
17       methods: {
18         clean() {
19           vm.$ destroy() //销毁函数
20         }
21       },
22       beforeDestroy() {
23         console.log('销毁之前')
24         console.log(this.$ refs.self)
25         console.log(this.uname)
26         console.log(vm)
27       },
28       destroyed() {
29         console.log('销毁之后')
30         console.log(this.$ refs.self)
31         console.log(this.uname)
32         console.log(vm)
33       }
34     })
35 </script>
36</body>
37</html>
```

（2）在浏览器中打开 demo35. html，在控制台中执行 vm. $destroy()函数，运行结果如图3-47所示。

图 3-47　beforeDestory 和 destroyed

从图3-47可以看出，vm实例在 beforeDestory 和 destroyed 函数执行时都存在，但是销毁之后获取不到页面的 div 元素。所以，实例销毁以后无法操作 DOM 元素。

3.6　Vue 全局 API

全局 API 并不在构造器里，而是先声明全局变量或者直接在 Vue 上定义一些新功能。Vue 内置了一些全局 API，简单说，就是在构造器外部可用 Vue 提供给我们的 API 函数来定义新的功能。常见的全局 API 有 Vue. extend()、Vue. set()等。

Vue. extend 返回一个“扩展实例构造器”，也就是预设了部分选项的 Vue 实例构造器。它经常服务于 Vue. component 用来生成组件，可以简单理解为当模板中遇到该组件名称为标签的自定义元素时，会自动调用“扩展实例构造器”来生产组件实例，并挂载到自定义元素上。

Vue. set 的作用就是在构造器外部操作构造器内部的数据、属性或者方法。比如在 Vue 构造器内部定义一个 count 为 1 的数据，在构造器外部定义一个方法，要每次单击按钮给值加 1，就需要用到 Vue. set.

在前面的小节中我们讲解了如何使用 Vue. component()方法来注册自定义组件，这个方法其实就是一个全局 API。在 Vue 中还有很多常用的全局 API，本节将会进行详细讲解。

3.6.1　Vue. directive

Vue 中有很多内置指令，如 v-model、v-for 和 v-bind 等。除了内置指令，开发人员也可以根据需求注册自定义指令。通过自定义指令可以对低级 DOM 元素进行访问，为 DOM 元素添加新的特性。下面我们通过例3-36演示自定义指令的代码实现。

例 3-36　Vue. directive 的使用。

（1）创建 D:\vue\chapter03\demo36. html 文件，具体代码如下：

```
1 <!DOCTYPE html>
2 <html>
3 <head>
4   <meta charset="UTF-8">
5   <title> Document</title>
6   <script src="vue.js"> </script>
7 </head>
8 <body>
9   <div id="app">
10    用户名:<input type="text" v-myaction="true">
11  </div>
12  <script>
13    Vue.directive('myaction', {
14      inserted (el, binding) {
15        if (binding.value) {
16          el.focus()
17        }
18      }
19    })
20    var vm=new Vue({ el: '# app' })
21 </script>
22</body>
23</html>
```

上述代码用于在页面初始化时，控制 input 文本框是否自动获得焦点。其中，第 10 行代码用于给＜input＞标签设置自定义指令 v-myaction，初始值为 true；第 13 行注册了一个全局自定义指令 myaction；第 14 行用于当被绑定的元素插入 DOM 中时，在 inserted()钩子函数中进行判断，该函数有两个参数，第 1 个参数 el 表示当前自定义指令的元素，第 2 个参数 binding 表示指令的相关信息；第 15～17 行代码判断了 binding. value 的值，也就是标签中 v-myaction 的值，如果为 true 则获得焦点，反之则不会获得焦点。

(2) 在浏览器中打开 demo36. html 文件，运行结果如图 3-48 所示。

← → C ⓘ 文件 | D:/vue/chapter03/demo36.html

用户名：

图 3-48 自定义指令

从图 3-48 中可以看出，input 文本框使用自定义指令 v-myaction 成功获取了焦点。

◆ 3.6.2 Vue. use

Vue. use 主要用于在 Vue 中安装插件，通过插件可以为 Vue 添加全局功能。插件可以是一个对象或函数。如果是对象，必须提供 install()方法，用来安装插件；如果是一个函数，则该函数将被当成 install()方法。下面我们通过例 3-37 演示 Vue. use 的使用。

例 3-37 Vue. use 的使用。

(1) 创建 D:\vue\chapter03\demo37. html 文件，具体代码如下：

```
1 <!DOCTYPE html>
2 <html>
3 <head>
4   <meta charset="UTF-8">
5   <title>Document</title>
6   <script src="vue.js"></script>
7 </head>
8 <body>
9   <div id="app" v-my-directive></div>
10  <script>
11     //定义一个MyPlugin(自定义插件)对象
12     let MyPlugin={}
13     //编写插件对象的install方法
14     MyPlugin.install=function(Vue,options){
15       console.log(options)
16       //在插件中为Vue添加自定义指令
17       Vue.directive('my-directive',{
18         bind(el,binding){
19           //为自定义指令v-my-directive绑定的DOM元素设置style样式
20           el.style='width:100px;height:100px;background-color:# ccc;'
21         }
22       })
23     }
24     Vue.use(MyPlugin,{someOption:true})
25     var vm=new Vue({
26       el:'# app'
27     })
28 </script>
29</body>
30</html>
```

在上述代码中，第14行的install()方法有两个参数，第1个参数Vue是Vue的构造器，第2个参数options是一个可选的配置对象。

(2) 在第27行代码下面继续编写代码，调用Vue.use()方法安装插件，在第1个参数中传入插件对象MyPlugin，第2个参数传入可选配置，具体代码如下：

```
1.Vue.use(MyPlugin, { someOption: true })
2.var vm=new Vue({
3.el: '# app'
4.})
```

(3) 在浏览器中打开demo37.html文件，运行结果如图3-49所示。值得一提的是，Vue.use会自动阻止多次安装同一个插件，因此，当在同一个插件上多次调用Vue.use时实际只会被安装一次。另外，Vue.js官方提供的一些插件（如vue-router）在检测到Vue是可访问的全局变量时，会自动调用Vue.use()。但是在CommonJS等模块环境中，则始终需要

Vue.use()显式调用，示例代码如下：

```
1.// var Vue=require('Vue')
2.// var vueRouter=require('vue-router')
3.// Vue.use(vueRouter)
```

图 3-49 Vue.use

3.6.3 Vue.extend

Vue.extend 用于基于 Vue 构造器创建一个 Vue 子类，可以对 Vue 构造器进行扩展。它有一个 options 参数，表示包含组件选项的对象。下面我们通过例 3-38 演示 Vue.extend 的使用。

例 3-38 Vue.extend 的使用。

(1) 创建 D:\vue\chapter03\demo38.html 文件，具体代码如下：

```
1 <!DOCTYPE html>
2 <html>
3 <head>
4   <meta charset="UTF-8">
5   <title>Document</title>
6   <script src="vue.js"></script>
7 </head>
8 <body>
9   <div id="app1">vm1.message: {{message}}</div>
10  <div id="app2">vm2.message: {{message}}</div>
11  <script>
12    var Vue2=Vue.extend({
13      data () {
14        return { message: 'hello from Vue2' }
15      }
16    })
17    var vm1=new Vue({ el: '# app1' })
18    var vm2=new Vue2({ el: '# app2' })
19 </script>
20</body>
21</html>
```

在上述代码中，第 12 行的 Vue. extend()方法返回的 Vue2 就是 Vue 的子类；第 12～16 行用于为新创建的 Vue2 实例添加 data 数据，由于此时 Vue2 实例还未创建，所以要把数据写在函数的返回值中；第 9 行的 message 在 vm1 中不存在，代码在执行时会报错，如果报错，就说明第 12～16 行代码只对 Vue2 有效，原来的 Vue 不受影响。

（2）在浏览器中打开 demo38. html 文件，运行结果如图 3-50 所示。

文件 | D:/vue/chapter03/demo38.html
vm1.message:
vm2.message: hello from Vue2

图 3-50　Vue. extend

在图 3-50 所示的页面中，app1 对应 Vue 的实例 vm1，app2 对应 Vue2 的实例 vm2，从运行结果可以看出，在 vm2 中添加了初始数据 hello，vm1 不受影响，并且在控制台中会看到 message 属性未定义的提示。

◆ 3.6.4　Vue. set

Vue 的核心具有一套响应式系统，简单来说就是通过监听器监听数据层的数据变化，当数据改变后，通知视图也自动更新。Vue. set 用于向响应式对象中添加一个属性，并确保这个新属性同样是响应式的，且触发视图更新。下面我们通过例 3-39 演示 Vue. set 的使用。

例 3-39　Vue. set 的使用。

（1）创建 D:\vue\chapter03\demo39. html 文件，具体代码如下：

```
1 <!DOCTYPE html>
2 <html>
3 <head>
4   <meta charset="UTF-8">
5   <title>Document</title>
6   <script src="vue.js"></script>
7 </head>
8 <body>
9   <div id="app">
10     <div>主人名：{{uname}}</div>
11     <div>宠物名：{{cat.name}}</div>
12   </div>
13   <script>
14     var vm=new Vue({
15       el: '# app',
16       data: {
17         uname: 'vue 扫地僧',
18         cat: {}
19       }
20     })
21     Vue.set(vm.cat, 'name', 'tom')
22 </script>
23</body>
24</html>
```

上述代码中，第 16 行的 data 为根数据对象，根数据对象可以驱动视图改变；第 21 行用于使用 Vue 构造器提供的 set()方法为对象 cat 添加响应式属性 name，第 1 个参数 vm. cat 表示目标对象，第 2 个参数 name 表示属性名，第 3 个参数是属性值。需要注意的是，Vue 不允许动态添加根级响应式属性，因此必须在 data 中预先声明所有根级响应式属性。

(2) 在浏览器中打开 demo39. html 文件，运行结果如图 3-51 所示。

文件 | D:/vue/chapter03/demo39.html

主人名：vue扫地僧
宠物名：tom

图 3-51　Vue. set

如图 3-51 所示，通过 Vue. set()方法已经成功将属性 name 添加到 cat 对象中。

3.6.5　Vue. mixin

Vue. mixin 用于全局注册一个 mixins，它将影响之后创建的每个 Vue 实例。该接口主要提供给插件作者使用，在插件中向组件注入自定义的行为。该接口不推荐在应用代码中使用。下面我们通过例 3-40 演示如何使用 Vue. mixin 为 Vue 实例注入 created()函数。

例 3-40　Vue. mixin 的使用。

(1) 创建 D:\vue\chapter03\demo40. html 文件，具体代码如下：

```
1 <!DOCTYPE html>
2 <html>
3 <head>
4   <meta charset="UTF-8">
5   <title>Document</title>
6   <script src="vue.js"></script>
7 </head>
8 <body>
9   <div id="app">宠物名：{{this.$ options.myCat}}</div>
10  <script>
11    Vue.mixin({
12      created () {
13        var myCat=this.$ options.myCat
14        console.log('宠物名大写：'+this.$ options.myCat.toUpperCase())
15      }
16    })
17    var vm=new Vue({
18      el: '# app',
19      myCat: 'Tom'
20    })
21 </script>
22</body>
23</html>
```

在上述代码中，第 19 行的 myCat 是一个自定义属性，在第 11 行通过 Vue. mixin()对 vm 实例中的 myCat 属性进行处理；第 12～15 行的 created()函数用于在获取到 myCat 属性后，将其转换为大写字母并输出到控制台中。

(2) 在浏览器中打开 demo40. html，运行结果如图 3-52 所示。

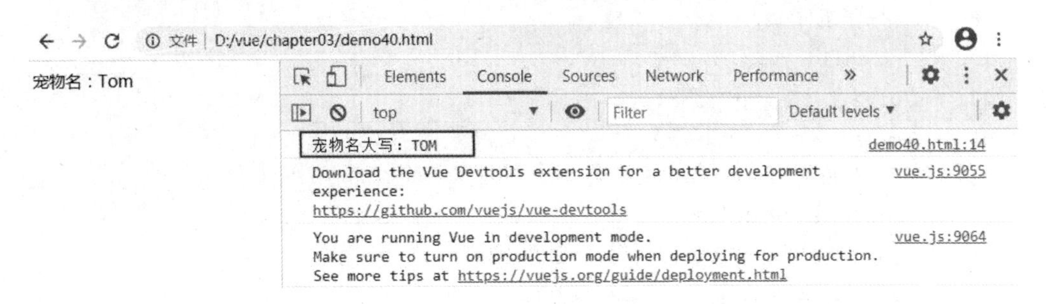

图 3-52　Vue. mixin

上述代码运行后，浏览器控制台会输出“TOM”，这说明 created()函数的代码已经执行，并成功完成了大小写转换。

3.7 Vue 实例属性

实例属性是指 Vue 实例对象的属性，如前面用过的 vm. $data 就是一个实例属性，它用来获取 vm 实例中的数据对象。本节将会讲解 Vue 中一些其他常用实例属性的使用，例如，使用 vm. $props 属性接收传递的数据，使用 vm. $options 属性创建自定义选项等。

3.7.1 vm. $props

使用 vm. $props 属性可以接收上级组件向下传递的数据。下面我们通过例 3-41 进行演示。

例 3-41　vm. $props 的使用。

(1) 创建 D:\vue\chapter03\demo41. html 文件，具体代码如下：

```
1 <!DOCTYPE html>
2 <html>
3 <head>
4   <meta charset="UTF-8">
5   <title>Document</title>
6   <script src="vue.js"></script>
7 </head>
8 <body>
9   <div id="app">
10     <!--父组件-->
11     <c-parent></c-parent>
12   </div>
13   <!--父组件模板-->
14   <template id="t-parent">
15     <div>
16       <h3>客户信息搜索</h3>
```

```
17        客户名称:<input sex="text" v-model="cname">
18        <!--子组件-->
19        <c-child v-bind:name="cname"></c-child>
20      </div>
21  </template>
22  <!--子组件模板-->
23  <template id="t-child">
24      <ul>
25        <li>客户名称:{{show.cname}}</li>
26        <li>客户性别:{{show.sex}}</li>
27        <li>客户年龄:{{show.age}}</li>
28      </ul>
29  </template>
30  <script>
31      Vue.component('c-parent', {
32        template: '# t-parent',
33        data () {
34          return {
35            cname: ''
36          }
37        }
38      })
39      Vue.component('c-child', {
40        template: '# t-child',
41        data () {
42          return {
43            content: [
44              {cname: '张三', sex: '男', age: 36},
45              {cname: '李四', sex: '男', age: 29},
46              {cname: '王五', sex: '男', age: 32},
47              {cname: '张飞', sex: '男', age: 16},
48              {cname: '李梅', sex: '女', age: 29},
49              {cname: '王磊', sex: '男', age: 19},
50              {cname: '刘丽', sex: '女', age: 25}
51            ],
52            show: {cname: '', sex: '', age: ''}
53          }
54        },
55        props: ['name'],
56        watch: {
57          name () {
58            if (this.$ props.name) {
59              var found=false
```

```
60          this.content.forEach((value, index)=>{
61            if (value.cname===this.$ props.name) {
62              found=value
63            }
64          })
65          this.show=found ? found : {cname: '', sex: '', age: ''}
66        } else {
67          return
68        }
69      }
70    }
71  })
72  var vm=new Vue({
73    el: '# app',
74    data: {}
75  })
76 </script>
77</body>
78</html>
```

在上述代码中，第 11 行的<c-parent>是父组件，第 19 行的<c-child>是子组件；在第 17 行代码中，父组件中的 input 文本框通过 v-model 指令绑定 name 值，然后在第 19 行代码中通过 v-bind 绑定子组件的 cname。

(2) 修改父组件的 JavaScript 代码，具体代码如下：

```
1  Vue.component('c-parent', {
2    template: '# t-parent',
3    data () {
4      return {
5        cname: ''
6      }
7    }
8  })
```

在上述代码中，第 5 行的 cname 用来定义客户姓名信息，且通过 v-model 与页面中的 input 表单元素绑定。当 input 文本框的值变化时，cname 也会相应地发生变化。

(3) 修改子组件的 JavaScript 代码，具体代码如下：

```
1  Vue.component('c-child', {
2    template: '# t-child',
3    data () {
4      return {
5        content: [
6          {cname: '张三', sex: '男', age: 36},
7          {cname: '李四', sex: '男', age: 29},
8          {cname: '王五', sex: '男', age: 32},
```

```
9             {cname: '张飞', sex: '男', age: 16},
10            {cname: '李梅', sex: '女', age: 29},
11            {cname: '王磊', sex: '男', age: 19},
12            {cname: '刘丽', sex: '女', age: 25}
13          ],
14          show: {cname: '', sex: '', age: ''}
15        }
16      },
17      props: ['name'],
18      watch: {
19        name () {
20          if (this.$ props.name) {
21            var found=false
22            this.content.forEach((value, index)=>{
23              if (value.cname===this.$ props.name) {
24                found=value
25              }
26            })
27            this.show=found ? found : {cname: '', sex: '', age: ''}
28          } else {
29          return
30        }
31      }
32    }
33  })
```

上述代码主要实现了子组件的注册过程。第 3～16 行用于定义顾客信息；第 17 行用于通过 props 来接收父组件传入的 name 属性，该属性保存的是顾客姓名 cname，用来在初始定义的顾客信息数组中查找匹配的信息，将匹配结果保存到 this. show。由于页面中已经对 data 中的 show 进行了数据绑定，所以匹配结果就会显示在页面中。

(4) 在 input 输入框中输入顾客姓名信息，就可以实现顾客查询功能。例如，查询顾客"张飞"的信息，在输入框中输入"张飞"后，运行结果如图 3-53 所示。

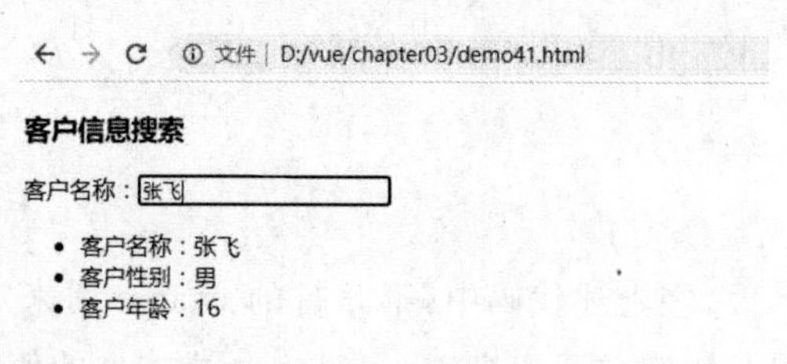

图 3-53 查找顾客信息

3.7.2 vm. $options

Vue 实例初始化时，除了传入指定的选项外，还可以传入自定义选项。自定义选项的值可以是数组、对象、函数等，通过 vm. $options 来获取。下面我们通过例 3-42 进行演示。

例 3-42 vm. $options 的使用。

(1) 创建 D:\vue\chapter03\demo42. html 文件，具体代码如下：

```
1 <! DOCTYPE html>
2 <html>
3 <head>
4   <meta charset="UTF-8">
5   <title>Document</title>
6   <script src="vue.js"></script>
7 </head>
8 <body>
9   <div id="app">
10     <p>基础数据-姓名：{{uName}}</p>
11     <p>自定义数据-昵称：{{nickName}}</p>
12   </div>
13   <script>
14     var vm=new Vue({
15       el: '# app',
16       data: {
17         uName: '张明'
18       },
19       myOption: '扫地僧',
20       created () {
21         this.nickName=this.$ options.myOption
22       }
23     })
24 </script>
25</body>
26</html>
```

上述代码中，第 17 行的 uName 是自定义数据，与 data 不同的是，它不具有响应特性；第 20 行的 created 钩子函数会在实例创建完成后开始执行；在第 21 行代码中，首先通过实例对象的 $ options 属性获取到 myOption 自定义数据，然后将其赋值给实例对象的 nickName 响应属性。

（2）在浏览器中打开 demo42. html 文件，运行结果如图 3-54 所示。

← → C ⓘ 文件 | D:/vue/chapter03/demo42.html

基础数据-姓名：张明

自定义数据-昵称：扫地僧

图 3-54　自定义数据

3.7.3　vm. $ el

vm. $ el 用来访问 vm 实例使用的根 DOM 元素。下面我们通过例 3-43 进行演示。

例 3-43　vm. $ el 的使用。

（1）创建 D:\vue\chapter03\demo43. html 文件，具体代码如下：

```
1 <!DOCTYPE html>
2 <html>
3 <head>
4   <meta charset="UTF-8">
5   <title>Document</title>
6   <script src="vue.js"></script>
7 </head>
8 <body>
9   <div id="app">
10    <p>关键字:<input type="text"></p>
11    <button @ click="replace">替换元素</button>
12  </div>
13  <script>
14    var vm=new Vue({
15      el: '# app',
16      methods: {
17        replace(){
18          vm.$ el.innerHTML='替换后: <h2>二级标题</h2>'
19        }
20      }
21    })
22  </script>
23</body>
24</html>
```

在上述代码中，第 18 行通过 vm. $el 获取到 DOM 对象后，将 innerHTML 属性修改为新的内容“替换后：<h2>二级标题</h2>”。

（2）在浏览器中打开 demo43. html 文件，运行结果如图 3-55 所示。

图 3-55　替换内容

3.7.4　vm. $children

vm. $children 用来获取当前实例的直接子组件。$children 获取子组件的顺序是随机的，并且不是响应式的。下面我们通过例 3-44 进行演示。

例 3-44　vm. $children 的使用。

（1）创建 D:\vue\chapter03\demo44. html 文件，具体代码如下：

```
1 <!DOCTYPE html>
2 <html>
3 <head>
4   <meta charset="UTF-8">
5   <title>Document</title>
6   <script src="vue.js"></script>
7 </head>
```

```
8 <body>
9   <div id="app">
10    <button @ click="showChild">查看子组件实例集合</button>
11    <h5>常见水果列表:</h5>
12    <c-fruits></c-fruits>
13  </div>
14  <script>
15    Vue.component('c-fruits',{
16      template: '<ul><li>苹果</li><li>香蕉</li><li>桔子</li></ul>'
17    })
18    var vm=new Vue({
19      el: '# app',
20      methods: {
21        showChild(){
22          console.log(this.$ children)
23        }
24      }
25    })
26  </script>
27</body>
28</html>
```

在上述代码中,第10行的button按钮绑定了单击事件;第15行注册了c-fruits自定义组件;第22行将this. $children输出到控制台中。

(2) 打开demo44. html,单击"查看子组件实例集合"按钮,运行结果如图3-56所示。

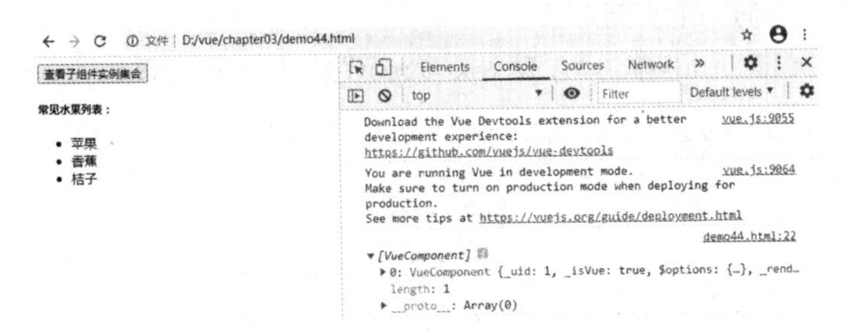

图 3-56 查看子组件

从图3-56可以看出,通过this. $children可以得到当前实例下所有子组件的集合。

3.7.5 vm. $root

vm. $root可以获取当前组件树的根Vue实例。如果当前实例没有父实例,则获取到的是该实例本身。下面我们通过例3-45进行演示。

例 3-45 vm. $root的使用。

(1) 创建D:\vue\chapter03\demo45. html文件,具体代码如下:

```
1 <!DOCTYPE html>
2 <html>
```

```
3 <head>
4   <meta charset="UTF-8">
5   <title>Document</title>
6   <script src="vue.js"></script>
7 </head>
8 <body>
9   <div id="app">
10     <my-component></my-component>
11   </div>
12   <script>
13     Vue.component('my-component', {
14       template: '<button @ click="showRoot">查看 vm.$ root</button>',
15       methods: {
16         showRoot () {
17           console.log(this.$ root)
18           console.log(this.$ root===vm.$ root)
19         }
20       }
21     })
22     var vm=new Vue({ el: '# app' })
23   </script>
24</body>
25</html>
```

在上述代码中，第 17 行用于在控制台中输出 this. $ root；第 18 行用于判断 this. $ root 和 vm. $ root 是否为同一个实例对象。

(2) 打开 demo45. html，单击“查看 vm. $ root”按钮，运行结果如图 3-57 所示。

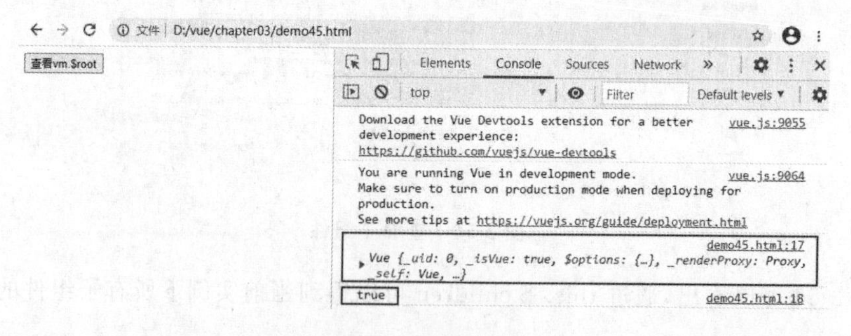

图 3-57 查看根实例

从图 3-57 可以看出，this. $ root 和 vm. $ root 的比较结果为 true，说明使用 this. $ root 可以获取到当前组件树的根 Vue 实例。

3.7.6 vm. $ slots

Vue 中的组件使用 template 模板定义 HTML 结构。Vue 采用插槽（slots）的概念，以方便使用 template 公共模板结构。插槽就是定义在组件内部的 template 模板，可以通过

$ slots 动态获取。下面我们通过例 3-46 进行讲解。

例 3-46 vm. $ slots 的使用。

(1) 创建 D:\vue\chapter03\demo46. html 文件，具体代码如下：

```
1  <div id="app">
2      <my-component>你好</my-component>
3 </div>
4 <template id="first">
5     <div>
6         <slot></slot>
7     </div>
8 </template>
9 <script>
10    Vue.component('my-component', { template: '# first' })
11    var vm=new Vue({ el: '# app' })
12 </script>
```

上述代码中，第 2 行在 my-component 组件内添加了内容“你好”，该内容只有通过插槽才能显示在页面上；第 6 行表示启用了插槽。

(2) 在浏览器中打开 demo46. html 文件，运行结果如图 3-58 所示。

图 3-58　插槽的使用

(3) 当有多个插槽时，可以为插槽命名，具体代码如下：

```
1 <div id="app">
2  <my-component>你好
3    <template v-slot:second>
4        <div>内部结构</div>
5    </template>
6   </my-component>
7 </div>
8 <template id="first">
9    <div>
10        <slot></slot>
11        <slot name="second"></slot>
12    </div>
13 </template>
14 <script>
15    Vue.component('my-component', { template: '# first' })
16    var vm=new Vue({ el: '# app' })
17    // 在控制台查看插槽内容
18    console.log(vm.$ children[0].$ slots.second[0].children[0].text)
19 </script>
```

上述代码中，第 3～5 行使用 template 模板结构来定义插槽，template 命名通过 v-slot 来完成，即 second；第 11 行编写 slot 元素启用 name 值为 second 的插槽。

（4）在浏览器中打开 demo46.html 文件，运行结果如图 3-59 所示。

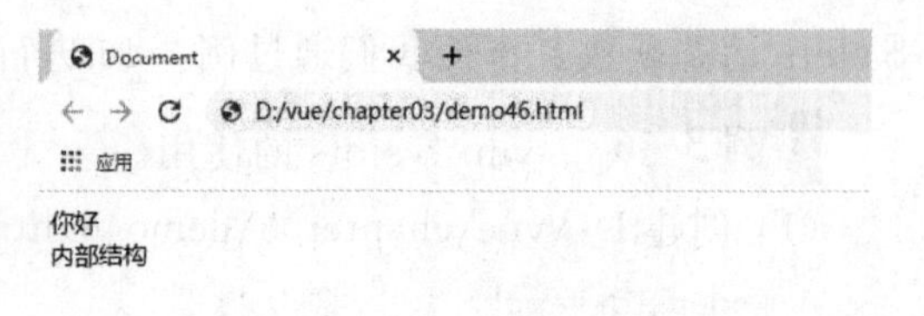

图 3-59 获取插槽内容

◆ 3.7.7 vm.$attrs

vm.$attrs 可以获取组件的属性。需要注意的是，vm.$attrs 获取的属性中不包含 style、class 和被声明为 props 的属性。下面我们通过例 3-47 进行演示。

例 3-47 vm.$attrs 的使用。

（1）创建 D:\vue\chapter03\demo47.html 文件，具体代码如下：

```
1 <!DOCTYPE html>
2 <html>
3 <head>
4   <meta charset="UTF-8">
5   <title>Document</title>
6   <script src="vue.js"></script>
7 </head>
8 <body>
9   <div id="app">
10    <c-pet id="001" name="tom" type="cat"></c-pet>
11  </div>
12  <script>
13    Vue.component('c-pet', {
14      template: '<button @ click="showAttrs">显示组件属性</button>',
15      methods: {
16        showAttrs () {
17          console.log(this.$ attrs)
18        }
19      }
20    })
21    var vm=new Vue({ el: '# app' })
22  </script>
23</body>
24</html>
```

在上述代码中，第 10 行为<c-pet>组件设置了 id 属性；第 13～20 行用来注册<my-component>组件，第 14 行给按钮绑定了单击事件 showAttrs，第 15～19 行的事件处理方法用来输出组件的 this.$attrs 属性。

（2）在浏览器中打开 demo47.html 文件，运行结果如图 3-60 所示。

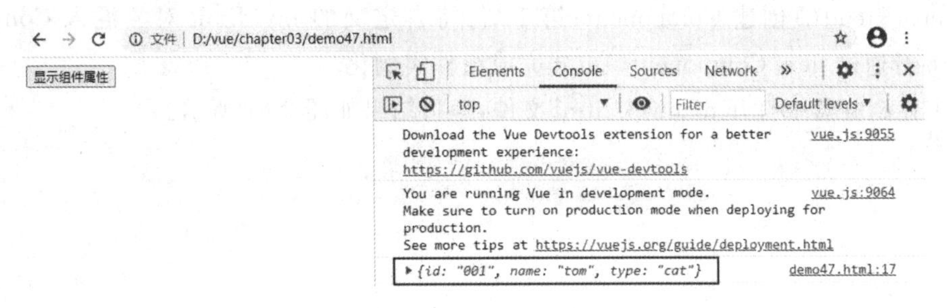

图 3-60　查看组件属性

3.8 Vue 组件合并

在 Vue 中，组件是对页面结构的抽象，组件可复用性很强。组件拥有各自的作用域，不同作用域内的组件工作时互不影响，从而降低了代码的耦合度。为了使组件的功能变得更加灵活，使用起来更加方便，Vue 支持对组件的选项合并，包括混入(mixins)、渲染(render)和创建元素(createElement)等。本节将对这些功能进行讲解。

3.8.1 mixins

mixins 是一种分发 Vue 组件中可复用功能的方式。mixins 对象可以包含任何组件选项。当组件使用 mixins 时，将定义的 mixins 对象引入组件中即可使用，mixins 中的所有选项将会混入组件自己的选项中。下面我们通过例 3-48 进行演示。

例 3-48　mixins 的使用。

(1) 创建 D:\vue\chapter03\demo48.html 文件，具体代码如下：

```
1 <script>
2 // 定义 myMixin 对象
3 var myMixin={
4     created () {
5         this.hello()
6     },
7 methods: {
8     hello () {
9         console.log('hello from mixin! ')
10        }
11 }
12 }
13 var Component=Vue.extend({
14     mixins: [myMixin]
15 })
16 var component=new Component()
17 </script>
```

在上述代码中，组件中的 mixins 属性用来配置组件选项，其值为自定义选项。第 13 行通过 Vue. extend()创建 Component；第 14 行将自定义的 myMixin 对象混入 Component 中；第 16 行通过 new Component()方式完成组件实例化。

(2) 在浏览器中打开 demo48. html 文件，运行结果如图 3-61 所示。

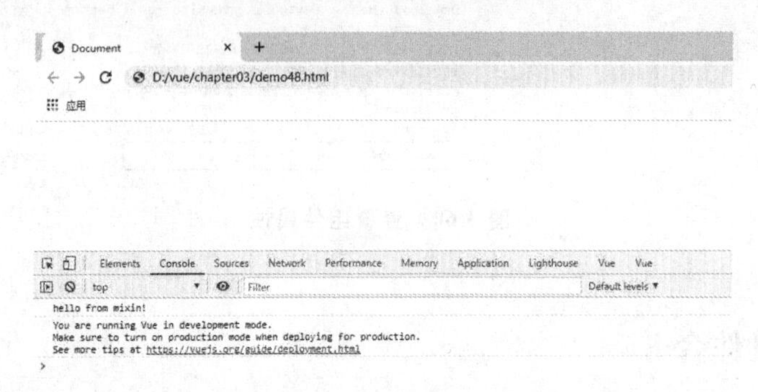

图 3-61 mixins

Vue 组件混合(mixins)之后，会出现选项重用问题。为解决此问题，mixins 提供了合并策略，下面我们分别通过代码来演示。

(1) 数据对象递归合并时，组件的数据优先于混入的数据被获取，示例代码如下：

```
1   var mixin={
2     data () {
3       return { message: 'hello' }
4     }
5   }
6   var vm=new Vue({
7     mixins: [mixin],
8     data () {
9       return { message: 'goodbye' }
10    },
11    created () {
12      console.log(this.$ data.message) // 输出结果:goodbye
13    }
14  })
```

在上述代码中，第 12 行在输出数据时，会先从 vm 实例的 data 函数中获取 message 的值，如果没有获取到，再去 mixin 中获取。

(2) 混入的钩子函数优先，它会先于组件自身的钩子函数被调用，示例代码如下：

```
1 var mixin={
2     created () {
3       console.log('混入 mixin 钩子调用')
4     }
5   }
6   var vm=new Vue({
7     mixins: [mixin],
8     created () {
9       console.log('组件钩子调用')
```

```
10      }
11    })
```

上述代码运行时，首先执行了 mixins 中的钩子函数，然后调用组件自己的钩子函数，所以在控制台中会先输出“混入 mixin 钩子调用”，然后输出“组件钩子调用”。

3.8.2 render

在 Vue 中可以使用 Vue. render()实现对虚拟 DOM 的操作。在 Vue 中一般使用 template 来创建 HTML，但这种方式可编程性不强，而使用 Vue. render()可以更好地发挥 JavaScript 的编程能力。下面我们通过例 3-49 演示 Vue. render()函数的使用。

例 3-49 Vue. render()函数的使用。

(1) 创建 D:\vue\chapter03\demo49. html 文件，具体代码如下：

```
1  <div id="app">
2    <my-component>成功渲染</my-component>
3  </div>
4  <script>
5    Vue.component('my-component', {
6      render (createElement) {
7        return createElement('p', {
8          style: {
9            color: 'red',
10            fontSize: '16px',
11            backgroundColor: '# eee'
12          }
13        }, this.$ slots.default)
14      }
15    })
16    var vm=new Vue({ el: '# app' })
17  </script>
```

在上述代码中，第 2 行全局注册 my-component 组件。第 6 行定义渲染函数render()，该函数接收 createElement 参数，用来创建元素。第 7～13 行的 createElement()函数有 3 个参数：第 1 个参数表示创建 p 元素；第 2 个参数为配置对象，在对象中配置了 p 元素的样式；第 3 个参数为插槽内容“成功渲染”，插槽内容可以通过 $ slots 来获取。

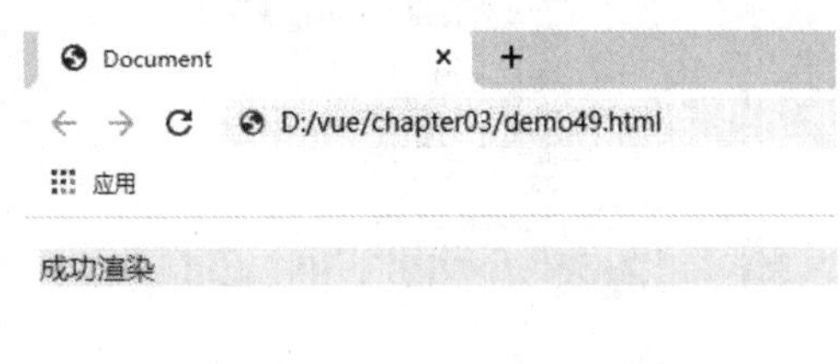

图 3-62 render()函数

(2) 在浏览器中打开 demo49. html，运行结果如图 3-62 所示。

从图 3-62 可以看出，页面中出现了“成功渲染”字样，并且样式也生效了，说明 render()函数执行成功。

3.8.3 createElement

在 render()函数的返回值中需要调用 createElement()函数来创建元素。但 createElement()函数返回的并不是一个真实的 DOM 元素，而只是一个描述节点，描述节点用来告诉 Vue 在页面上需要渲染什么样的节点。这个描述节点也称为虚拟节点(virtual node)，简写为 VNode。而"虚拟 DOM"是对由 Vue 组件树建立起来的整个 VNode 树的称呼。

createElement()函数的使用非常灵活，它的第 1 个参数可以是一个 HTML 标签名或组件选项对象；第 2 个参数是可选的，可以传入一个与模板中属性对应的数据对象；第 3 个参数是由 createElement()构建而成的子级虚拟节点，也可以使用字符串来生成文本虚拟节点，具体可以参考 Vue 的官方文档。下面我们通过例 3-50 进行简单演示。

例 3-50 createElement()函数的使用。

(1) 创建 D:\vue\chapter03\demo50.html 文件，具体代码如下：

```
1 <div id="app">
2   <my-component>
3     <template v-slot:header>
4       <div style="background-color:# ccc;height:50px">
5         这里是导航栏
6       </div>
7     </template>
8     <template v-slot:content>
9       <div style="background-color:# ddd;height:50px">
10        这里是内容区域
11      </div>
12    </template>
13    <template v-slot:footer>
14      <div style="background-color:# eee;height:50px">
15        这里是底部信息
16      </div>
17    </template>
18  </my-component>
19 </div>
20 <script>
21  Vue.component('my-component', {
22    render (createElement) {
23      return createElement('div', [
24        createElement('header', this.$ slots.header),
25        createElement('content', this.$ slots.content),
26        createElement('footer', this.$ slots.footer)
27      ])
28    }
```

```
29    })
30    var vm=new Vue({ el: '# app' })
31  </script>
```

在上述代码中，第2～18行在my-component组件中通过v-slot的方式定义了header、content、footer插槽；第23～27行代码使用this.$slots获取插槽，然后通过createElement()处理后渲染到页面中。

（2）在浏览器中打开demo50.html文件，运行结果如图3-63所示。

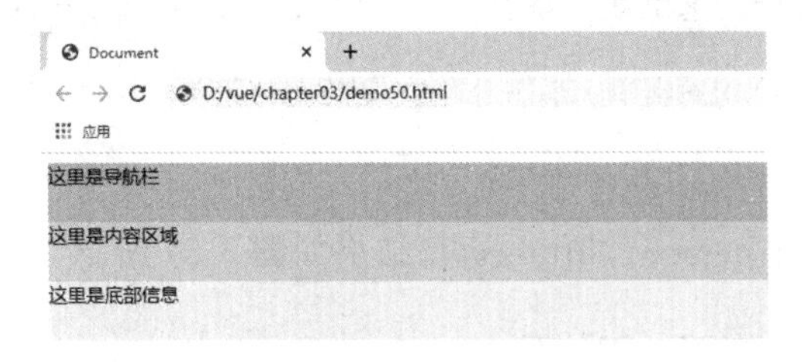

图3-63 插槽页面结构

3.9 Vue全局配置

在Vue开发环境中，Vue提供了全局配置对象，可以实现生产信息提示、警告忽略等人性化处理。下面我们就对全局配置对象进行详细讲解。

3.9.1 productionTip

当在网页中加载了vue.js文件时，浏览器的控制台会出现英文的提示信息，提醒用户“您正在开发模式下运行Vue，在为生产部署时，请确保打开生产模式”。如果要打开生产模式，使用vue.min.js文件代替vue.js文件即可。

如果希望在引入vue.js文件的情况下关闭提示信息，可以参考例3-51来实现。

例3-51 productionTip的使用。

（1）创建D:\vue\chapter03\demo51.html文件，具体代码如下：

```
1 <!DOCTYPE html>
2 <html>
3 <head>
4   <meta charset="UTF-8">
5   <title>Document</title>
6   <script src="vue.js"></script>
7 </head>
8 <body>
9   <div id="app">
10     <p>年龄:{{age}}</p>
11   </div>
12   <script>
13     Vue.config.productionTip=true
```

```
14    var vm=new Vue({
15      el: '# app',
16      data: {
17        age: 20
18      }
19    })
20    console.log('age:'+vm.age)
21    console.log('生产模式提示是否打开:'+Vue.config.productionTip)
22  </script>
23</body>
24</html>
```

(2) 在浏览器中打开 demo51.html,运行结果如图 3-64 所示。

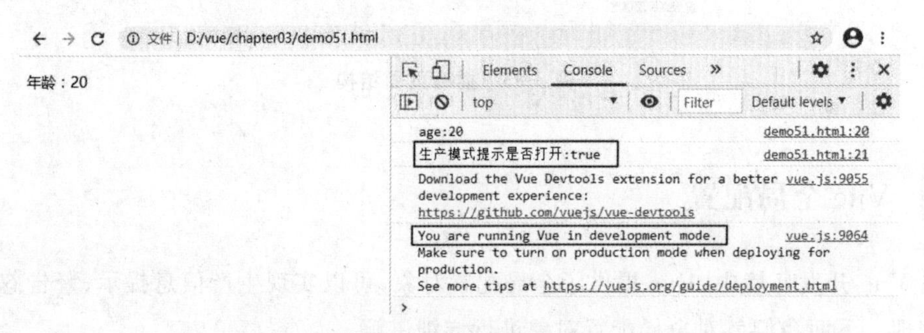

图 3-64　查看提示信息

从图 3-64 可以看出,vue.js 在控制台中输出了提示信息。

(3) 通过 Vue 的全局配置 productionTip 可以控制生产信息的显示或隐藏,下面我们来演示隐藏过程。在 demo51.html 文件中添加如下代码,将 productionTip 设为 false:

```
1 <! DOCTYPE html>
2 <html>
3 <head>
4   <meta charset="UTF-8">
5   <title>Document</title>
6   <script src="vue.js"></script>
7 </head>
8 <body>
9   <div id="app">
10    <p>年龄:{{age}}</p>
11  </div>
12  <script>
13    Vue.config.productionTip=false
14    var vm=new Vue({
15      el: '# app',
16      data: {
17        age: 20
18      }
```

```
19    })
20    console.log('age:'+vm.age)
21    console.log('生产模式提示是否打开:'+Vue.config.productionTip)
22  </script>
23</body>
24</html>
```

（4）在浏览器中刷新，可以看到控制台中的提示信息消失了，如图 3-65 所示。

图 3-65　关闭提示信息

3.9.2　silent

Vue 全局配置对象中，silent 可以取消 Vue 日志和警告。silent 的默认值为 false，设置为 true 时表示忽略警告和日志。下面我们通过例 3-52 进行演示。

例 3-52　silent 的使用。

（1）创建 D:\vue\chapter03\demo52.html 文件，具体代码如下：

```
1  <div id="app">{{msg}} </div>
2  <script>
3    var vm=new Vue({ el: '# app' })
4  </script>
```

在上述代码中，第 1 行使用插值表达式绑定了变量 msg，但在 Vue 实例中并没有将 msg 定义在 data 中。此时运行程序，Vue 会在控制台中显示警告信息。

（2）在浏览器中打开 demo52.html，运行结果如图 3-66 所示。

图 3-66　显示警告信息

（3）修改 demo52.html 文件，在创建 Vue 实例前将 silent 设为 true，如下所示：

```
1  <script>
2    Vue.config.silent=true      //关闭日志和警告
3    var vm=new Vue({ el: '# app' })
4  </script>
```

(4) 保存上述代码后，在浏览器中刷新，控制台中的警告信息就消失了。

3.9.3 devtools

在 Vue 全局配置中可以对 vue-devtools 工具进行配置，将 Vue.config.devtools 设置为 true 表示允许调试，否则不允许调试。下面我们通过例 3-53 进行演示。

例 3-53 devtools 的使用。

(1) 创建 D:\vue\chapter03\demo53.html 文件，具体代码如下：

```
1 <!DOCTYPE html>
2 <html>
3 <head>
4   <meta charset="UTF-8">
5   <title>Document</title>
6   <script src="vue.js"></script>
7 </head>
8 <body>
9   <div id="app">能否看到开发者工具中的 Vue 面板：{{isOn}}</div>
10  <script>
11    Vue.config.devtools=true
12    var vm=new Vue({
13      el: '# app',
14      data: {isOn: Vue.config.devtools}
15    })
16    console.log(Vue.config.devtools)
17  </script>
18</body>
19</html>
```

(2) 打开 demo53.html，在开发者工具中可以看到 Vue 面板，如图 3-67 所示。

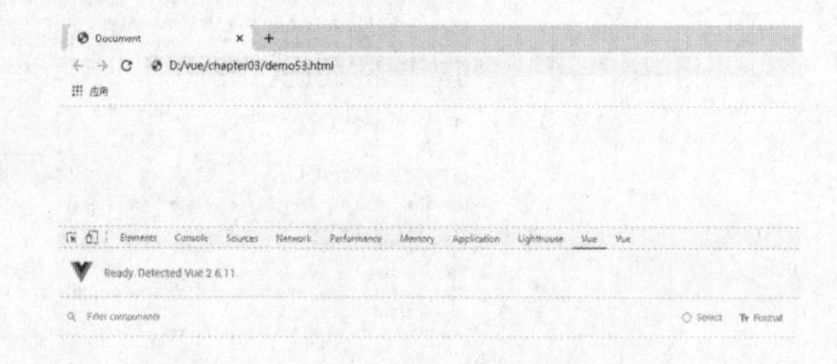

图 3-67 Vue 面板

从图 3-67 可以看出，在默认情况下，该页面允许使用 devtools 进行调试。

（3）在 demo53.html 文件中添加如下代码，在该页面下关闭 devtools 调试：

```
<script>
    Vue.config.devtools=false //关闭调试
  </script>
```

（4）重新运行代码，可以看到 Vue 面板消失了，说明当前页面不允许使用 devtools 进行调试，如图 3-68 所示。

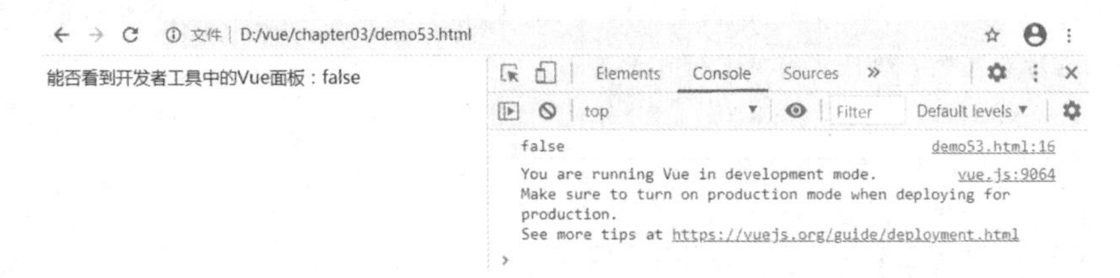

图 3-68　不允许调试

本章小结

本章我们一起学习了 Vue 基本语法及应用，主要内容包括 Vue 实例及配置选项、Vue 数据绑定、Vue 事件、Vue 组件、Vue 生命周期、Vue 全局 API、Vue 实例属性、Vue 组件合并和 Vue 全局配置。

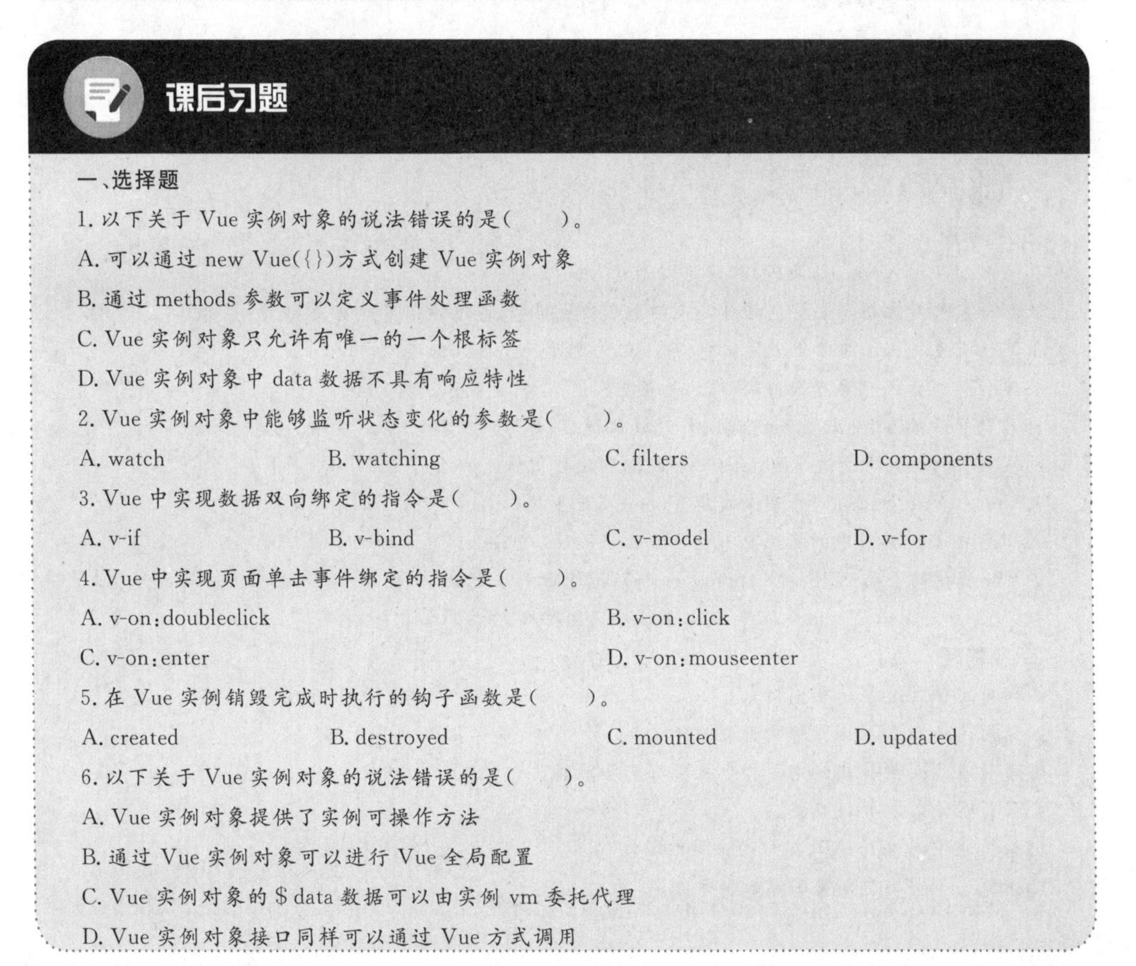

课后习题

一、选择题

1. 以下关于 Vue 实例对象的说法错误的是（　　）。

A. 可以通过 new Vue({})方式创建 Vue 实例对象

B. 通过 methods 参数可以定义事件处理函数

C. Vue 实例对象只允许有唯一的一个根标签

D. Vue 实例对象中 data 数据不具有响应特性

2. Vue 实例对象中能够监听状态变化的参数是（　　）。

A. watch　　B. watching　　C. filters　　D. components

3. Vue 中实现数据双向绑定的指令是（　　）。

A. v-if　　B. v-bind　　C. v-model　　D. v-for

4. Vue 中实现页面单击事件绑定的指令是（　　）。

A. v-on:doubleclick　　B. v-on:click

C. v-on:enter　　D. v-on:mouseenter

5. 在 Vue 实例销毁完成时执行的钩子函数是（　　）。

A. created　　B. destroyed　　C. mounted　　D. updated

6. 以下关于 Vue 实例对象的说法错误的是（　　）。

A. Vue 实例对象提供了实例可操作方法

B. 通过 Vue 实例对象可以进行 Vue 全局配置

C. Vue 实例对象的 $data 数据可以由实例 vm 委托代理

D. Vue 实例对象接口同样可以通过 Vue 方式调用

7. 以下关于 Vue 全局配置的说法错误的是(　　)。

A. Vue. config. devtools 可以设置 devtools 调试工具的启用和关闭

B. Vue. config 是一个对象,包含 Vue 的全局配置

C. Vue. component()可以获取 Vue 全局配置对象

D. Vue. set. config 可以获取到全局配置对象

8. 以下不属于 Vue 实例对象属性的是(　　)。

A. $ props　　B. $ component　　C. $ root　　D. $ data

9. Vue 实例对象获取子组件实例对象的方式是(　　)。

A. $ component　　B. $ children　　C. $ parent　　D. $ child

10. 以下关于 Vue. mixin 的说法错误的是(　　)。

A. Vue. mixin 可以用来注入组件选项

B. 使用 Vue. mixin 可能会影响到所有 Vue 实例

C. Vue. mixin 是 Vue 提供的全局接口 API

D. Vue. mixin 不可以用来注入自定义选项的处理逻辑

二、填空题

1. Vue 实例对象通过________方式来创建。

2. Vue 实例对象中的 el 参数表示________。

3. Vue 初始数据在实例对象的________参数中进行定义。

4. Vue 中实现双向数据绑定的指令是________。

5. Vue 事件绑定指令是________。

6. Vue 实例对象可以通过________方式获取。

7. Vue 中通过________创建自定义指令。

8. Vue 中通过________获取当前实例的子组件。

9. Vue 初始数据通过________方式获取。

10. Vue 中创建插件提供的方法是________。

三、判断题

1. 在项目中引入 vue. js 文件后,才可以创建 Vue 实例。(　　)

2. Vue 实例对象指令主要包括自定义指令和内置指令,通过指令可以省去 DOM 操作。(　　)

3. Vue 开发提出了组件化开发思想,每个组件都是一个孤立的单元。(　　)

4. 事件传递方式有冒泡和捕获,默认是冒泡。(　　)

5. 在钩子函数 beforeDestroy 与 destroyed 执行后,都可以获取到 Vue 实例。(　　)

6. Vue 实例对象中通过 $ options 可以获取到父作用域下的所有属性。(　　)

7. Vue 中 Vue. config 对象用来实现 Vue 全局配置。(　　)

8. Vue 中 data 选项中的数据具有响应特性。(　　)

9. Vue 提供的全局 API 接口 component (),不能用来注册组件。(　　)

10. Vue 中可以通过 vm. $ slots 获取子组件实例对象。(　　)

四、简答题

1. 请简述什么是 Vue 实例对象。

2. 请简述什么是 Vue 组件化开发。

3. 请简述 Vue 数据绑定内置指令主要有哪些内容。

4. 请简述什么是 Vue 插件。

5. 请简述 Vue 全局 API 接口的主要内容。

6. 请简述 Vue 实例对象的属性和方法。

第4章 Vue路由

Vue路由允许用户使用不同的URL来访问不同的内容。本章主要内容包括路由简介、vue-router基础、动态路由、嵌套路由、命名路由、命名视图和编程式导航等。

4.1 路由简介

软件开发中路由的概念早期主要应用在服务端编程中。随着前端开发技术的发展，路由逐渐发展为后端路由和前端路由两种。

后端路由描述的是Web服务器中URL与处理方法之间的映射关系。

前端路由描述的是URL与视图组件之间的映射关系，这种映射是单向的，即URL变化引起视图更新(无须刷新页面)。

1. 后端路由

后端路由通过用户请求的URL分发到具体的处理程序，浏览器每次跳转到不同的URL，都会重新访问服务器。服务器收到请求后，将数据和模板组合，返回HTML页面，或者直接返回HTML模板，由前端JavaScript程序再去请求数据，使用前端模板和数据进行组合，生成最终的HTML页面。图4-1演示了后端路由的工作原理。

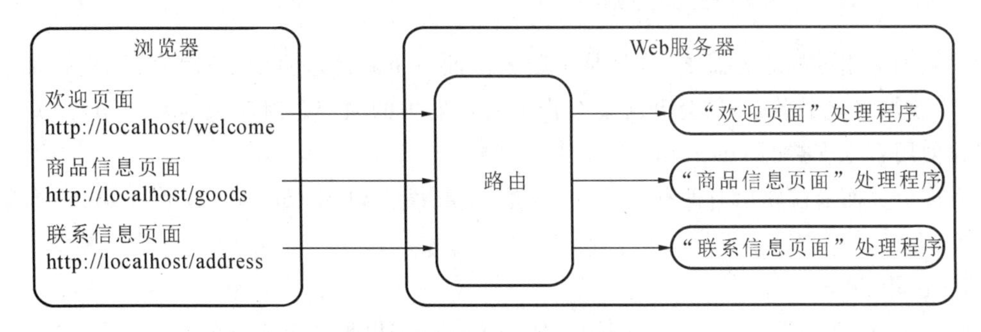

图4-1 后端路由工作原理图

在图4-1中，Web服务器的地址是http://localhost，网站中提供了3个页面，分别是“欢迎页面”“商品信息页面”和“联系信息页面”。当用户想访问“商品信息页面”时，浏览器的URL地址会被更改为http://localhost/goods，服务器收到请求后会找相应的处理程序，这就是路由的分发，此功能是通过路由来实现的。

2. 前端路由

前端路由就是把不同路由对应不同的内容或页面的任务交给前端来做。对于单页面应用(SPA)来说,主要通过 URL 中的 hash(#号)来实现不同页面之间的切换。hash 有一个特点,就是 HTTP 请求中不会包含 hash 相关的内容,所以单页面程序中的页面跳转主要用 hash 来实现。

图 4-2 演示了前端路由的工作原理。

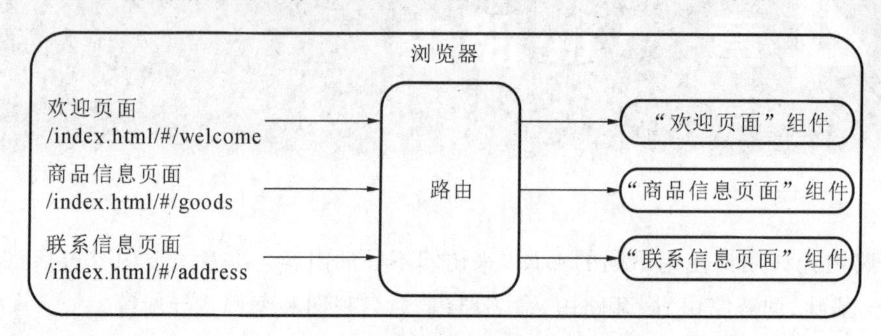

图 4-2 前端路由工作原理图

在图 4-2 中,index.html 后面的"#/welcome"是 hash 方式的路由,由前端路由来处理,将 hash 值与页面中的组件对应,当 hash 值为"#/welcome"时,就显示"欢迎页面"组件。

前端路由实现新页面访问时,仅仅变换了 hash 值,不与服务端交互,所以没有网络延迟,可以使用户获得更好的使用体验。

4.2 vue-router 基础

vue-router 是 Vue 官方推出的路由管理器,主要用于管理 URL,实现 URL 和组件的对应,以及通过 URL 进行组件之间的切换,从而使构建单页面应用变得更加简单。本节将针对 vue-router 进行详细讲解。

4.2.1 vue-router 工作原理

单页面应用的核心思想之一,就是更新视图而不重新请求页面,简单来说,它在加载页面时,不会加载整个页面,只会更新某个指定的容器中的内容。对于大多数单页面应用,这里推荐使用官方支持的 vue-router。

实现单页面前端路由有两种方式,分别是 hash 模式和 history 模式,通过 mode 参数进行配置。

1. hash 模式

vue-router 默认为 hash 模式,使用 URL 的 hash 来模拟一个完整的 URL,当 URL 改变时,页面不会重新加载。

#就是 hash 符号,中文名为哈希符或者锚点,在 hash 符号后的值,称为 hash 值。

路由的 hash 模式是利用 window 可以监听 onhashchange 事件来实现的,也就是说,hash 值是用来指导浏览器动作的,对服务器没有影响,HTTP 请求中也不会包括 hash 值,同时每一次改变 hash 值,都会在浏览器的访问历史中增加一条记录,使用"后退"按钮,就可以回到上一个位置。所以,hash 模式是根据 hash 值来发生改变的,根据不同的值,渲染指定 DOM 位置的不同数据。

2. history 模式

history 模式不会出现 # 号，比较美观，这种模式充分利用 history. pushState()来完成 URL 的跳转，无须重新加载页面。使用 history 模式时，需要在路由规则配置中增加 mode: 'history'。

4.2.2 vue-router 基本使用

vue-router 可以实现当用户单击页面中的 A 按钮时，页面显示内容 A；单击 B 按钮时，页面显示内容 B。换言之，用户单击的按钮和页面显示的内容，两者是映射的关系。学习 vue-router 的基本使用前，首先了解路由中 3 个基本的概念：route、routes、router。

- route：表示一条路由，单数形式。
- routes：表示一组路由，相当于多个 route 形成的一个数组。
- router：表示一种机制，充当管理路由的管理者角色。

下面我们通过一个案例来演示 vue-router 的使用。

例 4-1 vue-router 的使用。

(1) 创建 D:\vue\chapter04 目录，然后从 Vue 官方网站获取 vue. js 和 vue-router. js 文件，保存到文件目录中。

(2) 创建 D:\vue\chapter04\demo01. html 文件，引入. js 文件，具体代码如下：

```
1  <script src="vue.js"></script>
2  <script src="vue-router.js"></script>
```

注意：

引入的顺序不能颠倒，一定要先引入 vue. js 后再引入 vue-router. js 文件，因为 vue-router 是基于 vue. js 工作的。

(3) 在 demo01. html 文件中编写 HTML 代码，具体代码如下：

```
1 <div id="app">
2   <router-link to="/register" tag="button">跳转到注册页面</router-link>
3   <router-view></router-view>
4 </div>
```

上述代码中，<router-view>和<router-link>是 vue-router 提供的元素，<router-view>用来当作占位符，将路由规则中匹配到的组件展示到<router-view>中。<router-link>支持用户在具有路由功能的应用中导航，通过 to 属性指定目标地址，默认渲染成带有正确链接的<a>标签，此处通过配置 tag 属性生成按钮<button>。另外，当目标路由成功激活时，链接元素自动设置一个表示激活的 CSS 属性值 router-link-active。

(4) 在 demo01. html 文件中编写 JavaScript 代码，完整代码如下：

```
1 <!DOCTYPE html>
2 <html>
3 <head>
4   <meta charset="UTF-8">
5   <title>Document</title>
6   <script src="vue.js"></script>
7   <script src="vue- router.js"></script>
8 </head>
```

```
 9 <body>
10   <div id="app">
11     <router-link to="/register" tag="button">跳转到注册页面</router-link>
12     <router-view></router-view>
13   </div>
14   <script>
15     // 创建注册组件
16     var myRegister={
17       template: '<h1>注册组件|注册页面</h1>'
18     }
19     // 创建路由实例
20     var myRouter=new VueRouter({
21       routes: [
22         // 配置路由匹配规则
23         {path: '/register', component: myRegister }
24       ]
25     })
26     var vm=new Vue({
27       el: '# app',
28       // 将路由规则对象注册到 vm 实例上
29       router: myRouter
30     })
31   </script>
32</body>
33</html>
```

上述代码中，当导入 vue-router 包之后，在 window 全局对象中就存在了一个路由的构造函数 VueRouter。第 21～24 行代码为构造函数 VueRouter 传递了一个配置对象 routes，配置对象必须包含 path 和 component 属性，path 表示要监听的地址，component 表示要展示的组件。第 29 行代码将路由对象注册到 vm 实例上，从而在实例中提供 this. $ route 和 this. $ router，可以在任何组件内通过 this. $ router 访问路由器，可以通过 this. $ route 访问当前路由，监听 URL 地址变化，展示相应组件。

(5) 在浏览器中打开 demo01. html，单击“跳转到注册页面”按钮，就会在下方出现“注册组件|注册页面”，效果如图 4-3 所示。

图 4-3　vue-router

从图 4-3 可以看到，当前 URL 地址末尾出现了“ # /register”，它就表示当前的路由地址。如果保持当前地址刷新网页，则“注册组件”仍会处于显示的状态。

小提示：

（1）在创建的 myRouter 对象中，如果不配置 mode，就会使用默认的 hash 模式，该模式下会将路径格式化为＃开头。添加 mode：history 之后，将使用 HTML5 history 模式，该模式下没有＃前缀。

（2）component 的属性值必须是一个组件的模板对象，不能是组件的引用名称。

4.2.3 路由对象属性

路由对象表示当前激活的路由的状态信息，包含了当前 URL 解析得到的信息，还有 URL 匹配到的路由记录。路由对象是不可变的，每次成功导航后都会产生一个新的对象。

this. $router 表示全局路由器对象，项目中通过 router 路由参数注入路由之后，在任何一个页面都可以通过此属性获取到路由器对象，并调用其 push()、go()等方法。

this. $route 表示当前正在用于跳转的路由器对象，可以访问其 name、path、query、params 等属性。接下来我们详细列举一下路由对象 $route 的常用属性信息，如表 4-1 所示。

表 4-1 路由对象 $route 的常用属性

属 性 名	类 型	说 明
$ route. path	String	对应当前路由的名字
$ route. query	Object	一个{key：value}对象，表示 URL 查询参数
$ route. params	Object	一个{key：value}对象，路由跳转携带参数
$ route. hash	String	在 history 模式下获取当前路由的 hash 值（带＃），如果没有 hash 值，则为空字符串
$ route. fullPath	String	完成解析后的 URL，包含查询参数和 hash 的完整路径
$ route. name	String	当前路由的名称
$ route. matched	Array	路由记录，当前路由下路由声明的所有信息，从父路由（如果有）到当前路由为止
$ route. redirectedFrom	String	如果存在重定向，即为重定向来源的路由

4.3 动态路由

4.3.1 什么是动态路由

静态路由是严格定义了匹配关系的，即只有 router-link 中的 to 属性和 VueRouter 中定义的 path 一样时，才会显示对应的 component。上面讲到的路由都是静态路由。

在实际开发中，使用静态路由存在明显的不足，例如，在不同角色登录网站时，在配置路由的时候，需要把用户 rid 作为参数传入，这就需要利用动态路由来实现。

可以匹配带有不同参数的 URL 的路由规则就是动态路由。

在 vue-router 的路由路径中，可以使用动态路径参数给路径的动态部分匹配不同的 rid，示例代码如下所示：

```
{ path: "/user/:rid", component: user }
```

上述代码中，":rid"表示角色 id，它是一个动态的值。

动态路由在来回切换时，由于它们都是指向同一组件，Vue 不会销毁再重新创建这个组件，而是复用这个组件。如果想要在组件来回切换时进行一些操作，那就需要在组件内部利用 watch 来监听 $route 对象的变化，示例代码如下所示：

```
1  watch: {
2    $ route (to, from) {
3      console.log(to); // to 表示要去的那个组件
4      console.log(from);// from 表示从哪个组件过来的
5    }
6  }
```

动态路由传递参数有两种方式，即 query 方式传参和 params 方式传参。在理解了动态路由概念后，接下来结合案例讲解如何使用 query 方式和 params 方式传递参数。

4.3.2 query 传递参数

通过 query 方式传递参数，使用 path 属性给定对应的跳转路径（类似于 GET 请求），在页面跳转的时候，可以在地址栏看到请求参数。query 方式传参的语法：

```
? 参数名 1= 参数值 1& 参数名 2= 参数值 2
```

获取参数：{{this. $route. query. 参数名}}。

下面我们通过例子进行讲解。

例 4-2 query 的使用。

（1）创建 D:\vue\chapter04\demo02. html 文件，HTML 页面结构关键代码如下所示：

```
1  <div id="app">
2        <router-link to="/login? uid=11&userName=tom">登录</router-link>
3        <router-view></router-view>
4  </div>
```

上述代码中，第 2 行使用 router-link 的 to 属性指定目标地址 login 登录组件，并使用查询字符串的形式把两个参数 uid 和 userName 传递过去。在路由中使用查询字符串给路由传递参数时不需要修改路由规则的 path 属性。

（2）在 demo02. html 文件中编写 JavaScript 代码。demo02. html 完整代码如下：

```
1 <!DOCTYPE html>
2 <html>
3 <head>
4   <meta charset="UTF-8">
5   <title>Document</title>
6   <script src="vue.js"></script>
7   <script src="vue-router.js"></script>
8 </head>
9 <body>
10  <div id="app">
11    <router-link to="/login? uid=11&userName=tom">登录</router-link>
```

```
12    <router-view></router-view>
13  </div>
14  <script>
15    // 定义 login 组件
16    var login={
17      template: '<h4>用户编号: {{this.$ route.query.uid}} <br/>用户名称: {{$ route.
query.userName}}</h4>',
18      // 使用组件生命周期的钩子函数
19      created () {
20        console.log(this.$ route)// 用 this.$ route 来接收参数
21      }
22    }
23    var router=new VueRouter({
24      routes: [
25        { path: '/login', component: login }
26      ]
27    })
28    var vm=new Vue({ el: '# app', router })
29  </script>
30</body>
31</html>
```

上述代码中，第 19 行在组件的 created 生命周期钩子函数中输出 this. $route。第 28 行代码中的 router，表示将在第 23 行定义的路由规则对象 router 注册到 vm 实例上，其完整写法是 router：router。

(3) 在浏览器中打开 demo02. html，单击"登录"链接，效果如图 4-4 所示。

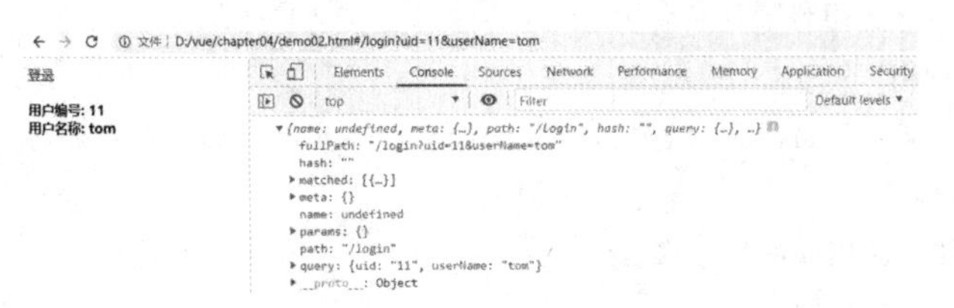

图 4-4　query 方式传递参数

从图 4-4 可以看出，参数值存放在 query 对象中，所以在模板中可以使用插值表达式 {{this. $route. query. uid}}输出 uid 的值，{{ $route. query. userName}}输出 userName 的值，在 login 组件上渲染组件。另外，这里的插值表达式中的"this. "可以省略，因为都是指向同一个 login 组件对象的。

4.3.3　params 传递参数

params 方式不需要通过查询字符串传参，通常会搭配路由的 history 模式，将参数放在路径中或隐藏。

params 方式传参的语法：

```
/参数值 1/参数值 2
```

这里只需要传递值即可。

获取参数：{{ $ route. params. 参数名}}。

接下来结合案例讲解如何使用 params 方式传递参数。

例 4-3 params 的使用。

(1) 创建 D:\vue\chapter04\demo03. html 文件，页面结构关键代码如下所示：

```
1<div id="app">
2    <router-link to="/login/12/jerry">登录</router-link>
3    <router-view></router-view>
4</div>
```

(2) 在 demo03. html 文件中编写 JavaScript 代码，页面完整代码如下：

```
1 <! DOCTYPE html>
2 <html>
3 <head>
4   <meta charset="UTF-8">
5   <title>Document</title>
6   <script src="vue.js"></script>
7   <script src="vue-router.js"></script>
8 </head>
9 <body>
10   <div id="app">
11     <router-link to="/login/12/jerry">登录</router-link>
12     <router-view></router-view>
13   </div>
14   <script>
15     // 定义 login组件
16     var login={
17       template: '<h4>用户编号: {{$ route.params.uid}} 用户名称: {{$ route.params.
userName}}</h4>',
18       // 组件生命周期的钩子函数
19       created () {
20         console.log(this.$ route)
21       }
22     }
23     var router=new VueRouter({
24       routes: [
25         { path: '/login/:uid/:userName', component: login }
26       ]
27     })
28     var vm=new Vue({ el: '# app', router })
29   </script>
30</body>
31</html>
```

上述代码中，第19行在组件的created生命周期钩子函数中输出this.$route；第25行在path路径中以冒号的形式设置参数，传递的参数是uid(用户id)和userName(用户名)，这两个参数需要对URL进行解析，也就是对<router link>标签的to属性值"/login/12/jerry"进行解析。

(3) 在浏览器中打开demo03.html，单击"登录"链接，效果如图4-5所示。

图4-5　params方式传递参数

从图4-5可以看出，参数值存放在params对象中，所以在模板中可以使用插值表达式{{$route.params.uid}}输出uid的值，{{$route.params.userName}}输出userName的值，在login组件上渲染数据。这里的插值表达式中省略了"this"。

> **小提示：**
> 在路由中开启history模式后，params方式的URL地址会更加简洁，但此功能必须搭配服务器使用，并且要在服务器中添加history模式的支持，否则会出现找不到文件的错误。

4.4 嵌套路由

4.4.1 什么是嵌套路由

当页面中有组件嵌套组件时，需要对应的路由是嵌套路由。嵌套路由就是在路由里面嵌套它的子路由。当然，是否需要嵌套路由，是由页面结构决定的。

嵌套子路由的关键属性是children。children是一组路由，相当于routes。children可以像routes一样去配置路由数组。每一个子路由里面可以嵌套多个组件，子组件又有路由导航和路由容器。具体代码如下所示：

```
<router-link to="/父路由的地址/前往的子路由"></router-link>
```

当使用children属性实现子路由时，子路由的path属性前不能带"/"，否则会始终从根路径开始请求，这样不方便用户去理解URL地址，示例代码如下所示：

```
1 var router=new VueRouter({
2   routes: [{
3       path: '/welcome',
4       component: welcome,
5       children: [ // 子路由
6         { path: 'register', component: register },
7         { path: 'login', component: login }]
```

```
8   }]
9 })
```

4.4.2 嵌套路由案例

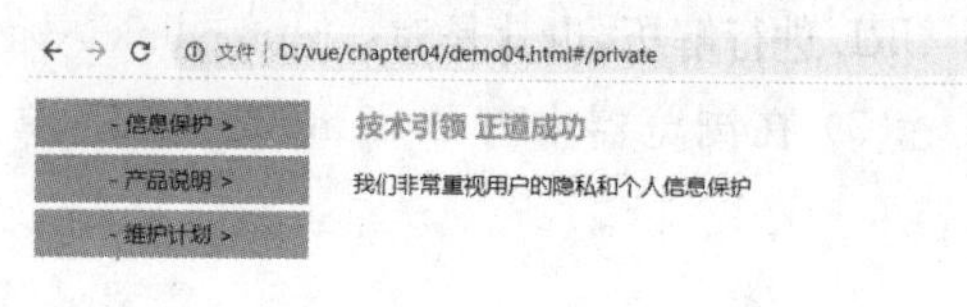

图 4-6 信息保护

了解嵌套路由的基本概念后，我们通过一个案例来演示路由嵌套的应用。

例 4-4 嵌套路由的使用。

案例效果如图 4-6 所示。

1. 案例分析

在图 4-6 中，页面打开后会自动重定向到 private 组件，即"信息保护"页面。

单击"产品说明"链接，URL 跳转到 product 组件。在该页面下有两个子页面，分别是"产品 1"和"产品 2"。单击"产品 1"链接，URL 跳转到 product/prod1 组件，效果如图 4-7 所示。单击"产品 2"链接，URL 跳转到 product/prod2 组件，效果如图 4-8 所示。

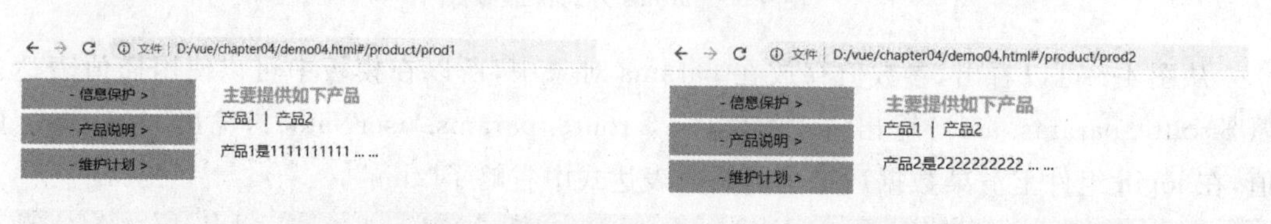

图 4-7 产品 1 说明　　　　图 4-8 产品 2 说明

2. 代码实现

(1) 创建 D:\vue\chapter04\demo04.html 文件，编写 HTML 代码，使用<router-link>标签增加两个导航链接，具体代码如下所示：

```
1 <div id="app">
2   <ul>
3     <router-link to="/private" tag="li">信息保护></router-link>
4     <router-link to="/product" tag="li">产品说明></router-link>
5     <router-link to="/maintain" tag="li">维护计划></router-link>
6   </ul>
7   <router-view></router-view>// 给子模板提供插入位置
8 </div>
```

在上述代码中，第 3～5 行使用<router-link>的 to 属性添加 private、product 和 maintain 链接；第 7 行使用<router-view>标签给子模板提供插入位置。

(2) 在 app 根容器外定义子组件模板，具体代码如下所示：

```
1 <!--创建隐私政策组件的模板-->
2 <template id="private-tmp">
3   <div class="item-detail">
4     <h4>技术引领 正道成功</h4>
5     <p>我们非常重视用户的隐私和个人信息保护</p>
6   </div>
7 </template>
8 <! --创建产品组件的模板-->
```

```
9 <template id="product-tmp">
10   <div class="item-detail">
11     <h4>主要提供如下产品</h4>
12     <router-link to="/product/prod1">产品 1</router-link> | 
13     <router-link to="/product/prod2">产品 2</router-link>
14     <router-view></router-view>
15   </div>
16 </template>
17 <!--创建维护组件的模板-->
18 <template id="maintain-tmp">
19   <div class="item-detail">
20     <h4>重要更新</h4>
21     <p>计划于 XXXX 年 X 月 X 日 00:00-06:00 进行停机维护</p>
22   </div>
23 </template>
```

在上述代码中，第1～7行定义 id 为 private-tmp 的模板组件，渲染 private 组件模板的内容。第8～16行定义 id 为 product-tmp 的模板组件，并指定唯一的根元素 div 渲染 product 组件模板的内容，其中，第12、13行是 product 组件的两个子路由；第17～23行定义 id 为 maintain-tmp 的模板组件，渲染 maintain 组件模板的内容。

(3) 创建组件模板对象，具体代码如下所示：

```
1  <script>
2    // 创建产品公告组件和维护公告等组件
3    var private={ template: '# private-tmp' }
4    var product={ template: '# product-tmp' }
5    // 创建子路由的 2 个产品组件
6    var prod1={
7      template: '<p>产品 1 是 1111111111 ......</p>'
8    }
9    var prod2={
10     template: '<p>产品 2 是 2222222222 ......</p>'
11   }
12   var maintain={ template: '# maintain-tmp' }
13 </script>
```

上述代码中，第3行创建 private 组件的模板对象，并给 template 指定一个 id；第4行创建 product 组件的模板对象，并给 template 指定一个 id。

(4) 创建路由对象 router，配置路由匹配规则，具体代码如下所示：

```
1    //创建路由对象
2    var router=new VueRouter({
3      routes: [
4        { path: '/', redirect: '/private' }, // 路由重定向
5        { path: '/private', component: private },
6        { path: '/product',
```

```
7          component: product,
8          children: [
9             { path: 'prod1', component: prod1 },
10            { path: 'prod2', component: prod2 }
11          ]
12       },
13       { path: '/maintain', component: maintain },
14    ]
15 })
```

在上述代码中，第 8～11 行使用 children 属性给 product 父组件定义了两个子路由，分别是 prod1 和 prod2。

(5) 挂载路由实例，具体代码如下所示：

```
1   var vm=new Vue({
2     el: '# app',
3     router  // 挂载路由实例
4   })
```

(6) 在<style>标签内编写样式代码，具体代码如下所示：

```
1   # app {width: 100% ;display: flex;flex-direction: row;}
2   ul {width: 200px;flex-direction: row;}
3   ul, li, h4 {padding: 2px;margin: 0; list-style: none;}
4   li {flex: 1; background: orange; margin:5px auto;
5   text-align: center;line-height: 30px;}
6   .item-detail {flex: 1; margin: 8px 0px 5px 30px;}
7   .item-detail h4{font- size: 20px; color: orange;}
```

(7) 打开浏览器 demo04.html，运行结果与图 4-6 相同。

4.5 命名路由

4.5.1 什么是命名路由

如果路由的 path 比较长，使用时会比较麻烦。可以在创建 router 实例的时候，在 routes 中给某个路由设置 name 值。通过一个名称来标识一个路由，通过路由的名称取代路径地址直接使用，这就是命名路由。通过使用命名路由的方式，不管 path 有多长或者多烦琐，都能直接通过 name 来引用，非常方便。

4.5.2 命名路由案例

下面通过例 4-5 讲解命名路由的使用。

例 4-5 命名路由的使用。

(1) 创建 D:\vue\chapter04\demo05.html 文件，编写 HTML 结构代码如下：

```
1 <!DOCTYPE html>
2 <html>
```

```
3 <head>
4   <meta charset="UTF-8">
5   <title>Document</title>
6   <script src="vue.js"></script>
7   <script src="vue-router.js"></script>
8 </head>
9 <body>
10   <div id="app">
11     <router-link :to="{name:'login',params:{uid:1001}}">登录</router-link>
12     <router-view></router-view>
13   </div>
14   <script>
15     // 创建 login组件
16     var login={
17       template: '<h3>欢迎您!这里是 login 组件的内容</h3>',
18       created () {
19         console.log(this.$ route)
20       }
21     }
22     // 创建路由对象
23     var router=new VueRouter({
24       routes: [{
25         path: '/login/:uid',
26         name: 'login',
27         component: login
28       }]
29     })
30     var vm=new Vue({ el: '# app', router })
31   </script>
32</body>
33</html>
```

上述代码中,第 11 行使用 v-bind 指令,绑定＜router-link＞标签的 to 属性。当使用对象作为路由的时候,to 前面要加一个冒号,表示绑定。在 to 属性中,name 表示组件名称,params 用来传递 uid 值。

第 22～29 行用来创建路由对象 router,并在 routes 中配置路由匹配规则,在第 25 行代码的 path 属性中,使用:uid 的形式匹配参数,该参数表示用户的 uid,对应页面中的"params:{uid:1001}",uid 的值为 1001;第 26 行为路由命名,对应页面中的"name:'login'"。

第 18 行在组件的 created()钩子函数中输出 this.＄route 的结果,当单击"登录"链接时,就会跳转到指定的路由地址。

(2) 在浏览器中打开 demo05.html,单击"登录"时,会跳转到指定的路由地址,运行结果如图 4-9 所示。

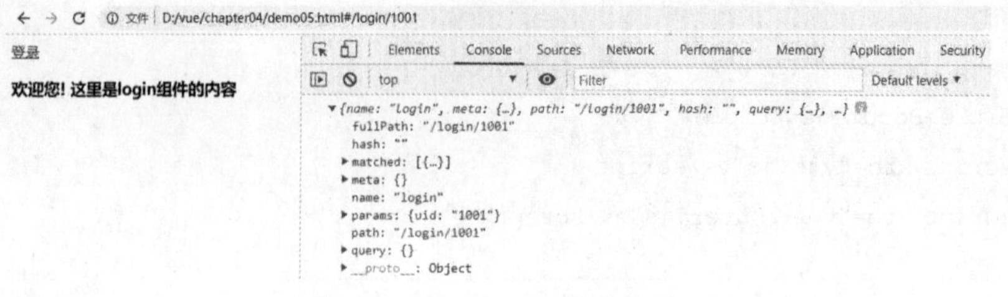

图 4-9 this. $ route 输出结果

4.6 命名视图

4.6.1 什么是命名视图

在开发中,有时需要同时或者同级展示多个视图,就可以在页面中定义多个单独命名的视图。给视图起名字,就是命名视图。

为视图进行命名可以使用<router-view>,它主要负责路由跳转后组件的展示。在<router-view>上定义 name 属性表示视图的名字,然后就可以根据不同的 name 值展示不同的页面,如 left、right 等。如果<router-view>中没有设置名字,默认名称为 default。

4.6.2 命名视图案例

下面通过例 4-6 讲解命名视图的使用。

例 4-6 命名视图的使用。

(1) 创建 D:\vue\chapter04\demo06. html 文件,编写 HTML 结构代码如下:

```
1  <div id="app">
2    <router-view></router-view>
3    <div class="container">
4      <router-view name="left"></router-view>
5      <router-view name="right"></router-view>
6    </div>
7  </div>
```

上述代码中,第 2 行的<router-view>没有设置 name 属性,表示默认渲染 default 对应的组件;第 4 行和第 5 行分别设置了 name 值为 left 和 right,表示渲染其对应的组件。

(2) 在 demo06. html 文件中编写 JavaScript 代码,具体代码如下:

```
1  <script>
2    // 创建组件
3    var header={ template: '<h5 class="top">时尚 | 美妆 | 超市 | 生鲜 | 闪购 | 拍卖 | 金融
</h5>' }
4    var leftbar={ template: '<h5 class="left">左侧导航区域 ...</h5>' }
5    var mainDiv={ template: '<h5 class="right">主体内容显示区域 ...</h5>' }
6    var router=new VueRouter({
7      routes: [{
8        path: '/',
```

```
9         components: {
10          'default': header,
11          'left': leftbar,
12          'right': mainDiv
13        }
14      }]
15    })
16    var vm=new Vue({ el: '# app', router })
17  </script>
```

在上述代码中，第 9 行使用了 components 进行配置，这是因为一个视图使用一个组件渲染，如果在一个路由中使用多个视图，就需要多个组件；第 10 行设置 header 组件对应的 name 值为 default，第 11 行设置 leftbar 组件对应的 name 值为 left，第 12 行设置 mainDiv 组件对应的 name 值为 right。

（3）在 demo06. html 文件中编写 CSS 样式。demo06. html 完整代码如下：

```
1 <!DOCTYPE html>
2 <html>
3 <head>
4   <meta charset="UTF-8">
5   <title>Document</title>
6   <script src="vue.js"></script>
7   <script src="vue-router.js"></script>
8   <style>
9     html, body {
10      margin: 0;
11      padding: 0;
12    }
13    h5 {
14      margin: 0;
15      padding: 12px;
16      font-size: 13px;
17    }
18    .top {
19      background-color:yellow;
20      height: 30px;
21    }
22    .container {
23      display: flex;
24      height: 800px;
25    }
26    .left {
27      background-color: lightgray;
28      width: 100px;
```

```
29       flex: 1;
30     }
31     .right {
32       flex: 9;
33     }
34   </style>
35</head>
36<body>
37   <div id="app">
38     <router-view></router-view>
39     <div class="container">
40       <router-view name="left"></router-view>
41       <router-view name="right"></router-view>
42     </div>
43   </div>
44   <script>
45     // 创建组件
46     var header={ template: '<h5 class="top">时尚 | 美妆 | 超市 | 生鲜 | 闪购 | 拍卖 | 金融 </h5>' }
47     var leftbar={ template: '<h5 class="left">左侧导航区域 ...</h5>' }
48     var mainDiv={ template: '<h5 class="right">主体内容显示区域 ...</h5>' }
49     var router=new VueRouter({
50       routes: [{
51         path: '/',
52         components: {
53           'default': header,
54           'left': leftbar,
55           'right': mainDiv
56         }
57       }]
58     })
59     var vm=new Vue({ el: '# app', router })
60   </script>
61</body>
62</html>
```

(4) 在浏览器中打开 demo06.html，运行结果如图 4-10 所示。

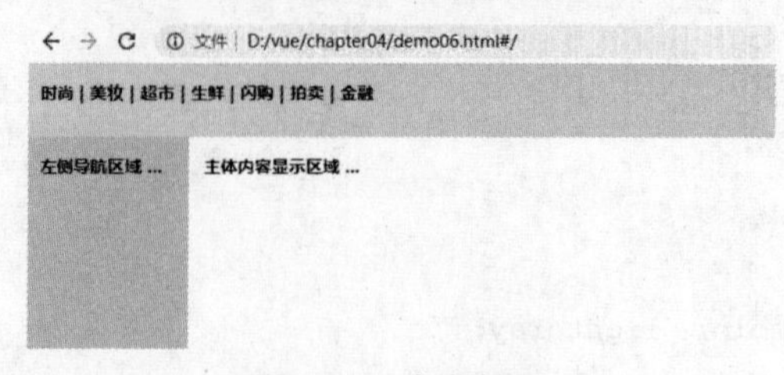

图 4-10　命名视图

4.7 编程式导航

通过<router-link>实现页面切换的方式，称为声明式导航。Vue 也支持使用 JavaScript 代码调用 router 实例方法实现地址的跳转，这就是编程式导航。

4.7.1 router.push()

使用 router.push()方法可以导航到不同的 URL 地址。这个方法会向 history 栈添加一条新的记录，当用户单击浏览器后退按钮时，可以回到之前的 URL。

在单击<router-link>时，router.push()方法会在内部调用，也就是说，单击"<router-link :to="...">"等同于调用 router.push(...)方法。

router.push()方法的参数可以是一个字符串路径，也可以是一个描述路径的对象。具体代码如下所示：

```
1  // 创建路由实例
2  var router=new VueRouter()
3  // 字符串形式的参数
4  router.push('user')
5  // 对象形式的参数
6  router.push({ path: '/login? url='+this.$ route.path })
7  // 命名路由形式的参数
8  router.push({ name: 'user', params: { userId: 123 }})
9  // 带查询参数 /user? uname=tom
10 router.push({ path: 'user', query: { uname: 'tom' }})
```

在参数对象中，如果提供了 path，params 会被忽略，为了传递参数，需要提供路由的 name 或者手写带有参数的 path。具体代码如下所示：

```
1  const userId='123'
2  router.push({ name: 'user', params: { userId }})  //   /user/123
3  router.push({ path: '/user/$ {userId}' }) //   /user/123
4  // 这里的 params 不生效
5  router.push({ path: '/user', params: { userId }})  // /user
```

1. query 传参

下面我们通过例子进行讲解。

例 4-7 query 的使用。

(1) 创建 D:\vue\chapter04\demo07.html 文件，编写 HTML 结构代码如下：

```
1  <div id="app">
2    <button @ click="goLogin"> 查看登录用户信息</button>
3    <router-view></router-view>
4  </div>
```

上述代码中，第 2 行给 button 按钮绑定一个 goLogin 单击事件，单击按钮跳转到 user 组件，在页面中获取用户名。

(2) 在 demo07.html 文件中编写 JavaScript 代码，完整代码如下：

```
1 <!DOCTYPE html>
2 <html>
3 <head>
4   <meta charset="UTF-8">
5   <title>Document</title>
6   <script src="vue.js"></script>
7   <script src="vue-router.js"></script>
8 </head>
9 <body>
10   <div id="app">
11     <button @ click="goLogin">查看登录用户信息</button>
12     <router-view></router-view>
13   </div>
14   <script>
15     // 定义 user 组件
16     var user={
17       template: '<p>用户名：{{ this.$ route.query.uname }}</p>'
18     }
19     var router=new VueRouter({
20       routes: [
21         { path: '/login', component: user }
22       ]
23     })
24     var vm=new Vue({
25       el: '# app',
26       methods: {
27         goLogin () {
28           this.$ router.push({ path: '/login', query: { uname: 'tom' } })
29         }
30       },
31       router
32     })
33   </script>
34 </body>
35 </html>
```

上述代码中，第 17 行在目标页面中使用 this. $ route. query. uname 接收参数 uname；第 28 行使用 query 方式传递参数，需要提供路由的 path 属性。

(3) 在浏览器中打开 demo07.html，单击“查看登录用户信息”按钮，运行结果如图 4-11 所示。

← → C ⓘ 文件 | D:/vue/chapter04/demo07.html#/login?uname=tom
查看登录用户信息
用户名：tom

图 4-11 query 传参

2. params 传参

下面我们通过例子进行讲解。

例 4-8 params 的使用。

(1) 创建 D:\vue\chapter04\demo08.html 文件，编写 HTML 结构代码如下：

```
1  <div id="app">
2    <button @ click="goLogin">查看登录用户信息</button>
3    <router-view></router-view>
4  </div>
```

(2) 在 demo08.html 文件中编写 JavaScript 代码。页面完整代码如下：

```
1 <!DOCTYPE html>
2 <html>
3 <head>
4   <meta charset="UTF-8">
5   <title>Document</title>
6   <script src="vue.js"></script>
7   <script src="vue-router.js"></script>
8 </head>
9 <body>
10  <div id="app">
11    <button @ click="goLogin">查看登录用户信息</button>
12    <router-view></router-view>
13  </div>
14  <script>
15    // 定义 user 组件
16    var user={
17      template: '<p>用户名:{{ this.$ route.params.uname }}</p>'
18    }
19    var router=new VueRouter({
20      routes: [
21        { path: '/login', name: 'login',component: user }
22      ]
23    })
24    var vm=new Vue({
25      el: '# app',
26      methods: {
27        goLogin () {
28          this.$ router.push({ name: 'login', params: {uname: 'jerry'} })
29        }
30      },
31      router
32    })
33  </script>
34</body>
35</html>
```

（3）在浏览器中打开 demo08.html，单击“查看登录用户信息”按钮，运行结果如图 4-12 所示。

← → C ⓘ 文件 | D:/vue/chapter04/demo08.html#/login
查看登录用户信息
用户名：jerry

图 4-12 params 传参

◆ 4.7.2 router.replace()

router.replace()和 router.push()方法类似，但是为<router-link>设置 replace 属性后，调用 router.replace()导航后不会向 history 栈添加新的记录，而是替换当前的 history 记录。具体代码如下所示：

```
1  // 编程式
2  router.replace({ path: 'login' })
3  // 声明式
4  <router-link :to="{path:'login' }" replace></router-link>
```

◆ 4.7.3 router.go()

router.go()方法的参数是一个整数，表示在 history 历史记录中向前或者后退多少步，类似于 window.history.go()。this.$router.go(－1)相当于 history.back()，表示后退一步，this.$router.go(1) 相当于 history.forward()，表示前进一步，类似于浏览器上的后退和前进按钮，相应的地址栏也会发生改变。

下面我们通过例子进行讲解。

例 4-9 router.go()的使用。

(1) 创建 D:\vue\chapter04\demo09.html 文件，页面完整代码如下：

```
1 <!DOCTYPE html>
2 <html>
3 <head>
4   <meta charset="UTF-8">
5   <title>Document</title>
6   <script src="vue.js"></script>
7   <script src="vue-router.js"></script>
8 </head>
9 <body>
10  <div id="app">
11    <p><a href="http://www.baidu.com">百度</a></p>
12    <button @click="goNext">前进</button>
13    <button @click="goBack">后退</button>
14  </div>
15  <script>
16    var router=new VueRouter()
17    var vm=new Vue({
18      el: '#app',
19      methods: {
20        goNext () {
```

```
21          this.$ router.go(1)    // 前进
22        },
23        goBack () {
24          this.$ router.go(-1)    // 后退
25        }
26      },
27      router
28    })
29  </script>
30</body>
31</html>
```

（2）在浏览器中打开 demo09. html，单击“百度”链接，然后单击“后退”“前进”按钮，即可查看运行效果，如图 4-13 所示。

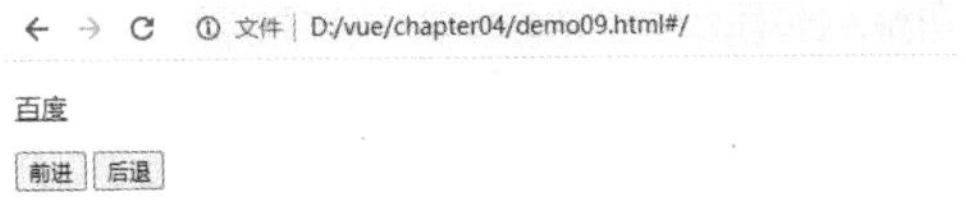

图 4-13　router. go

本章小结

本章我们主要学习了路由概念、vue-router 基础、使用动态路由进行路由匹配、嵌套路由、命名路由、命名视图和编程式导航等。

课后习题

一、选择题

1. 以下关于 query 方式传参的说法正确的是（　　）。

A. query 方式传递的参数会在地址栏上展示

B. 可以在目标页面中使用“this. $ route. params. 参数名”来获取参数

C. 可以在目标页面中使用“this. route. query. 参数名”来获取参数

D. 页面跳转时不能在地址栏看到请求参数

2. 以下关于 params 方式传参的说法错误的是（　　）。

A. 页面跳转时，不能在地址栏看到请求参数

B. 可以在目标页面中使用“ $ route. params. 参数名”来获取参数

C. params 方式传递的参数会在地址栏展示

D. 可以在目标页面中使用“this. $ route. params. 参数名”来获取参数

二、填空题

1. 使用________获取当前激活的路由的状态信息。

2. 通过一个名称来标识一个路由的方式叫作________。

3. 单页面应用主要通过 URL 中的________切换不同页面。

4. 在业务代码中进行导航跳转的方式被称为________。

三、判断题

1. 在单页面应用中更新视图，可以不用重新请求页面。(　　)

2. 是否使用嵌套路由主要是由页面结构来决定的。(　　)

3. params 方式传递参数类似于 GET 请求。(　　)

4. 后端路由可以通过用户请求的 URL 导航到对应的 HTML 页面。(　　)

四、简答题

1. 请简述 vue-router 路由的作用。

2. 请简述路由对象有哪些属性。

第 5 章 Vuex 状态管理

组件状态即组件中的数据或功能等。状态零散地分布在许多组件和组件之间的交互中，导致大型应用复杂度经常逐渐增大，为了解决这个问题，Vue 提供了 Vuex。Vuex 是专门为 Vue 设计的组件状态管理库。Vuex 采用集中式存储管理应用中所有组件的状态，并保证状态以一种可预测的方式发生变化。这里的"可预测"可以理解为实现特定的功能。Vuex 提供了操作组件状态的 mutations 和 actions 选项。

本章将围绕 Vuex 状态管理进行详细讲解，主要内容包括 Vuex 基础知识、Vuex 配置选项及 Vuex 中的 API。

5.1 Vuex 入门

5.1.1 什么是 Vuex

Vuex 是一套组件状态管理维护的解决方案。Vuex 作为 Vue 的插件来使用，进一步完善了 Vue 的基础代码功能，使用 Vue 组件状态更容易维护，为大型项目开发提供了强大的技术支持。

下面通过简单的代码演示 Vuex 的使用，代码结构如下：

```
const store=new Vuex.store({
    state: {}
    mutations: {}
})
var vm=new Vue({
    el:'# app'
    store
})
```

在上述代码中，第 1 行使用 new Vuex. store()创建 Vuex 实例对象 store。store 可以理解为一个容器，里面包含了应用中大部分的状态(state)。

第 2 行通过 state 配置选项定义组件初始状态，类似于 Vue 实例中的 data 属性。

第 3 行为实例对象提供了 mutations，通过事件处理方法改变组件状态，最终将 state 状态反映到组件中，类似于 Vue 实例的 methods 属性。

◆ 5.1.2 Vuex 的下载和引入

在项目中使用 Vuex 通常有两种方式，一种是直接通过<script>标签引入 vuex.js 文件，另一种是通过 npm 进行安装。这里我们主要讲解 vuex.js 单文件引用。关于在 npm 安装 Vuex 我们将在后面的章节专门学习。

从 Vue 官方网站可以获取 vuex.js 文件的下载，本书使用的是 vuex 3.1.×版本。

例 5-1 vuex.js 的引入。

(1) 创建 D:\vue\chapter05\demo01-1.html 文件，具体代码如下：

```
1 <!DOCTYPE html>
2 <html>
3 <head>
4   <meta charset="UTF-8">
5   <title>Document</title>
6   <script src="vue.js"></script>
7   <script src="vuex.js"></script>
8 </head>
9 <body>
10   <div id="app">
11     <p>价格：{{this.$ store.state.price}}</p>
12   </div>
13   <script>
14     // 创建实例对象 store
15     var store=new Vuex.Store({
16       state: {
17         price: 98
18       }
19     })
20     var vm=new Vue({
21       el: '# app',
22       store
23     })
24   </script>
25</body>
26</html>
```

上述代码中，第 6、7 行用于引入 vue.js 和 vuex.js 文件(顺序不能颠倒，否则运行时会报错)；第 14～19 行通过实例化 Vuex.Store ()构造器创建 store 实例，创建完成后通过第 22 行代码挂载到 vm 实例；第 11 行代码用于将 state 中的 price 值插入 p 元素中。

(2) 在浏览器中打开 demo01-1.html，运行结果如图 5-1 所示。

图 5-1 vuex.js 直接引用

(3) 在组件中调用 store,修改代码使用计算属性返回 store 中的 price,具体代码如下所示:

```
1 <!DOCTYPE html>
2 <html>
3 <head>
4   <meta charset="UTF-8">
5   <title>Document</title>
6   <script src="vue.js"></script>
7   <script src="vuex.js"></script>
8 </head>
9 <body>
10   <div id="app">
11     <p>价格:{{price}}</p>
12   </div>
13   <script>
14     // 创建实例对象 store
15     var store=new Vuex.Store({
16       state: {
17         price: 95
18       }
19     })
20     var vm=new Vue({
21       el: '# app',
22       store,
23       computed: {
24         price () {
25           returnthis.$ store.state.price
26         }
27       }
28     })
29   </script>
30</body>
31</html>
```

(4) 当计算属性过多时,可以使用 mapState 辅助函数来生成计算属性,具体代码如下所示:

```
1 <!DOCTYPE html>
2 <html>
3 <head>
4   <meta charset="UTF-8">
5   <title>Document</title>
6   <script src="vue.js"></script>
7   <script src="vuex.js"></script>
8 </head>
```

```
9 <body>
10  <div id="app">
11    <p>价格：{{price}}</p>
12  </div>
13  <script>
14    // 创建实例对象 store
15    var store=new Vuex.Store({
16      state：{
17        price：88
18      }
19    })
20    var mapState=Vuex.mapState
21    var vm=new Vue({
22      el：'# app',
23      store,
24      computed：mapState({
25        // 箭头函数可使代码更简短
26        price：state=>state.price
27      })
28    })
29  </script>
30</body>
31</html>
```

5.1.3 Vuex 简单应用案例

Vuex 应用的核心是仓库(store)，即响应式容器，它用来定义应用中的数据以及数据处理工具。Vuex 的状态存储是响应式的，当 store 中的数据发生变化时，页面中的数据也相应发生变化。改变 store 中状态的唯一途径就是显式地提交 mutation，这样可以跟踪每个状态的变化。

下面我们通过一个简单的案例来演示。

例 5-2 Vuex 的应用。

(1) 在 D:\vue\chapter05\目录下创建 demo02.html 文件，具体代码如下：

```
1 <!DOCTYPE html>
2 <html>
3 <head>
4   <meta charset="UTF-8">
5   <title>Document</title>
6   <script src="vue.js"></script>
7   <script src="vuex.js"></script>
8 </head>
9 <body>
10  <div id="app">
```

```
11     购买商品数量：
12     <button @ click="decrease">-</button>
13     {{this.$ store.state.count }}
14     <button @ click="increase">+</button>
15   </div>
16   <script>
17     const store=new Vuex.Store({
18       state: {
19         count: 1  //定义初始数据 count
20       },
21       // 修改 count 的值
22       mutations: {
23         decrease (state) {
24           if(state.count>1){
25             state.count--
26           }
27         },
28         increase (state) { //接收参数为 state,通过 state 获取 count 的值
29           state.count++
30         }
31       }
32     })
33     var vm=new Vue({
34       el: '# app',
35       store,
36       methods: {
37         decrease(){
38           this.$ store.commit('decrease')
39         },
40         increase() {
41           this.$ store.commit('increase')
42         }
43       }
44     })
45   </script>
46</body>
```

上述代码中，第 38 行和第 41 行通过 commit()方法提交状态变更。

（2）在浏览器中打开 demo02. html，运行结果如图 5-2 所示。

Document
文件 | D:/vue/chapter05/demo02.html
应用
购买商品数量： - 1 +

图 5-2　count 状态提交

◆ 5.1.4 Vuex 状态管理模式

在 Vue 中,组件的状态变化是通过单向数据流实现的。Vue 单向数据流的方向如图 5-3 所示。

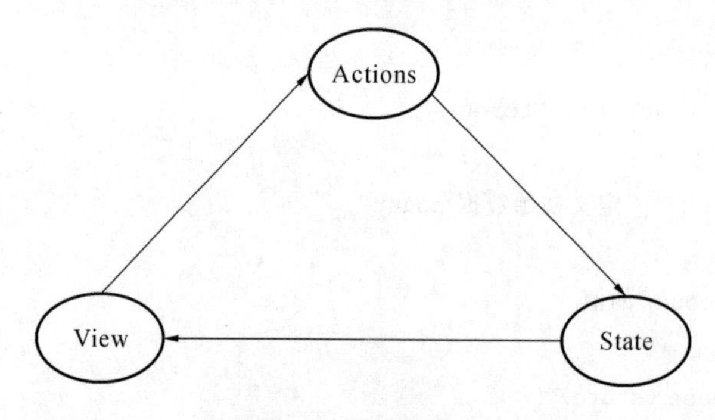

图 5-3 单向数据流

其中:State 是驱动应用的数据源;View 表示将 State 映射到视图;Actions 表示响应用户输入导致的状态变化。Vue 的单向数据流增强了组件之间的独立性。示例代码如下:

```
new Vue({
    //State 数据源
    data(){
        return{num:0}
    },
    //View 视图
    template:'<div>{{num}}</div>',
    //Actions 响应
    methods:{
        add(){      //
            this.num++
        }
    }
})
```

store 中所有 State 的变更,都放置在 store 自身的 Actions 中去管理。这种集中式状态管理,能够让人更容易地理解哪种类型的变更将会发生,以及它们是如何被触发的。

当多个组件共享状态时,单向数据流状态会被破坏。为了方便维护数据,需使用全局单例模式管理组件共享状态。在全局单例模式下,任何组件都能获取状态或者触发行为,这就是 Vuex 数据状态管理。

Vuex 内部工作流程如图 5-4 所示。

在图 5-4 中,Actions 定义异步事件回调方法,主要负责业务代码,通过 Dispatch 触发事件处理方法。

Mutations 是同步的,专注于修改 State,通过 commit 提交。在提交 Mutations 时,可以通过 devtools 调试工具进行状态变化的跟踪。

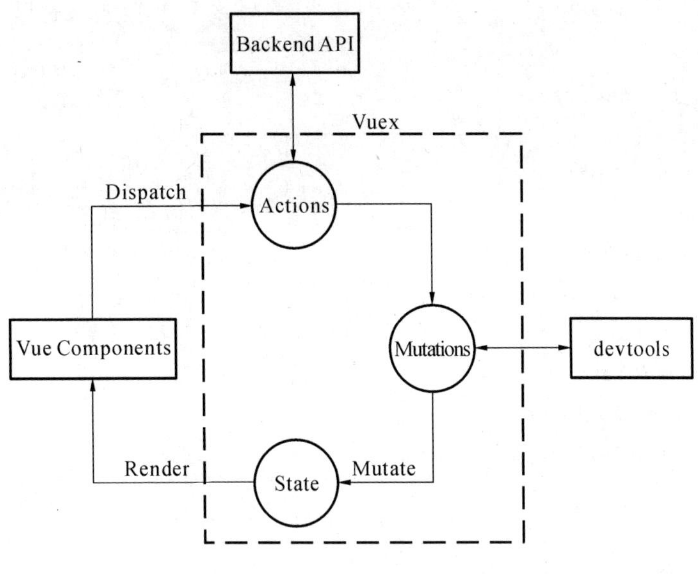

图 5-4 Vuex 工作流程

5.2 Vuex 配置选项

接下来我们讲解 store 实例中的常用配置选项的作用，包括 actions、mutations、getters、modules、plugins 和 devtools 等。

5.2.1 actions

actions 选项用来定义事件处理方法，进行 state 数据处理。

开发中，需要在 store 仓库中注册 actions 选项，在其中定义事件处理方法。事件处理方法接收的第 1 个参数是 context，第 2 个参数是 payload(可选)。

actions 是异步执行的，事件处理方法可以接收 commit 对象，完成 mutation 提交，从而方便 devtools 调试工具跟踪状态的 state 变化。下面通过案例来讲解和演示。

例 5-3 actions 的使用。

(1) 创建 D:\vue\chapter05\demo03.html 文件，具体代码如下所示：

```
1 <!DOCTYPE html>
2 <html>
3 <head>
4   <meta charset="UTF-8">
5   <title>Document</title>
6   <script src="vue.js"></script>
7   <script src="vuex.js"></script>
8 </head>
9 <body>
10   <div id="app">
11     <button @ click="myMutation">mutations 接收 state 数据对象为参数</button>
12     <button @ click="myAction">actions 接收 context 对象为参数</button>
```

```
13 </div>
14 <script>
15   var store=new Vuex.Store({
16     state: {
17       uname: '小明',
18       age: 19,
19       gender: '男'
20     },
21     mutations: {
22       show (state) {
23         console.log(state)
24         console.log('mutations 方法')
25       }
26     },
27     actions: {
28       show (context) {
29         console.log(context)
30         console.log('actions 方法')
31       }
32       // show (context, param) {
33       //console.log(context)
34       //console.log(param)
35       // }
36     }
37   })
38   var vm=new Vue({
39     el: '# app',
40     store,
41     methods: {
42       myMutation() {
43         this.$ store.commit('show')
44       },
45       myAction() {
46         this.$ store.dispatch('show')
47         //this.$ store.dispatch('show', '传递的参数')
48         //this.$ store.dispatch({ type: 'show', name: '传递的参数' })
49       }
50     }
51   })
52 </script>
53</body>
54</html>
```

例 5-3 中代码的功能如下：

第 11、12 行为按钮绑定单击事件。

第 41～50 行代码在 vm 实例 methods 选项中定义 myMutation 和 myAction 事件处理方法。

myMutation 事件处理方法完成 mutation 提交。

myAction 事件处理方法完成 action 状态分发。

（2）在浏览器中打开 demo03. html，运行结果如图 5-5 所示。

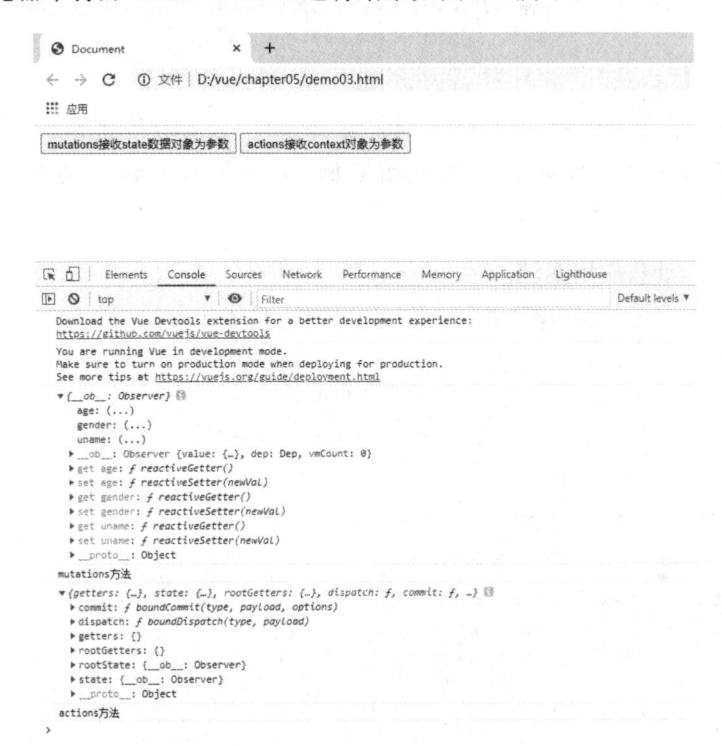

图 5-5　context 对象

如图 5-5 所示，mutations 中的事件处理方法接收参数为 state 数据对象，actions 中的事件处理方法接收参数为 context 对象。在 context 中能获取到 state、getters、commit 和 dispatch 等。

（3）修改 methods 中的代码，在第 2 个参数中传入一个字符串值，如下所示：

```
act(){
    this.$ store.dispatch('test','传递的字符串参数')
}
```

然后在 action 中接收参数，如下所示：

```
actions:{
  test (context,param){
    console.log(param) //输出结果:传递的字符串参数
    }
}
```

上述代码执行后，就可以在控制台中看到输出结果“传递的字符串参数”。

(4) 修改 methods 中的代码,传入对象形式的参数,如下所示:

```
act(){
    this.$ store.dispatch({type: 'test',name: '传递对象形式的参数'})
}
```

然后在 actions 中接收参数,如下所示:

```
actions:{
  test (context,param){
    console.log(param) //输出结果:{type: 'test',name: '传递对象形式的参数'}
  }
}
```

通过例 5-3 我们已经演示了 store 实例方法 dispatch 及参数传递的方式。

下面我们来编写一个简单的计数应用案例,实现在 actions 中通过 context 提交到 mutations。

例 5-4 计数应用案例。

(1) 创建 D:\vue\chapter05\demo04.html 文件,具体代码如下所示:

```
1 <!DOCTYPE html>
2 <html>
3 <head>
4   <meta charset="UTF-8">
5   <title>Document</title>
6   <script src="vue.js"></script>
7   <script src="vuex.js"></script>
8 </head>
9 <body>
10  <div id="app">
11    <div class="count">
12      商品数量:<span>{{this.$ store.state.count }} </span>
13      <button @ click="increment">+</button>
14    </div>
15  </div>
16  <script>
17    const store=new Vuex.Store({
18      state: { count: 0 },
19      mutations: {
20        mutIncrease (state) {
21          state.count++
22          console.log('2-调用 mutations 中的 increase 方法')
23        }
24      },
25      actions: {
26        actIncrease (context) {
27          console.log('1-调用 actions 中的 mutIncrease 方法')
```

```
28            context.commit('mutIncrease')
29          }
30          // actIncrease ({ commit }) {
31          //console.log('1-调用 actions 中的 mutIncrease 方法')
32          //commit('mutIncrease')
33          // }
34        }
35     })
36     var vm=new Vue({
37       el: '# app',
38       store,
39       methods: {
40         increment () {
41             this.$ store.dispatch('actIncrease')
42         }
43       }
44     })
45   </script>
46</body>
47</html>
```

上述代码中，第40行在vm实例的methods中定义increment()单击事件；第41行在事件中通过dispatch来推送一个名称为actIncrease的action；第26行在store实例的actions中定义actIncrease方法，actIncrease方法接收参数为context对象；第28行使用commit推送一个名称为mutIncrease的mutation，对应第20行mutations中定义的mutIncrease()方法。

(2) 在浏览器中打开demo04.html，运行结果如图5-6所示。

图 5-6 计数器案例

5.2.2 mutations

mutations选项中的事件处理方法接收state对象作为参数，即初始数据，使用时只需要在store实例配置对象中定义state即可。mutations中的方法用来进行state数据操作，在组件中完成mutations提交就可以完成组件状态更新。

例 5-5 mutations的使用。

(1) 创建D:\vue\chapter05\demo05.html文件，具体代码如下所示：

```
1 <!DOCTYPE html>
2 <html>
3 <head>
4   <meta charset="UTF-8">
5   <title>Document</title>
6   <script src="vue.js"></script>
7   <script src="vuex.js"></script>
```

```
8 </head>
9 <body>
10   <div id="app">
11     <button @ click="showMsg">mutations 接收 state 对象传递参数</button>
12     <p>收到消息：{{this.$ store.state.msg }}</p>
13   </div>
14   <script>
15     var store=new Vuex.Store({
16       state: { msg: '' },
17       mutations: {
18         mutReceive (state, msg) {
19           state.msg=msg
20           console.log('2-执行 mutations 中的 mutReceive(state, msg)方法')
21           //console.log(msg)          // 查看接收到的 msg 值
22           // state.msg=actShowMsg.msg
23         }
24       },
25       actions: {
26         actShowMsg (context){
27           console.log('1-执行 actions 中的 actShowMsg(context)方法')
28           // context.commit('mutReceive', '小明上线了！')
29           context.commit({ type: 'mutReceive', msg: '小明上线了' })
30         }
31       }
32     })
33     var vm=new Vue({
34       el: '# app',
35       store,
36       methods: {
37         showMsg () {
38           this.$ store.dispatch('actShowMsg')
39         }
40       }
41     })
42   </script>
43</body>
```

上述代码中，第 12 行将 state 中的 msg 插入 p 元素中；第 18 行定义 mutations 中的事件处理方法 mutReceive，接收参数为 state 和 msg；第 19 行将 msg 赋值给 state 中的 msg；第 26 行 actions 中定义 actShowMsg 事件处理方法，接收参数为 context 对象，通过 context 对象提交名为 mutReceive 的 mutation，并将“小明上线了”作为参数传递；第 37 行注册事件处理方法 showMsg，并且通过单击事件绑定到页面中的“mutations 接收 state 对象传递参数”按钮上，实现当单击按钮时，页面展示 msg 的值。

(2) 在浏览器中打开 demo05. html，运行结果如图 5-7 所示。

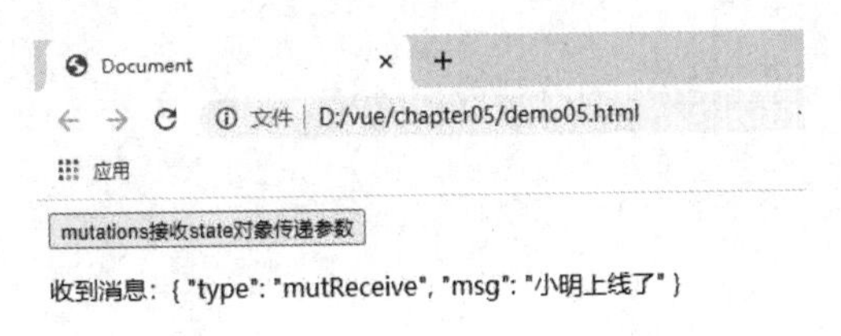

图 5-7 commit 接收参数

需要注意的是，mutations 是同步函数，组件状态发生变化时，触发 mutations 中的事件处理方法来更新页面状态的变化，这是一种同步状态。同步方法是同步执行的，主要可以记录当前状态的变化，同步到页面中。在 mutations 中如果有异步操作，devtools 很难追踪状态的改变。下面通过案例来演示。

例 5-6 异步操作。

(1) 创建 D:\vue\chapter05\demo06. html 文件，具体代码如下所示：

```
1 <!DOCTYPE html>
2 <html>
3 <head>
4   <meta charset="UTF-8">
5   <title>Document</title>
6   <script src="vue.js"></script>
7   <script src="vuex.js"></script>
8 </head>
9 <body>
10   <div id="app">
11     商品数量：{{this.$ store.state.count }}
12     <button @ click="asycAdd">异步添加</button>
13   </div>
14   <script>
15     var store=new Vuex.Store({
16       state: { count: 1 },
17       mutations: {
18         mutReceive (state) {
19           console.log('延迟 2 秒执行 count++操作')
20           setTimeout(function () {
21             state.count++
22           }, 2000)
23         }
24       }
25     })
26     var vm=new Vue({
27       el: '# app',
28       store,
```

```
29      methods: {
30        asycAdd () {
31          this.$ store.commit('mutReceive')
32        }
33      }
34    })
35  </script>
36</body>
37</html>
```

上述代码中，第 31 行在 asycAdd 单击事件中使用 commit 提交了一个名字为 mutReceive 的 mutations 时，对应第 18 行 mutations 中的方法名，在该方法中通过定时器 setTimeout 实现在 2000ms 后让 count 值自增的异步操作。

(2) 在浏览器中打开 demo06. html，运行结果如图 5-8 所示。

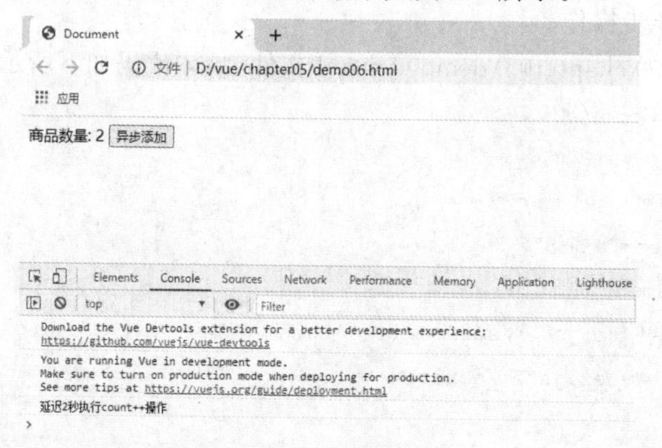

图 5-8　异步操作

如图 5-8 所示，devtools 调试工具中 count 值与页面中展示的数据不同步，这是因为当 mutations 触发的时候，setTimeout()传入的异步回调函数还没有执行。因为 devtools 不知道异步回调函数什么时候被调用，所以任何在回调函数中进行的状态改变都是不可追踪的。

5.2.3　getters

store 实例允许在 store 中定义 getters 计算属性，类似于 Vue 实例的 computed。getters 返回值会根据它的依赖进行处理然后缓存起来，且只有当它的依赖值发生改变时才会被重新计算。

例 5-7　getters 的使用。

(1) 创建 D:\vue\chapter05\demo07. html 文件，具体代码如下所示：

```
1 <!DOCTYPE html>
2 <html>
3 <head>
4   <meta charset="UTF-8">
5   <title>Document</title>
6   <script src="vue.js"></script>
7   <script src="vuex.js"></script>
```

```
8 </head>
9 <body>
10  <div id="app">
11    <p>已完成支付的订单：{{this.$ store.getters }}</p>
12    <p>已完成支付的订单数量：{{this.$ store.getters.doneOrderCount }}</p>
13  </div>
14  <script>
15    const store=new Vuex.Store({
16      state：{
17        orderList：[
18          { orderId：1，goodsName：'富光保温杯'，pay：true }，
19          { orderId：2，goodsName：'英雄牌钢笔'，pay：false }，
20          { orderId：3，goodsName：'联想笔记本'，pay：true }，
21        ]
22      }，
23      getters：{
24        doneOrder：state=>{
25          return state.orderList.filter(orderList=>orderList.pay)
26        }，
27        doneOrderCount：(state，getters)=>{
28          return getters.doneOrder.length
29        }
30      }
31    })
32    var vm=new Vue({ el：'# app'，store })
33  </script>
34</body>
35</html>
```

上述代码中，第 24 行在 getters 中定义 doneOrder 方法，该方法接收 state 参数；第 25 行代码使用 filter 方法对 orderList 数组进行处理，filter 方法接收的参数为箭头函数，箭头函数的参数 orderList 表示数组中的每一个对象，使用 orderList. pay 作为返回值返回，如果返回值为 true，就会在 filter 方法返回的数组中添加 orderList。

(2) 在浏览器中打开 demo07. html，运行结果如图 5-9 所示。

Document
文件 | D:/vue/chapter05/demo07.html
应用
已完成支付的订单：{ "doneOrder": [{ "orderId": 1, "goodsName": "富光保温杯", "pay": true }, { "orderId": 3, "goodsName": "联想笔记本", "pay": true }], "doneOrderCount": 2 }
已完成支付的订单数量：2

图 5-9　获取 getters

图 5-9 只展示了 orderList 数组中的两条数据，表示获取到 orderList 数组中 pay 值为 true 的数据。

利用 getters 还可以获取 doneOrder 的数组及 length 值，示例代码如下：

```
getters:{
      doneTodosCount: (state,getters)=>{
        return getters.doneOrder.length
      }
}
```

上述代码中，getters 中的 doneTodosCount 接收其他 getters 作为第 2 个参数，通过这个 getters 就可以获取 doneOrder 数组或数组的长度。

然后还需要把 doneTodosCount 放入页面中，插入<p>元素内，如下所示：

```
<p>{{this.$ store.getters.doneTodosCount}}</p>
```

下面通过案例演示列表查询功能。

例 5-8 列表查询。

(1) 创建 D:\vue\chapter05\demo08.html 文件，具体代码如下所示：

```
1 <!DOCTYPE html>
2 <html>
3 <head>
4   <meta charset="UTF-8">
5   <title>Document</title>
6   <script src="vue.js"></script>
7   <script src="vuex.js"></script>
8 </head>
9 <body>
10   <div id="app">
11     <h2>订单查询</h2>
12     <input type="text" v-model="orderId">
13     <button @ click="search">订单搜索</button>
14     <p>搜索结果:{{this.$ store.getters.search }}</p>
15     <h4>全部订单:</h4>
16     <ul>
17       <li v-for="item inthis.$ store.state.orderList">{{ item }}</li>
18     </ul>
19   </div>
20   <script>
21     const store=new Vuex.Store({
22       state: {
23         orderList: [
24           { orderId: 1, goodsName: '富光保温杯', pay: true },
25           { orderId: 2, goodsName: '英雄牌钢笔', pay: false },
26           { orderId: 3, goodsName: '联想笔记本', pay: true },
27           { orderId: 4, goodsName: '小米电脑包', pay: false },
28           { orderId: 5, goodsName: '永久山地车', pay: false },
29           // 此处可以添加更多数据...
```

```
30          ],
31          orderId: 0
32        },
33        mutations: {
34          search (state, orderId) {
35            state.orderId=orderId
36          }
37        },
38        getters: {
39          search: state=>{
40            return state.orderList.filter(order=>order.orderId==state.orderId)
41          }
42        }
43      })
44      var vm=new Vue({
45        el: '# app',
46        data: { orderId: '' },
47        store,
48        methods: {
49          search () {
50            this.$ store.commit('search', this.orderId)
51          }
52        }
53      })
54    </script>
55</body>
56</html>
```

上述代码中，第 12 行在 input 表单元素上通过 v-model 绑定 data 中的 orderId；第 17 行通过 v-for 指令绑定 state 中的 orderList 数据进行列表渲染；第 13 行按钮绑定单击事件；第 49 行在 methods 中定义事件处理方法 search，当单击“订单搜索”按钮时，执行 search 事件回调方法，在 search 方法中提交名为 search 的 mutation，并且将 input 框中输入的 orderId 值作为参数传递；第 39 行在 getters 中定义 search 方法，用来查找 order 中符合 orderId 值的数据。

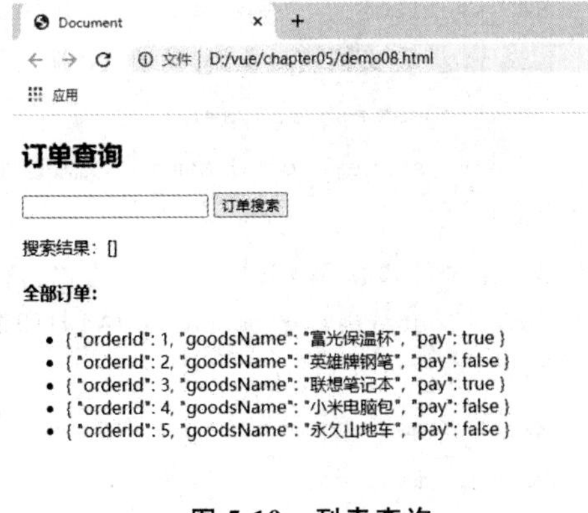

图 5-10　列表查询

(2) 在浏览器中打开 demo08. html，运行结果如图 5-10 所示。

5.2.4　modules

modules 用来在 store 实例中定义模块对象。

modules 是 store 实例对象的选项，其参数构成如下：

```
Key:{
    State,
    Mutations,
    Actions,
    Getters,
    Modules
},
```

在上述代码中，Key 表示模块名称，可自定义，主要通过对象中的属性描述模块的功能，这与 store 数据仓库中的参数是相同的。

下面通过案例演示 modules 模块的使用。

例 5-9 modules 的使用。

(1) 创建 D:\vue\chapter05\demo09.html 文件，具体代码如下所示：

```
1 <!DOCTYPE html>
2 <html>
3 <head>
4   <meta charset="UTF-8">
5   <title>Document</title>
6   <script src="vue.js"></script>
7   <script src="vuex.js"></script>
8 </head>
9 <body>
10   <div id="app">
11     <p>在手机端选购的商品:{{this.$ store.state.mod1}}</p>
12     <p>在电脑端选购的商品:{{this.$ store.state.mod2.goodsName}}</p>
13   </div>
14   <script>
15     // 定义模块对象:移动端、PC 端
16     const mobileSys={
17       state: { goodsName: '联想打印机' },
18     }
19     const pcSys={
20       state: { goodsName: 'A4 打印纸' },
21     }
22     const store=new Vuex.Store({
23       modules: {
24         mod1: mobileSys,
25         mod2: pcSys
26       }
27     })
28     var vm=new Vue({
29       el: '# app',
```

```
30      store
31    })
32  </script>
33</body>
34</html>
```

上述代码中，第 16～21 行定义模块对象“联想打印机”和“A4 打印纸”，并在相应的模块中分别定义 goodsName；第 23 行在 store 实例对象中注册模块 modules，其中主要包括 mod1 和 mod2 两个模块。

（2）在浏览器中打开 demo09.html，运行结果如图 5-11 所示。

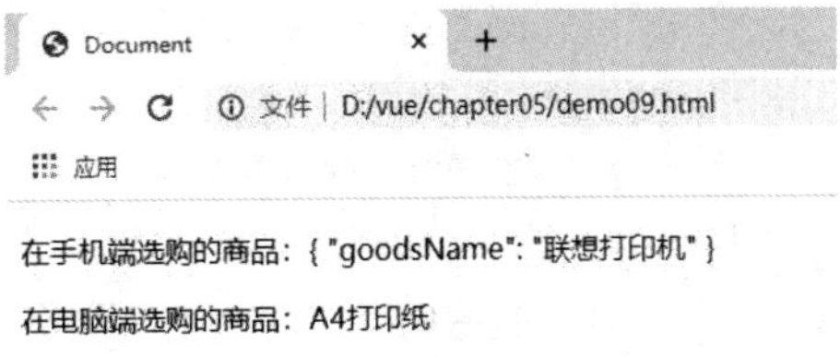

Document
文件 | D:/vue/chapter05/demo09.html
应用
在手机端选购的商品：{ "goodsName": "联想打印机" }
在电脑端选购的商品：A4打印纸

图 5-11　查看模块单元

在图 5-11 所示页面中，控制台输出了 mod1 和 mod2 两个对象，说明模块已经注册成功。

5.2.5　plugins

Vuex 中的插件配置选项为 plugins，插件本身为函数。函数接收参数 store 对象作为参数。store 实例对象的 subscribe 函数可以用来处理 mutation，函数接收参数为 mutation 和 state。

下面通过案例演示 plugins 的使用。

例 5-10　plugins 的使用。

（1）创建 D:\vue\chapter05\demo10.html 文件，具体代码如下所示：

```
1 <!DOCTYPE html>
2 <html>
3 <head>
4   <meta charset="UTF-8">
5   <title>Document</title>
6   <script src="vue.js"></script>
7   <script src="vuex.js"></script>
8 </head>
9 <body>
10  <div id="app">
11    商品名称:{{this.$ store.state.goodsName}}
12  </div>
13  <script>
14    const myPlugin=store=>{
15      // 当 store 初始化后调用
16      store.subscribe((mutation, state)=>{
17        console.log('2-执行 subscribe 方法')
18        // 每次 mutation 提交后调用,mutation 格式为 {type, payload}
19        console.log(mutation.type, mutation.payload)
20      })
21    }
```

```
22    const store=new Vuex.Store({
23      state: { goodsName: '华为笔记本' },
24      mutations: {
25        showGoodsName (state) {
26          console.log('1-执行 showGoodsName 方法:'+state.goodsName)
27        }
28      },
29      plugins: [myPlugin]
30    })
31    store.commit('showGoodsName', 'plugin')
32    var vm=new Vue({
33      el: '# app',
34      store
35    })
36  </script>
37</body>
38</html>
```

上述代码中，第 14 行定义了 myPlugin 插件函数，函数接收 store 实例对象；第 16 行 store.subscribe 函数在 store 实例初始化完成后调用，接收参数为 mutation 和 state；第 29 行在 store 实例中使用 myPlugin 插件；第 31 行使用 commit 提交名称为 showGoodsName 的 mutation，对应第 25 行 mutations 中的 showGoodsName 函数。

（2）在浏览器中打开 demo10.html，运行结果如图 5-12 所示。

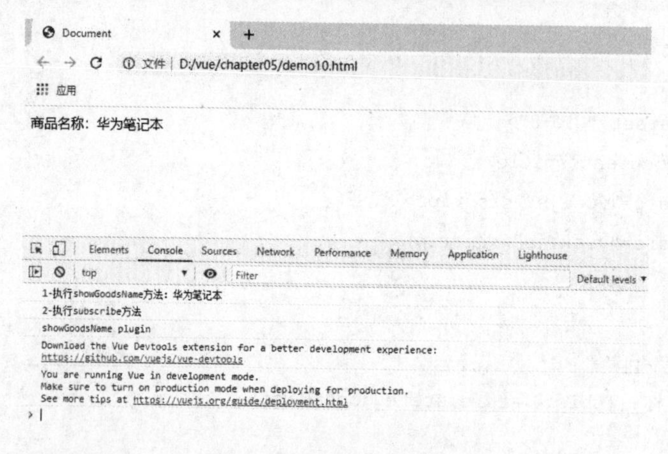

图 5-12 查看 mutation

5.2.6 devtools

store 实例配置中的 devtools 选项用来设置是否在 devtools 调试工具中启用 Vuex，默认值为 true，表示在启用，设为 false 表示停止使用。devtools 选项经常用在单个页面中存在多个 store 实例的情况。

例 5-11 devtools 的使用。

（1）创建 D:\vue\chapter05\demo11.html 文件，具体代码如下所示：

```
1 <!DOCTYPE html>
2 <html>
3 <head>
4   <meta charset="UTF-8">
5   <title>Document</title>
6   <script src="vue.js"></script>
7   <script src="vuex.js"></script>
8 </head>
9 <body>
10  <div id="app"></div>
11  <script>
12    const store=new Vuex.Store({
13      mutations: {
14        do (state) {}
15      },
16      // devtools 选项
17      devtools: true
18    })
19    store.commit('do', 'plugin')
20    var vm=new Vue({ el: '# app', store })
21  </script>
22</body>
23</html>
```

上述代码中，第17行表示在devtools工具中启用Vuex的跟踪调试。

(2) 在浏览器中打开demo11.html，运行结果如图5-13所示。

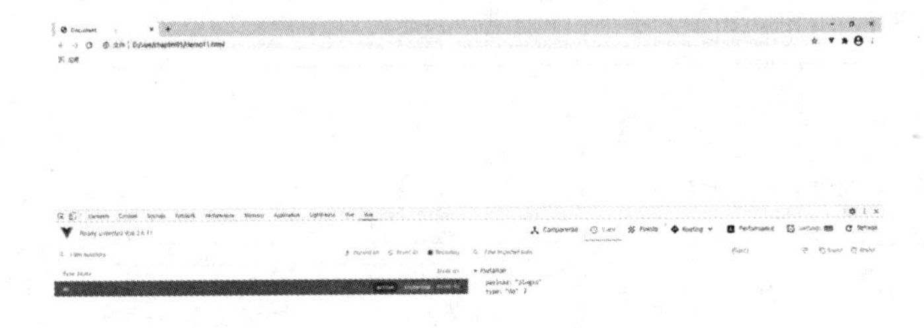

图 5-13　在 devtools 中启用 Vuex

(3) 修改devtools值为false，重新打开页面，运行结果如图5-14所示。

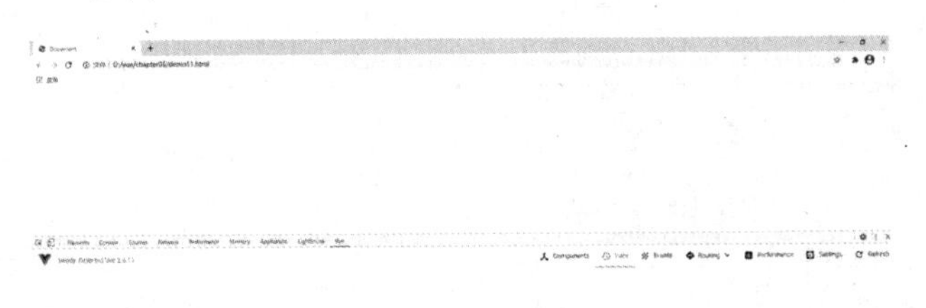

图 5-14　在 devtools 中关闭 Vuex

5.3 Vuex 中的 API

Vuex.Store()构造器可以创建 store 对象，使用 store 对象的 API 可以实现模块注册、状态替换等功能，从而提高项目开发效率。下面我们对 Vuex 中的 API 进行讲解。

5.3.1 模块注册

Vuex 提供了模块化开发思想，主要通过 modules 选项完成注册。这种方式只能在 store 实例对象中进行配置，显得不灵活。store 实例对象提供了动态创建模块的接口，store.registerModule()方法。

例 5-12 模块注册。

(1) 创建 D:\vue\chapter05\demo12.html 文件，具体代码如下所示：

```
1 <!DOCTYPE html>
2 <!DOCTYPE html>
3 <html>
4 <head>
5   <meta charset="UTF-8">
6   <title>Document</title>
7   <script src="vue.js"></script>
8   <script src="vuex.js"></script>
9 </head>
10<body>
11  <div id="app">
12    <p>用户 1:{{this.$ store.state.uname1}}</p>
13    <p>用户 2:{{this.$ store.state.myModule.uname2}}</p>
14  </div>
15  <script>
16    const store=new Vuex.Store({
17      state:{
18        uname1:'刘备',
19      }
20     })
21    store.registerModule('myModule',{
22      state:{
23        uname2:'关羽'
24      }
25    })
26    var vm=new Vue({
27      el:'# app',
28      store
29    })
```

```
30  </script>
31</body>
32</html>
```

上述代码中，首先要完成 store 实例对象创建。调用 store. registerModule()方法时，第 1 个参数是模块名称“myModule”，第 2 个参数是配置对象。

（2）在浏览器中打开 demo12. html，运行结果如图 5-15 所示。

图 5-15　注册模块接口

如图 5-15 所示，页面中显示了“用户 1：刘备 用户 2：关羽”，表示创建模块成功。如果已经创建成功的模块不再使用，可以通过 store. unregisterModule(moduleName)来动态卸载模块，但不能使用此方法卸载创建 store 时声明的模块(即静态模块)。

5.3.2　状态替换

state 数据状态操作，可以通过 store. replaceState()方法实现状态替换。

例 5-13　状态替换。

（1）创建 D:\vue\chapter05\demo13. html 文件，具体代码如下所示：

```
1 <!DOCTYPE html>
2 <html>
3 <head>
4   <meta charset="UTF-8">
5   <title>Document</title>
6   <script src="vue.js"></script>
7   <script src="vuex.js"></script>
8 </head>
9 <body>
10  <div id="app">
11    <p>订单是否已完成：{{this.$ store.state.done }}</p>
12  </div>
13  <script>
14    const store=new Vuex.Store({
15      state: { done: false }
16    })
17    store.replaceState({ done: true })
18    var vm=new Vue({
19      el: '# app',
20      store
21    })
22  </script>
23</body>
24</html>
```

上述代码中，第 15 行在 state 中定义 done 的值为“false”；第 17 行调用 replaceState()，接收参数为 state 对象，新的 done 值为“订单是否已完成：true”。

(2) 在浏览器中打开 demo13. html，运行结果如图 5-16 所示。

图 5-16 状态替换

本章小结

Vuex 是专门为 Vue 设计的组件状态管理库。本章主要讲解了 Vuex 状态管理，包括 Vuex 基础知识、Vuex 配置选项、Vuex 中的 API。

课后习题

一、选择题

1. 关于 Vuex 实例对象错误的说法是(　　)。

A. 通过 Vuex 实例对象实现组件状态的管理维护

B. Vuex 实例对象的 $data 数据可以由实例委托代理

C. Vuex 实例对象提供了 store 对象的操作方法

D. Vuex 实例对象的初始数据是 state

2. 关于 Vuex 核心模块错误的说法是(　　)。

A. 通过 commit 完成 mutations 提交

B. Vuex. config 对象是全局配置对象

C. Vuex 配置对象中 mutations 选项是同步的

D. Vuex 配置对象中 actions 选项是异步的

3. 不属于 Vuex. Store 配置对象接收参数的是(　　)。

A. data　　B. state　　C. mutations　　D. getters

4. Vuex 实例对象中类似于 computed 计算属性功能的选项是(　　)。

A. state　　B. mutations　　C. actions　　D. getters

5. 关于 Vuex 中 actions 错误的说法是(　　)。

A. actions 中事件函数通过 commit 完成分发

B. actions 中事件处理函数接收 context 对象

C. actions 与 Vue 实例中的 methods 是类似的

D. 可以注入自定义选项的处理逻辑

二、填空题

1. 通过________方式可以获取 Vuex 实例对象。

2. Vuex 中创建动态模块的方法是________。

3. Vuex 中通过________实现 actions 状态分发。

4. 通过________方式可以改变 Vuex 实例对象中的组件状态。

5. 通过________方式可以获取 Vuex 实例对象中的初始数据状态。

三、判断题

1. 在 Vuex 实例对象中调用 store 时，一定能获取到 store 对象。(　　)

2. Vue.config 对象用来实现 Vuex 全局配置。(　　)

3. Vuex 中 state 选项中的数据就是初始数据状态。(　　)

4. Vuex 实例对象能够调用 Vue 全局接口。(　　)

5. Vuex 2.2.6＋版本以后支持插槽可以实现组件任意嵌套。(　　)

四、简答题

1. 请简述 Vuex 的设计思想。

2. 请简述 Vuex 配置对象的主要内容。

3. 请简述 Vuex 中 actions 的作用。

第6章 Vue过渡和动画

在Web项目中合理使用过渡和动画效果，能够改善用户体验，提高页面的交互性，影响用户的行为，引导用户的注意力以及帮助用户看到自己动作的反馈。例如，在单击“加载更多”时，加载动画能提醒用户等待，使其保持兴趣而不会感到无聊。本章将结合案例讲解如何在Vue项目中实现过渡和动画。

本章主要内容包括过渡和动画基础、多个元素过渡、多个组件过渡及列表过渡。

6.1 过渡和动画基础

6.1.1 初识过渡和动画

过渡就是DOM元素从一个状态向另外一个状态插入值，新的状态替换了旧的状态。Vue在插入、更新或者移除DOM时，提供了多种过渡效果。

transition组件是Vue内置的过渡封装组件。它的语法格式如下：

```
<transition name="eu">
  <!--需要添加过渡的 div 标签-->
  <div></div>
</transition>
```

上述代码中，<transition>标签中用来放置需要添加过渡的div元素，使用name属性可以设置前缀，将name属性设为eu，那么“eu-”就是在过渡中切换的类名前缀，如eu-enter、eu-leave等。如果<transition>标签中没有设置name属性名，那么“v-”就是这些类名的默认前缀，如v-enter、v-leave等。建议设置name值，从而避免应用不同过渡时发生冲突。

<transition>标签搭配CSS动画可以实现动画效果。动画可以在一个声明中设置多个状态，例如，可以在动画30%的位置设置一个关键帧，还可以在动画60%的位置设置一个完全不同的状态。另外，<transition>标签还提供了一些钩子函数，可以结合JavaScript代码来完成动画效果，具体会在后面进行讲解。

6.1.2 transition组件

Vue为<transition>内部的元素提供了3个进入过渡的类和3个离开过渡的类，如表6-1所示。

表 6-1 过渡类型

过渡类型	说 明
v-enter	进入过渡的开始状态，作用于开始的一帧
v-enter-active	进入过渡生效时的状态，作用于整个过程
v-enter-to	进入过渡的结束状态，作用于结束的一帧
v-leave	离开过渡的开始状态，作用于开始的一帧
v-leave-active	离开过渡生效时的状态，作用于整个过程
v-leave-to	离开过渡的结束状态，作用于结束的一帧

图 6-1 以改变元素透明度为例，直观展示了 6 个 CSS 类名在进入和离开过渡中切换的周期。

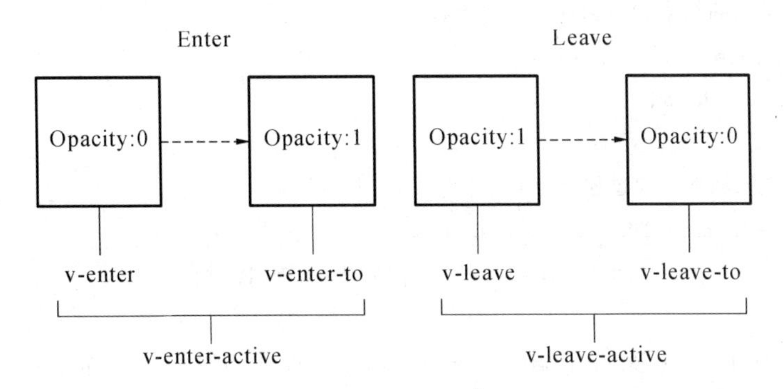

图 6-1 transition 过渡

注意：

v-enter-to 和 v-leave-to 要求 Vue 2.6.10+版本才可以使用。v-enter-active 和 v-leave-active 可以控制过渡的缓和曲线。

下面我们通过案例来演示如何使用内置的 class 类名实现过渡。案例中我们将通过单击按钮实现图片宽度的隐藏与显示。为便于进行代码解释说明，本章案例都是在 VS Code 中创建出标准 HTML 页面模板代码的基础上，添加关键代码实现的。

例 6-1 transition 内置类的使用。

(1) 创建 D:\vue\chapter06\demo01.html 文件，在 HTML 模板页面的 body 中添加如下 div 代码：

```
1 <div id="app">
2     <button @ click="change">查看画幅卷轴动画</button>
3     <transition name="pic">
4         <div class="painting" v-if="show"></div>
5     </transition>
6 </div>
```

在上述代码中，第 3 行将<transition>标签的 name 属性值设置为 pic，因此，在写 CSS 样式时，相对应的类名前缀以“pic-”开头；第 4 行的 div 元素为一个长方形，使用 v-if 指令切换组件的可见性，通过 show 设置显示的状态，这样在单击按钮时可以通过切换布尔值实现元素的显示和隐藏。

(2) 在 demo01.html 文件中编写 CSS 样式，具体代码如下所示：

```
1  /* 图片的初始状态 * /
2    .painting {
3      width: 400px;
4      height: 188px;
5      background-image: url(./01.png);
6    }
7    /* 进入初始状态和离开的结束状态* /
8    .pic-enter,.pic-leave-to {
9      width: 0px;
10   }
11   /* 进入的结束状态和离开的初始状态 * /
12   .pic-enter-to,.pic-leave {
13     width: 400px;
14   }
15   /* 进入和离开的过程 * /
16   .pic-enter-active,.pic-leave-active {
17     transition: width 2s; /* width 的变化,动画时间是 2 秒 * /
18   }
```

(3) 在 demo01.html 文件中编写 JavaScript 代码，具体代码如下所示：

```
1   var vm=new Vue({
2     el: '# app',
3     data: {
4       show: true,
5     },
6     methods: {
7       change() {
8         this.show=!this.show   // 每次都取反
9       }
10    }
11  })
```

(4) 在浏览器中打开 demo01.html，运行结果如图 6-2 所示。

图 6-2　改变图形宽度

在图 6-2 所示的页面中，多次单击“查看画幅卷轴动画”按钮，会看到图片宽度变化的动画效果，第一次单击时宽度逐渐缩小为 0px，第 2 次单击时宽度逐渐放大为 400px。

◆ 6.1.3　自定义过渡类名

Vue 中的 transition 组件允许使用自定义的类名。如果使用自定义类名，则不需要给

＜transition＞标签设置 name 属性。自定义过渡类名是通过如下属性来设置的：

- enter-class；
- enter-active-class；
- enter-to-class；
- leave-class；
- leave-active-class；
- leave-to-class。

自定义类名的优先级高于普通类名，从而能够很好地结合第三方 CSS 库使用。下面我们将通过 animate. css 动画库来演示自定义类名的使用。

1. 自定义类名结合 animate. css 实现动画

animate. css 是一个跨浏览器的 CSS3 动画库，它内置了很多经典的 CSS3 动画，用起来很方便。下面我们通过案例讲解如何使用自定义类名和 animate. css 库实现动画效果。

例 6-2 自定义类名和 animate. css 库的使用。

（1）从 animate. css 官方网站下载 animate. css 文件。

（2）创建 D:\vue\chapter06\demo02. html 文件，引入 animate. css 文件，具体代码如下：

```
<link rel="stylesheet" href="animate.css">
```

（3）在 demo02. html 中编写 HTML 结构，具体代码如下：

```
1  <div id="app">
2    <button @ click="show=! show">查看过渡效果</button>
3    <transition enter-active-class="animated bounceInUp"
4     leave-active-class="animated bounceOutRight">
5      <h3 v-if="show">小分队自下而上入场，自左向右离场</h3>
6    </transition>
7  </div>
```

上述代码中，第 3、4 行给＜transition＞标签设置了 enter-active-class 与 leave-active-class 两个属性，用来自定义类名，属性值为 animate. css 动画库中定义好的类名。例如，第 4 行的“animated bounceOutRight”包含两个类名，animated 是基本的类名，任何想实现动画的元素都要添加它；bounceOutRight 是动画的类名，bounceInUp 表示入场动画，bounceOutRight 表示出场动画。

（4）在 demo02. html 中编写 JavaScript 代码，具体代码如下：

```
1    var vm=new Vue({
2      el: '# app',
3      data: { show: true }
4    })
```

（5）保存代码，在浏览器中运行程序。单击“查看过渡效果”按钮，即可看到文字自下而上入场、自左向右离场的动画效果。

（6）在浏览器中打开 demo02. html，运行结果如图 6-3 所示。

图 6-3 过渡效果

2. appear 初始渲染动画

前面案例中的动画效果都是在事件处理方法中控制的，在页面刚打开时并没有动画效果。如果希望给元素添加初始渲染的动画效果，可以通过 transition 组件设置 appear 属性来实现。具体代码如下：

```
<transition appear appear-class="custom-appear-class"
    appear-to-class="custom-appear-to-class"
    appear-active-class="custom-appear-active-class">
</transition>
```

在上述代码中，appear 表示开启此特性，appear-class 表示初始 class 样式，appear-to-class 表示过渡完成的 class 样式，appear-active-class 会应用在整个过渡过程中。

为了让读者更好地理解，下面我们通过案例进行演示。

例 6-3 appear 的使用。

(1) 创建 D:\vue\chapter06\demo03.html 文件，关键代码如下：

```
1  <link rel="stylesheet" href="animate.css">
2   <script src="vue.js"></script>
3 </head>
4 <body>
5   <div id="app">
6     <button @ click="show=!show">查看过渡文字效果</button>
7     <transition appear appear-active-class="animated swing"
8       enter-active-class="animated bounceIn"
9       leave-active-class="animated bounceOut">
10        <h3 v-if="show">~查看我们左右摇摆~</h3>
11        <h3 v-if="show">~重新加载就跳一跳~</h3>
12    </transition>
13  </div>
14  <script>
15    var vm=new Vue({ el: '# app', data: { show: true } })
16  </script>
```

在上述代码中，第 7 行在<transition>标签中定义了 appear 和 appear-active-class 属性。

(2) 在浏览器中打开 demo03.html 文件，运行结果如图 6-4 所示。

图 6-4 查看过渡文字效果

在图 6-4 所示的页面中，多次单击"查看过渡文字效果"，查看元素初次渲染的过渡动画效果。单击一次弹出"查看我们左右摇摆"，再单击一次"查看我们左右摇摆"消失。

appear-class、appear-to-class、appear-active-class 三者的排序问题，分为以下 4 种情况。

(1) 如果 appear-active-class 排在最后一个，只有 appear-active-class 属性起作用。

(2) 如果 appear-active-class 排在第一个，它本身不起作用，此时由 appear-class 过渡到 appear-to-class 属性。

(3) 如果 appear-class 排在第一个，它本身不起作用，由 appear-active-class 过渡到

appear-to-class属性。

(4) 如果appear-to-class排在第一个，它本身不起作用，由appear-class过渡到appear-active-class属性。

6.1.4 使用@keyframes创建CSS动画

使用@keyframes创建CSS动画的方法与CSS过渡的方法类似，区别在于动画中v-enter类名在节点插入DOM后不会立即删除，而是在动画结束事件触发时删除。

@keyframes规则创建动画，就是将一套CSS样式逐步演变成另一套样式，在创建动画过程中，可以多次改变CSS样式，通过百分比或关键词from和to(等价于0%和100%)来规定动画的状态。具体代码如下：

```
@ keyframes animation-name {//定义动画的名称
  keyframes-selector { css-styles; }//定义动画时长的百分比
}
```

例6-4 使用@keyframes创建CSS动画。

(1) 创建D:\vue\chapter06\demo04.html文件，关键代码如下：

```
1  <div id="app">
2    使用@ keyframes创建CSS动画
3    <button @ click="show=! show">显示动画效果</button>
4    <transition name="myAnimation">
5      <div class="circular" v-if="show"></div>
6    </transition>
7  </div>
8  <script>
9    var vm=new Vue({ el: '# app', data: { show: true } })
10 </script>
```

在上述代码中，第3行给button按钮添加了单击事件，通过单击按钮，改变变量show的值，第5行的圆形就会根据CSS中@keyframes规则来完成动画。

(2) 在demo04.html文件中编写CSS样式，具体代码如下：

```
1    .circular {
2      width: 200px;
3      height: 200px;
4      background-image: url(./01.png);
5      border-radius: 50% ;
6      margin: 50px;
7    }
8    @ keyframes Pic {
9      0%  {transform: scale(0)}
10     20%  {transform: scale(1) }
11     50%  {transform: scale(1.5)}
12     100%  {transform: scale(1) }
13   }
```

```
14    .myAnimation-enter-active {
15      animation: Pic 1s;
16    }
17    .myAnimation-leave-active {
18      animation: Pic 1s;
19    }
```

在上述代码中，因为 transition 的 name 属性值为 myAnimation，所以第 14 行和第 17 行的类名使用“myAnimation-”作为前缀名。第 8～13 行通过@keyframes 规则来创建名称为 Pic 的动画样式，其中，0%表示动画的开始状态，100%表示动画的结束状态。

(3) 在 demo04.html 文件中编写 JavaScript 代码，具体代码如下：

```
1 <div id="app">
2     使用@ keyframes 创建 CSS 动画
3     <button @ click="show=! show">显示动画效果</button>
4     <transition name="myAnimation">
5       <div class="circular" v-if="show"></div>
6     </transition>
7   </div>
8   <script>
9     var vm=new Vue({ el: '# app', data: { show: true } })
10  </script>
```

(4) 在浏览器中打开 demo04.html，观察动画效果是否生效，运行结果如图 6-5 所示。

图 6-5　显示动画效果

在图 6-5 所示的页面中，单击“显示动画效果”，单击一次图片消失，再单击一次图片显示。

6.1.5　钩子函数实现动画

Vue 中除了使用 CSS 动画外，还可以借助 JavaScript 来完成动画。在<transition>标签中定义了一些动画钩子函数，用来实现动画。钩子函数可以结合 CSS 过渡(transition)、动画(animation)使用，还可以单独使用。具体代码如下：

```
1 <transition
2   @ before-enter="beforeEnter"
3   @ enter="enter"
4   @ after-enter="afterEnter"
5   @ enter-cancelled="enterCancelled"
6   @ before-leave="beforeLeave"
7   @ leave="leave"
8   @ after-leave="afterLeave"
9   @ leave-cancelled="leaveCancelled"
10  v-bind:css="false">
11 </transition>
```

在上述代码中，入场钩子函数分别是 beforeEnter(入场前)、enter(入场)、afterEnter(入场后)和 enterCancelled(取消入场)。出场钩子函数分别是 beforeLeave(出场前)、leave(出场)、afterLeave(出场后)和 leaveCancelled(取消出场)。第 10 行仅使用 JavaScript 过渡的元素添加 v-bind:css="false"，表示 Vue 会跳过 CSS 的检测，避免过渡过程中受到 CSS 的影响。

下面我们演示如何在 methods 中编写钩子函数，具体代码如下：

```
1  methods:{
2     //入场钩子函数 beforeEnter
3     //动画入场之前，动画尚未开始，动画保持原来模样
4     beforeEnter(el){},
5     //enter 用于设置动画开始之后的样式
6     enter(el,done) {
7         done()
8     },
9     //在入场动画完成之后会调用
10     afterEnter (el) {},//动画跳进页面后，变换样式
11     enterCancelled (el){},
12     //出场钩子函数
13     beforeLeave(el){},
14     leave(el,done) {
15         done()
16     },
17     afterLeave(el){},
18     leaveCancelled(el){},
19  }
```

上述代码中，所有的钩子函数都会传入 el 参数(element)，el 指的是动画<transition>包裹的标签。其中，enter 和 leave 动画钩子函数，还会传入 done 作为参数，用来告知 Vue 动画结束。在 enter 和 leave 中，当与 CSS 结合使用时，回调函数 done 是可选的，而当使用 JavaScript 过渡的时候，回调函数 done 是必需的，否则过渡会立即完成。enterCancelled 和 leaveCancelled 动画钩子函数只应用于 v-show 中。

6.1.6 Vue 结合 Velocity.js 实现动画

Velocity.js 是一个简单易用、功能丰富的轻量级 JavaScript 动画库，它拥有颜色动画、转换动画、循环、缓动、滚动动画等功能。

Velocity.js 支持链式动画，当一个元素连续应用多个 velocity()时，动画以列队的方式执行。

例 6-5 Vue 结合 Velocity.js 实现动画。

(1) 下载 velocity.min.js 文件，创建 D:\vue\chapter06\demo05.html 文件，引入 velocity.min.js，具体代码如下：

```
<script src="velocity.min.js"></script>
```

(2) 在 demo05.html 文件中编写 HTML 结构，具体代码如下：

```
1  <div id="app">
2    <button @ click="show=! show">查看 Vue 结合 velocity 实现动画效果</button>
3    <transition @ before-enter="beforeEnter" @ enter="enter"
4     @ leave="leave" v-bind:css="false">
5      <p v-if="show">
6        夕照红于烧,晴空碧胜蓝
7        <img src="01.png" alt="动画效果">
8      </p>
9    </transition>
10 </div>
```

在上述代码中，第 3、4 行给<transition>标签添加了入场动画函数 beforeEnter 和 enter 以及出场动画函数 leave。

(3) 在 demo05.html 文件中编写 JavaScript 代码，具体代码如下：

```
1  <script>
2    var vm=new Vue({
3      el: '# app',
4      data: {
5        show: false,
6      },
7      methods: {
8        beforeEnter (el) {
9          el.style.opacity=0        // 透明度为 0
10         el.style.transformOrigin='left'// 设置旋转元素的基点位置
11         el.style.color='Green'     // 颜色为绿色
12       },
13       enter (el, done) {// duration 动画执行时间
14         Velocity(el, { opacity: 1, fontSize: '5em' }, { duration: 300 })
15         Velocity(el, { fontSize: '2em' }, { complete: done })
16       },
17       leave (el, done) {
18         Velocity(el, { translateX: '50px', rotateZ: '80deg' },
19         {duration: 3000})
```

```
20          Velocity(el, { rotateZ: '120deg' }, { loop: 3 })
21          Velocity(el, { rotateZ: '55deg', translateY: '50px',translateX: '50px',
opacity: 0}, { complete: done } )
22        }
23      }
24    })
25  </script>
```

上述代码演示了利用 Velocity.js 库实现动画效果,其中,第 14～21 行调用了 Velocity()函数,该函数的第 1 个参数是 DOM 元素,第 2 个参数用来传入 CSS 参数列表,第 3 个参数表示动画的配置项。

(4) 在浏览器中打开 demo05.html,观察动画效果是否生效,运行结果如图 6-6 所示。

图 6-6　实现动画效果

在图 6-6 所示的页面中,单击"查看 Vue 结合 Velocity 实现动画效果",呈现动画效果,再单击一次,动画效果图消失。

6.2 多个元素过渡

默认情况下,transition 组件在同一时间内只能有一个元素显示。当有多个元素时,需要使用 v-if、v-else 或者 v-else-if 来进行显示条件判断,同时元素需要绑定不同的 key 值,否则 Vue 会复用元素,无法产生动画效果。本节将会讲解如何实现多个元素的过渡。

6.2.1 不同标签名元素过渡

不同标签名元素可以使用 v-if 和 v-else 进行过渡,但相同标签元素不能使用(没有过渡效果)。因为 Vue 为了高效只会替换相同标签中的内容,除非设置 key 值。

例 6-6　不同标签名元素过渡。

(1) 创建 D:\vue\chapter06\demo06.html 文件,关键代码如下:

```
1   <transition>
2     <ul v-if="brands.length>3">
3       <li>{{brands[0]}}</li>
4       <li>{{brands[1]}}</li>
5       <li>{{brands[2]}}</li>
6       <li>{{brands[3]}}</li>
7     </ul>
8     <p v-else>Sorry,参与活动的品牌数不足!</p>
9   </transition>
```

在上述代码中，第 2 行使用 v-if 判断 brands.length 的长度，如果长度大于 3 就显示<ul>标签中的列表内容，否则就显示第 8 行的<p>标签的内容。

（2）在浏览器中打开 demo06.html，运行结果如图 6-7 所示。

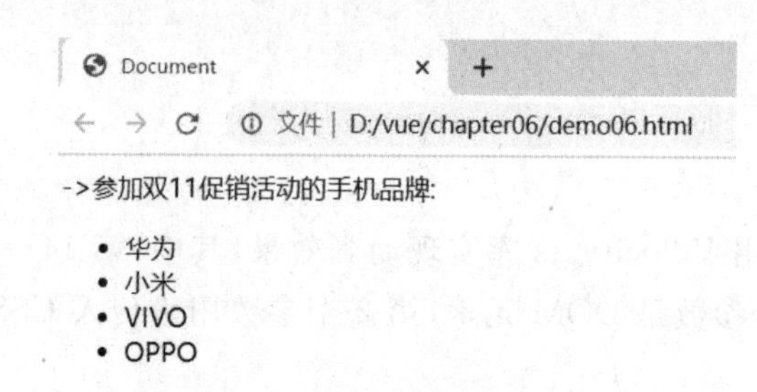

图 6-7 例 6-6 程序运行结果

6.2.2 相同标签名元素过渡

实现相同标签名的元素切换时，需要通过 key 特性设置唯一值来标记，从而让 Vue 区分它们。例如，当有相同标签名的 button 时，可以使用 v-if 和 v-else 设置 key 值来实现切换。

例 6-7 相同标签名元素过渡。

（1）创建 D:\vue\chapter06\demo07.html 文件，具体代码如下：

```
1  <div id="app">
2    <h3>今日要闻 </h3>
3    <button @ click="show=! show">国内/国际</button>
4    <div>
5      <transition name="fade">
6        <p id="p1" v-if="show" key="china">国内新闻 1 2 3...</p>
7        <p id="p2" v-else key="other">国际新闻 A B C...</p>
8      </transition>
9    </div>
10 </div>
11 <script>
12   var vm=new Vue({
13     el: '# app',
14     data: { show: true }
15   })
16 </script>
```

上述代码实现了通过单击第 3 行的 button 按钮，来切换第 6、7 行的“国内新闻 1 2 3...”和“国际新闻 A B C...”两个 button 按钮。

给同一个元素的 key 值属性设置不同的状态来代替 v-if 和 v-else。

（2）在浏览器中打开 demo07.html，运行结果如图 6-8、图 6-9 所示。

在图 6-8、图 6-9 所示的页面中，单击“国内/国际”按钮，第一次单击呈现“国内新闻 1 2 3...”，第二次单击呈现“国际新闻 A B C...”。

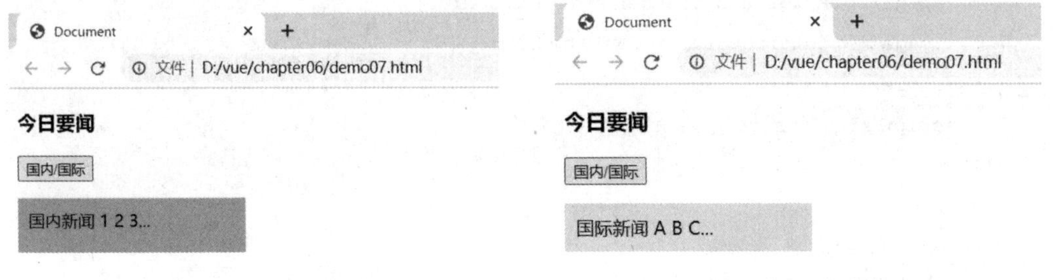

图 6-8　国内新闻　　　　图 6-9　国际新闻

(3) 创建 D:\vue\chapter06\demo08. html 文件，具体代码如下：

```
1   <div id="app">
2     今日要闻
3     <button @ click="isLocal=!isLocal">国内/国际</button>
4     <div>
5       <transition name="fade">
6         <p  v-bind:key="isLocal">
7           {{isLocal ? '国内要闻 123' : '国际要闻 ABC'}}
8         </p>
9       </transition>
10    </div>
11  </div>
12  <script>
13    var vm=new Vue({
14      el: '# app',
15      data: { isLocal: true }
16    })
17  </script>
```

使用多个 v-if 结合 key 属性来实现相同标签名的过渡效果。

(4) 在浏览器中打开 demo08. html，运行结果如图 6-10、图 6-11 所示。

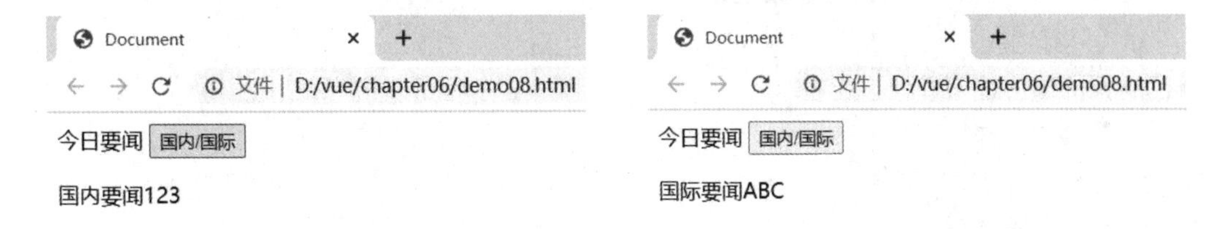

图 6-10　国内要闻　　　　图 6-11　国际要闻

在图 6-10、图 6-11 所示的页面中，单击“国内/国际”按钮，第一次单击呈现“国内要闻 1 2 3...”，第二次单击呈现“国际要闻 A B C...”。

(5) 创建 D:\vue\chapter06\demo09. html 文件，具体代码如下：

```
1   <style>
2     .col-enter { height: 0px; }
3     .col-enter-active { transition: height 2s;  }
4     .col-enter-to{ height: 300px; }
5     .page1 { background: yellow; width: 220px; }
```

```
6     .page2 { background:orange; width: 220px;  }
7     .page3 { background: pink; width: 220px;  }
8   </style>
9   <script src="vue.js"></script>
10</head>
11<body>
12  <div id="app">
13    今日要闻(共 3 页)
14    <button @ click="nextPage">下一页 </button>
15    <div>
16      <transition name="col">
17        <div class="page1" v-if="pageNum==1" key="1">第{{pageNum}}页</div>
18        <div class="page2" v-if="pageNum==2" key="2">第{{pageNum}}页</div>
19        <div class="page3" v-if="pageNum==3" key="3">第{{pageNum}}页</div>
20      </transition>
21    </div>
22  </div>
23  <script>
24  var vm=new Vue({
25    el: '# app',
26    data: { pageNum: 1 }, // 初始化 pageNum 的值为 1
27    methods: {
28      nextPage () {
29        if (this.pageNum==1) {
30          return this.pageNum=2
31        } else if (this.pageNum==2) {
32          return this.pageNum=3
33        } else {
34          return this.pageNum=1
35        }
36      }
37    }
38  })
39  </script>
```

上述代码中，单击第 14 行的“下一页”按钮，就会判断 nextPage 的值。在第 17～19 行需要通过 key 值属性设置唯一值来标记它们。

另外，也可以使用 computed 计算属性来监控变量 pageNum 的变化，在页面上进行数据绑定来展示结果。

(6) 在浏览器中打开 demo09. html，运行结果如图 6-12、图 6-13 所示。

图 6-12　今日要闻　　　　图 6-13　今日要闻(下一页)

(7) 创建 D:\vue\chapter06\demo10.html 文件,具体代码如下:

```
1  <div id="app">
2    <h3>今日要闻</h3>
3    <transition name="fade">
4      <p v-bind:key="pageNum">{{ nextPage }}</p>
5    </transition>
6  </div>
7  <script>
8    var vm=new Vue({
9      el: '# app',
10     data: { pageNum: 2 },
11     computed: {
12       nextPage () {
13         switch (this.pageNum) {
14           case 1: return '第 1 页'
15           case 2: return '第 2 页'
16           case 3: return '第 3 页'
17         }
18       }
19     }
20   })
21 </script>
```

在上述代码中,当 data 中的 pageNum 的值发生变化时,页面中显示的 pageNum 的值也会发生变化。

(8) 在浏览器中打开 demo10.html,运行结果如图 6-14 所示。

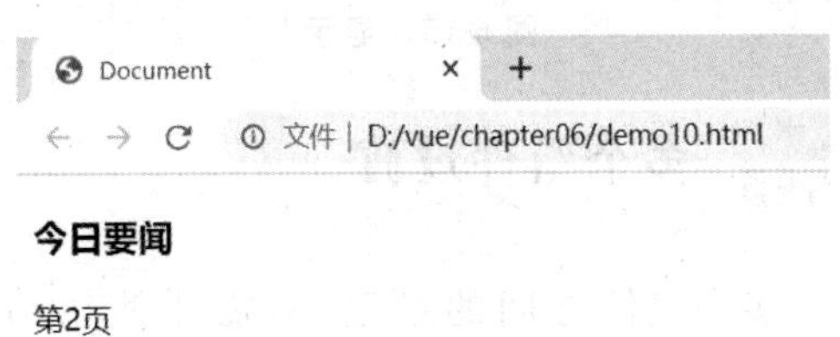

图 6-14　今日要闻(第 2 页)

6.2.3　过渡模式

新旧两个元素参与过渡的时候,新元素的进入和旧元素的离开会同时触发,这是因为<transition>的默认行为进入和离开同时发生了。如果要求离开的元素完全消失后,进入的元素再显示出来(如开关的切换),可以使用 transition 提供的过渡模式 mode,来解决当一个组件离开后,另一个组件进来时发生的位置的闪动或阻塞问题。

过渡模式的原理是,设置有序的过渡,而不是同时发生过渡。在 transition 中加入 mode

属性，它有两个值：in-out 表示新元素先进行过渡，完成之后当前元素过渡离开；out-in 表示当前元素先进行过渡，完成之后新元素过渡进入。

例 6-8 使用 out-in 实现开关的切换过渡效果。

(1) 创建 D:\vue\chapter06\demo11. html 文件，具体代码如下：

```
1  <style>
2    .switch-enter, .switch-leave-to { opacity: 0; }
3    .switch-enter-active, .switch-leave-active { transition: opacity 1s; }
4  </style>
5  <script src="vue.js"></script>
6 </head>
7 <body>
8  <div id="app">
9    <transition name="switch" mode="out-in">
10     <button :key="show" @ click="show=! show">
11       {{show ? ' 显示 ' : ' 隐藏 '}}
12     </button>
13   </transition>
14  </div>
15  <script>
16    var vm=new Vue({ el: '# app', data: { show: false } })
17  </script>
```

在上述代码中，第 9 行在<transition>标签中加入 mode 属性值为 out-in，表示当前元素过渡完成之后，新元素才会过渡进来。

(2) 在浏览器中打开 demo11. html，运行结果如图 6-15、图 6-16 所示。

图 6-15 显示　　　　图 6-16 隐藏

6.3 多个组件过渡

多个组件之间的过渡，只需要使用动态组件即可。动态组件需要通过 Vue 中的<component>元素绑定 is 属性来实现多组件的过渡。

例 6-9 多个组件过渡。

(1) 创建 D:\vue\chapter06\demo12. html 文件，具体代码如下：

```
1  <!--定义登录模板-->
2  <template id="t-login">
3    <div class="box">登录页面</div>
4  </template>
5  <!--定义注册模板-->
```

```
6   <template id="t-reg">
7     <div class="box">注册页面</div>
8   </template>
9   <div id="app">
10    <a href="# " @ click="cName='c-login'">登录</a>
11    <a href="# " @ click="cName='c-reg'">注册</a>
12    <br>
13    <transition name="fade" mode="in-out">
14      <component :is="cName"></component>
15    </transition>
16  </div>
```

上述代码中，第2～6行定义了两个组件 t-login 和 t-reg；第13行为 transition 标签设置 mode 属性为 in-out；第14行使用了 component 组件的 is 属性来实现组件切换，is 属性用于根据组件名称的不同来切换显示不同的组件控件。

(2) 在 demo12.html 文件中编写 JavaScript 代码，具体代码如下：

```
1  <script>
2    //定义组件
3    Vue.component('c-login', {template: '# t-login'})
4    Vue.component('c-reg', {template: '# t-reg'})
5    var vm=new Vue({
6      el: '# app',
7      data: { cName: 'c-login' }
8    })
9  </script>
```

(3) 在 demo12.html 文件中编写 CSS 样式，具体代码如下：

```
1  <style>
2    .fade-enter-active, .fade-leave-active {
3      transition: opacity 0.2s ease-in-out;
4    }
5    .fade-enter, .fade-leave-to {
6      opacity: 0;
7    }
8    .box{
9      width: 200px;
10     height: 200px;
11     background-color: yellow;
12     padding:10px;
13   }
14 </style>>
```

(4) 在浏览器中打开 demo12.html，当切换“登录”和“注册”时，新元素会先进行过渡，完成之后当前元素过渡离开。运行结果如图 6-17、图 6-18 所示。

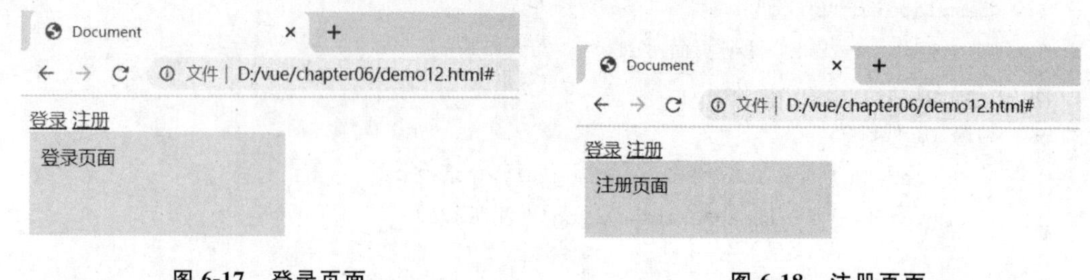

图 6-17　登录页面　　　　图 6-18　注册页面

6.4 列表过渡

6.4.1 什么是列表过渡

前面的开发中我们都是使用 transition 组件来实现过渡效果的，其主要用于单个元素或者同一时间渲染多个元素中的一个。而对于列表过渡，需要使用 v-for 和 transition-group 组件来实现，具体代码如下：

```
<!--tag 属性来修饰-->
<transition-group name="list" tag="div">
  <span v-for="item in items" :key="item">
    {{ item }}
  </span>
</transition-group>
```

上述代码中，外层的<transition-group>标签相当于给每一个被包裹的 span 元素在外面添加了一个<transition>标签，相当于把列表的过渡转化为单个元素的过渡。transition-group 组件会以一个真实元素呈现，在页面中默认渲染成<span>标签，可以通过 tag 属性来修改，如<transition-group tag="div">，渲染出来的就是 div 标签。

6.4.2 列表的进入和离开过渡

例 6-10 通过 name 属性自定义 CSS 类名前缀，来实现进入和离开的过渡效果。

(1) 创建 D:\vue\chapter06\demo13.html 文件，具体代码如下：

```
1<div id="app">
2  <button @ click="add">随机插入一个数字</button>
3  <button @ click="remove">随机移除一个数字</button>
4  <transition-group name="list" tag="p">
5    <span v-for="item in items" :key="item" class="list-item">
6      {{item}}
7    </span>
8  </transition-group>
9</div>
```

上述代码中，第 2、3 行给两个 button 按钮分别绑定 add 和 remove 单击事件，实现单击后随机插入或随机移除一个数字，在插入或移除的过程中会有过渡动画。

(2) 在demo13.html文件中编写JavaScript代码，具体代码如下：

```
1  <script src="vue.js"></script>
2  <div id="app">
3    <button @ click="add">添加评论</button>
4    <transition-group name="comments" tag="p">
5      <span v-for="item in ids" :key="item" class="comments-item">
6        {{item}}
7      </span>
8    </transition-group>
9  </div>
```

(3) 在demo13.html文件中编写CSS样式，具体代码如下：

```
1  <style>
2    /* 定义记录的样式 */
3    .comments-item {
4      display: block;
5      margin-top: 2px;
6      background-color:yellow;
7      width: 280px;
8      height: 30px;
9      padding-left: 20px;
10     line-height: 30px;
11     color: # fff;
12   }
13   /* 插入或移除元素的过程 */
14   .comments-enter-active, .comments-leave-active {
15     transition: all 1s;
16   }
17   /* 开始插入或移除结束的位置变化 */
18   .comments-enter, .comments-leave-to {
19     opacity: 0;
20     transform: translateY(50px);
21   }
22 </style>
```

(4) 在浏览器中打开demo13.html，查看页面效果。单击“添加评论”，效果如图6-19所示。

图6-19 插入评论

6.4.3 列表的排序过渡

为了实现列表平滑过渡，可以借助v-move特性。v-move对于设置过渡的切换时机和过渡曲线非常有用。

v-move特性会在元素改变定位的过程中应用，它同之前的类名一样，可以通过name属性来自定义前缀（例如name=“list”，则对应的类名就是list-move），当然也可以通过moveclass 属性手动设置自定义类名。

借助 v-move 和定位实现元素平滑过渡到新位置的效果，具体代码如下：

```
1  <style>
2    /* 数字圆圈部分样式 */
3    .list-item {
4      display: inline-block;
5      margin-right: 10px;
6      background-color: red;
7      border-radius: 50% ;
8      width: 25px;
9      height: 25px;
10     text-align: center;
11     line-height: 25px;
12     color: # fff;
13   }
14   /* 插入元素过程 */
15   .list-enter-active {
16     transition: all 1s;
17   }
18   /* 移除元素过程 */
19   .list-leave-active {
20     transition: all 1s;
21     position: absolute;
22   }
23   /* 开始插入/移除结束的位置变化 */
24   .list-enter, .list-leave-to {
25     opacity: 0;
26     transform: translateY(30px);
27   }
28   /* 元素定位改变时的动画 */
29   .list-move {
30     transition: transform 1s;
31   }
32 </style>
```

保存上述代码，在浏览器中查看运行结果，可以看到插入和移除元素时实现了平滑的过渡。

Vue 使用了 FLIP 简单动画队列来实现排序过渡，所以即使没有插入或者移除元素，对于元素顺序的变化也支持过渡动画。FLIP 动画能提高动画的流畅度，可以解决动画的卡顿、闪烁等不流畅的现象，它不仅可以实现单列过渡，也可以实现多维网格的过渡。

例 6-11 使用 FLIP 动画实现单列表排序。

(1) 下载并引入 lodash. min. js 文件，创建 D:\vue\chapter06\demo14. html 文件，具体代码如下：

```
<script src="lodash.min.js"></script>
```

(2) 在 demo14. html 文件中编写 HTML 结构代码，关键代码如下：

```
1  <div id="app">
2    <button @ click="shuffle">重新排序</button>
3    <transition-group name="comments" tag="p">
4      <span v-for="item in ids" :key="item" class="comments-item">
5        {{ item }}
6      </span>
7    </transition-group>
8  </div>
```

(3) 在 demo14. html 文件中编写 CSS 样式，具体代码如下：

```
1 <style>
2     .comments-item {
3       display: block;
4       margin-top: 2px;
5       background-color:yellow;
6       width: 280px;
7       height: 30px;
8       padding-left: 20px;
9       line-height: 30px;
10      color: # fff;
11    }
12    /* 元素定位改变时的动画 * /
13    .comments-move {
14      transition: transform 1s;
15    }
16  </style>
```

上述代码中，第 2～10 行的".comments-item"元素使用 FLIP 过渡，该元素不能设置为"display:inline"作为替代方案，可以设置为 display: block 或者放置于 flex 中。

(4) 在 demo14. html 文件中编写 JavaScript 代码，具体代码如下：

```
1 <script>
2    var vm=new Vue({
3      el: '# app',
4      data () {
5        return { ids: ['d','f','g','w','z','h','n'] }
6      },
7      methods: {
8        shuffle () {
9          // shuffle()函数把数组中的元素按随机顺序重新排列
10         this.ids= ___.shuffle(this.ids)
11       }
12     }
```

```
13    })
14  </script>
```

(5) 在浏览器中打开 demo14.html，单击“重新排序”按钮查看动画效果，如图 6-20 所示。

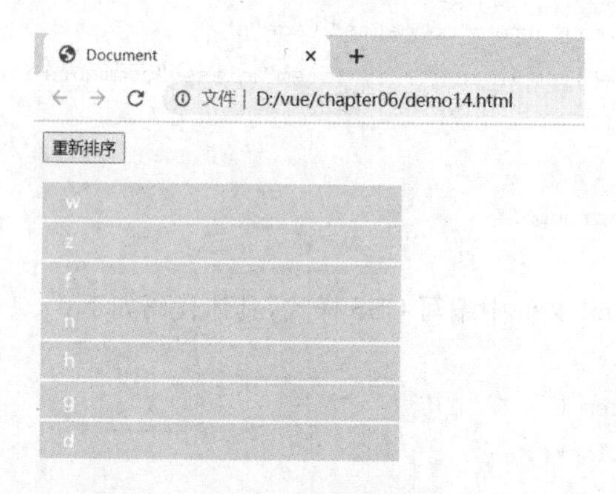

图 6-20　重新排序

6.4.4　列表的交错过渡

在 Vue 中可以实现列表的交错过渡效果，它是通过 data 属性与 JavaScript 通信来实现的。使用钩子函数结合 Velocity.js 库实现搜索功能，根据关键字来筛选出符合要求的列表数据，并添加过渡效果。

例 6-12　列表的交错过渡。

(1) 创建 D:\vue\chapter06\demo15.html 文件，下载并引入 velocity.min.js 文件，具体代码如下：

```
<script src="velocity.min.js"></script>
```

(2) 在 demo15.html 文件中编写 HTML 结构代码，具体代码如下：

```
1  <div id="app">
2    请输入要搜索的品牌名称:<input v-model="search">
3    <transition-group name="item" tag="ul" @ before-enter="beforeEnter"
4     @ enter="enter" @ leave="leave" v-bind:css="false">
5      <li v-for="(item, index) in ComputedBrands" :key="item.brand"
6       :data-index="index">
7        {{ item.brand }}
8      </li>
9    </transition-group>
10 </div>
```

在上述代码中，第 2 行给 input 输入框添加了 v-model 双向数据绑定指令；第 3、4 行在 <transition-group> 组件中添加了 before-enter、enter 和 leave 钩子函数，并修改默认的 span 标签 ul 标签；第 5 行在 li 标签中使用 v-for 循环 ComputedBrands 数组。

(3) 在 demo15.html 文件中编写 JavaScript 代码，具体代码如下：

```
1 <script>
2     var vm=new Vue({
3       el: '# app',
4       data () {
5         return {
6           search: '',    // v-model绑定的值
7           brands: [
8             { brand: '华为' },
9             { brand: '小米' },
10            { brand: '荣耀' },
11            { brand: 'VIVO' },
12            { brand: '一加' },
13            { brand: 'OPPO' }
14          ]
15        }
16      },
17      methods: {
18        beforeEnter (el) {
19          el.style.opacity=0
20          el.style.height=0
21        },
22        enter (el, done) {
23          var delay=el.dataset.index * 180
24          setTimeout(function () {
25            Velocity(el, { opacity: 1, height: '1.8em' }, { complete: done })
26          }, delay)
27        },
28        leave (el, done) {
29          var delay=el.dataset.index * 180
30          setTimeout(function () {
31            Velocity(el, { opacity: 0, height: 0 }, { complete: done })
32          }, delay)
33        }
34      },
35      computed: {                        // 计算属性
36        ComputedBrands () {
37          var vm=this.search  // 获取到input输入框中的内容
38          var nameList=this.brands  // 数组
39          return nameList.filter(function (item) {
40            return item.brand.toLowerCase().indexOf(vm.toLowerCase()) !== -1
41          })
42        }
43      }
```

```
44    })
45  </script>
```

上述代码中,第35～43行在 computed 属性中对 nameList 数组进行关键字过滤处理后返回一个结果值,把所有符合规则的数据全部保存在 ComputedBrands 数组中,在页面进行数据渲染;第17～34行在 methods 中编写 beforeEnter()、enter()、leave()过渡动画方法。第39行代码使用了 JavaScript 中的迭代函数 filter,来实现 nameList 数组元素的查找,返回查找后的结果。第40行代码把数组中的 item.brand 和需要查找的输入框内容使用 toLowerCase()方法同时转换为小写进行查找。在使用 indexOf()进行字符串的检索时,如果可以查找到,则返回的索引值大于或等于0,如果找不到,则返回-1。

(4) 在浏览器中打开 demo15.html,运行结果如图6-21所示。

(5) 输入关键字"一"进行查找,运行结果如图6-22所示。

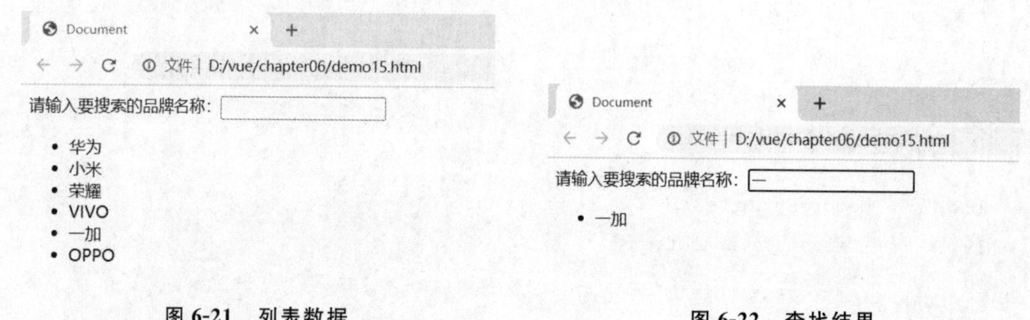

图6-21 列表数据

图6-22 查找结果

6.4.5 可复用的过渡

1. template 方式

在 Vue 中,过渡代码可以通过组件实现复用。若要创建一个可复用的过渡组件,需要将 transition 或者 transition-group 作为组件模板结构,然后在其内部通过插槽的方式编写列表结构即可。

例6-13 使用 template 方式实现列表可复用的过渡。

(1) 创建 D:\vue\chapter06\demo16.html 文件,关键代码如下:

```
1     请输入要搜索的品牌名称:<input v-model="search">
2     <my-transition :search="search" :brands="brands">
3       <li v-for="(item, index) in ComputedBrands"
4         :key="item.brand" :data-index="index">
5         {{ item.brand }}
6       </li>
7     </my-transition>
8   </div>
9
10  <template id="temp">
11    <transition-group name="item" tag="ul" @ before-enter="beforeEnter"
12     @ enter="enter" @ leave="leave" :css="false">
```

```
13      <slot></slot>
14    </transition-group>
15  </template>
```

上述代码中，my-transition 为自定义组件名称，第 4 行使用“:”符号(v-bind 简写)绑定了 search 和 brands 变量，用来动态传递 props。

(2) 在 demo16.html 文件中编写 JavaScript 代码，具体代码如下：

```
1  <script>
2    Vue.component('my-transition', {// 定义组件名为 my-transition
3      props: ['search', 'brands'],// 组件实例的属性
4      template: '# temp',
5      methods: {
6        beforeEnter (el) {
7          el.style.opacity=0
8          el.style.height=0
9        },
10       enter (el, done) {
11         var delay=el.dataset.index *  180
12         setTimeout(function () {
13           Velocity(el, { opacity: 1, height: '1.8em' }, { complete: done })
14         }, delay)
15       },
16       leave (el, done) {
17         var delay=el.dataset.index *  180
18         setTimeout(function () {
19           Velocity(el, { opacity: 0, height: 0 }, { complete: done })
20         }, delay)
21       }
22     }
23   })
24   var vm=new Vue({
25     el: '# app',
26     data: {
27       search: '',
28       brands: [
29           { brand: '华为' },
30           { brand: '小米' },
31           { brand: '荣耀' },
32           { brand: 'VIVO' },
33           { brand: '一加' },
34           { brand: 'OPPO' }
35       ]
36     },
```

```
37      computed: { // 计算属性
38        ComputedBrands () {
39          var vm=this.search
40          var nameList=this.brands
41          return nameList.filter(function (item) {
42            return item.brand.toLowerCase().indexOf(vm.toLowerCase()) !==-1
43          })
44        }
45      }
46    })
47  </script>
```

上述代码通过 Vue. component()声明一个 my-transition 组件，my-transition 组件是可复用的 Vue 实例，可以接收 data、methods 选项。

(3) 在浏览器中打开 demo16. html 文件，如图 6-23 所示。

图 6-23　品牌名称(例 6-13)

2. 函数式组件方式

函数式组件是一种无状态(没有响应式数据)、无实例(没有 this 上下文)的组件。函数式组件只是一个函数，渲染开销很低。

例 6-14　使用函数式组件方式实现列表可复用的过渡。

(1) 创建 D:\vue\chapter06\demo17. html 文件，具体代码如下：

```
1  functional: true,  // 标记 my-transition 组件为函数式组件
2      props: ['search', 'brands'],
3      render (h, ctx) {
4        var data={
5          props: {  // props 组件
6            tag: 'ul',  // 修改默认渲染的 span 标签为 ul
7            css: false
8          },
9          on: {
10           beforeEnter(el) {
11             el.style.opacity=0
12             el.style.height=0
13           },
14           enter(el, done) {
15             var delay=el.dataset.index *  180
16             setTimeout(function () {
17               Velocity(el, { opacity: 1, height: '1.8em' }, { complete: done })
18             }, delay)
19           },
20           leave(el, done) {
21             var delay=el.dataset.index *  180
```

```
22              setTimeout(function () {
23                Velocity(el, { opacity: 0, height: 0 }, { complete: done })
24              }, delay)
25            }
26          }
27        }
28        // data是传递给组件的数据对象,作为createElement()的第2个参数传入
29        // ctx.children是VNode子节点的数组
30        return h('transition-group', data,ctx.children)
31      }
32    })
```

上述代码中,第1行用来将组件标记为函数式组件(functional),第3行的render()函数用来创建组件模板。

(2) 在demo17.html文件中编写JavaScript代码,具体代码如下:

```
1 <script>
2   Vue.component('my-transition', {
3     functional: true,  // 标记my-transition组件为函数式组件
4     props: ['search', 'brands'],
5     render (h, ctx) {
6       var data={
7         props: {// props组件
8           tag: 'ul',// 修改默认渲染的span标签为ul
9           css: false
10         },
11         on: {
12           beforeEnter(el) {
13             el.style.opacity=0
14             el.style.height=0
15           },
16           enter(el, done) {
17             var delay=el.dataset.index *  180
18             setTimeout(function () {
19               Velocity(el, { opacity: 1, height: '1.8em' }, { complete: done })
20             }, delay)
21           },
22           leave(el, done) {
23             var delay=el.dataset.index *  180
24             setTimeout(function () {
25               Velocity(el, { opacity: 0, height: 0 }, { complete: done })
26             }, delay)
27           }
28         }
```

```
29          }
30          // data 是传递给组件的数据对象,作为 createElement()的第 2 个参数传入组件
31          // ctx.children 是 VNode 子节点的数组
32          return h('transition-group', data, ctx.children)
33        }
34    })
35    var vm=new Vue({
36      el: '# app',
37      data: {
38        search: '',
39        brands: [
40          { brand: '华为' },
41          { brand: '小米' },
42          { brand: '荣耀' },
43          { brand: 'VIVO' },
44          { brand: '一加' },
45          { brand: 'OPPO' }
46        ]
47      },
48      computed: {
49        ComputedBrands () {
50          var vm=this.search
51          var nameList=this.brands
52          return nameList.filter(function (item) {
53            return item.brand.toLowerCase().indexOf(vm.toLowerCase()) !==-1
54          })
55        }
56      }
57    })
58  </script>
```

上述代码中,第 3 行声明一个函数式组件;第 5 行 render()函数中的第 1 个参数 h 代表 createElement,用来创建组件模板,第 2 个参数 ctx 代表 context 作为函数组件上下文,用来传递参数;第 6～29 行中,data 用来传递组件的整个数据对象,它接收组件 props、on 事件监听器、DOM 属性等;第 7～10 行使用 data. props 设置默认渲染的 span 标签为 ul;第 11～28 行使用 data. on 传递事件的监听器。

图 6-24　品牌名称(例 6-14)

(3) 在浏览器中打开 demo17. html 文件,运行效果如图 6-24 所示。

本章小结

本章讲解了如何使用Vue的过渡和动画来实现想要的效果，内容包括transition组件的使用、内置的CSS类名、自定义类名、配合第三方CSS动画库animate.css实现过渡动画、在过渡钩子函数中使用JavaScript进行操作，以及配合第三方JavaScript动画库Velocity.js实现过渡动画。

课后习题

一、选择题

1. 下列选项中关于动画钩子函数说法正确的是(　　)。

A. @leave-cancelled函数只能用于v-if中

B. 钩子函数需要结合CSS transitions或animations使用，不能单独使用

C. done作为参数，作用就是告知Vue动画结束

D. 对于@enter来说，当与CSS结合使用时，回调函数done是必选的

2. 下列关于Vue为<transition>标签提供的过渡类名的说法，错误的是(　　)。

A. v-enter-active可以控制进入过渡的不同的缓和曲线

B. v-leave在离开过渡被触发时立刻生效，下一帧被移除

C. v-enter在元素被插入之前生效，在元素被插入之后的下一帧移除

D. 如果name属性为my-name，那么my-就是在过渡中切换的类名的前缀

3. 下列选项中关于多个元素过渡的说法，错误的是(　　)。

A. 当有相同标签名的元素切换时，需要通过key特性设置唯一的值来标记以让Vue区分它们

B. <transition>组件的默认行为指定进入和离开同时发生

C. 不相同元素之间可以使用v-if和v-else来进行过渡

D. 不可以给同一个元素的key特性设置不同的状态来代替v-if和v-else

二、填空题

1. Vue提供的内置的过渡封装组件是________。

2. 在离开的过渡中有________、________、________3个class切换。

3. 通过________特性设置节点在初始渲染的过渡。

4. 在过渡封装组件中使用________属性可以重置过渡中切换类名的前缀。

5. ________的类名优先级要高于普通的类名。

三、判断题

1. enter和leave动画钩子函数，除el参数外还会传入一个done作为参数。(　　)

2. 给过渡元素添加v-bind:css="true"，Vue会跳过CSS的检测。(　　)

3. 函数式组件中的render()函数用来创建组件模板。(　　)

4. 在使用animate.css库时，基本的class样式名是animate。(　　)

5. 在@before-enter阶段可以设置元素开始动画之前的起始样式。(　　)

四、简答题

1. 请简述JavaScript钩子函数包括哪些。

2. 请简述6个内置的过渡类名。

3. 请简述自定义过渡类名的属性有哪些。

第7章 Vue 高级开发环境

在页面中通过<script>标签引入 vue.js 文件，仅适用于创建简单的项目案例。在实际的项目开发中，往往需要处理复杂的业务逻辑，此时需要借助 Vue 脚手架工具快速地构建 Vue 项目开发环境。

本章将会对 Vue 开发环境搭建及其应用进行讲解，主要内容包括：Vue 开发环境的搭建方法；Vue 项目的创建方法；CLI 服务的原理；vue. config. js 文件的配置方法；全局环境变量与模式的配置及静态资源的处理。

7.1 搭建 Vue 开发环境

本节将对 Vue 的开发环境以及常用工具的使用进行讲解，并通过 Hello World 案例演示 Vue 的基本使用。

7.1.1 Node. js 环境

Node. js 是基于 Chrome V8 引擎的 JavaScript 运行环境，它可以让 JavaScript 运行在服务器端。接下来我们就对 Node. js 的下载和安装进行详细讲解。

(1) 打开 Node. js 官方网站，找到 Node. js 下载地址(http://nodejs. cn/download/)，如图 7-1 所示。

(2) 下载所需版本并按照提示进行安装。

安装完成后查看 node 版本：打开 CMD 命令工具，执行"node - v"命令查看版本信息，如图 7-2 所示。

图 7-1 下载 Node. js

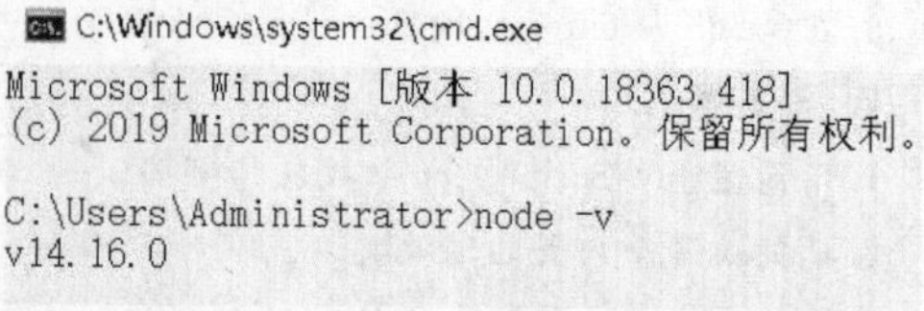

```
C:\Windows\system32\cmd.exe
Microsoft Windows [版本 10.0.18363.418]
(c) 2019 Microsoft Corporation。保留所有权利。

C:\Users\Administrator>node -v
v14.16.0
```

图 7-2 查看版本信息

(3) Node.js 安装完成后，下面我们通过代码演示 Hello World 程序的编写。创建 chapter07 目录，在该目录中创建 helloworld.js 文件，编写如下代码：

```
console.log('Hello World')
```

(4) 保存文件后，执行如下命令，启动 Hello World 程序：

```
node helloworld.js
```

(5) 上述代码执行后，输出结果如图 7-3 所示。

```
C:\Program Files\vue\chapter07>node helloworld.js
Hello World

C:\Program Files\vue\chapter07>
```

图 7-3　Hello World 程序

(6) Node.js 还提供了交互式环境 REPL，类似 Chrome 浏览器的控制台，可以在命令行中直接输入 JavaScript 代码来执行。在命令行中执行 node 命令，即可进入交互模式，如图 7-4 所示。

(7) 若要从交互模式中退出，可以输入“.exit"并按 Enter 键，或者按两次 Ctrl+C 组合键，如图 7-5 所示。

```
C:\Program Files\vue\chapter07>node helloworld.js
Hello World

C:\Program Files\vue\chapter07>node
Welcome to Node.js v14.16.0.
Type ".help" for more information.
> console.log('Hello World')
Hello World
undefined
>
```

图 7-4　进入交互模式

```
C:\Program Files\vue\chapter07>node helloworld.js
Hello World

C:\Program Files\vue\chapter07>node
Welcome to Node.js v14.16.0.
Type ".help" for more information.
> console.log('Hello World')
Hello World
undefined
>
(To exit, press Ctrl+C again or Ctrl+D or type .exit)
>

C:\Program Files\vue\chapter07>_
```

图 7-5　从交互模式中退出

◆ 7.1.2　npm 包管理工具

npm(Node.js Package Manager)是一个 Node.js 的包管理工具，用来解决 Node.js 代码部署问题。在安装 Node.js 时会自动安装相应的 npm 版本，不需要单独安装。

npm 官网地址：https://www.npmjs.cn/，页面如图 7-6 所示。

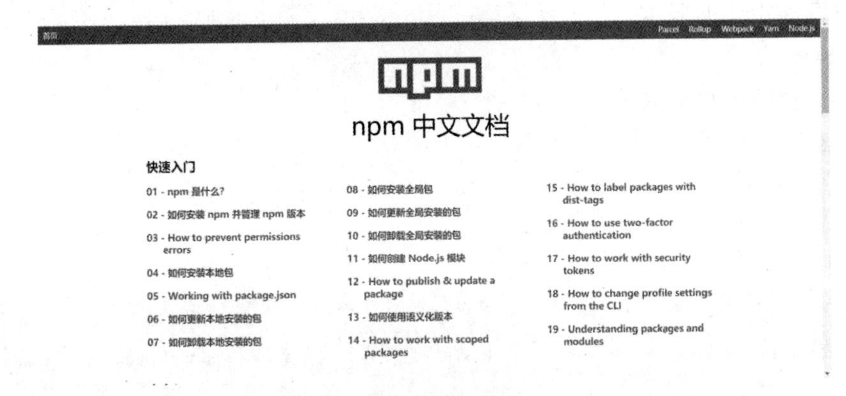

图 7-6　npm 官网页面

使用 npm 包管理工具可以解决如下场景的需求。

(1) 从 npm 服务器下载别人编写的第三方包到本地使用。

(2) 从 npm 服务器下载并安装别人编写的命令程序到本地使用。

（3）将自己编写的包或命令行程序上传到 npm 服务器供别人使用。

npm 提供了快速操作包的命令，只需要使用简单的命令就可以很方便地对第三方包进行管理。下面列举了 npm 中的常用命令。

- npm install：安装项目所需要的全部包，需要配置 package. json 文件。
- npm uninstall：卸载指定名称的包。
- npm intall 包名：安装指定名称的包，后面可以跟参数"-g"表示全局安装，"--save"表示本地安装。
- npm update：更新指定名称的包。
- npm start：项目启动，通过 CDN 方式引入 Vue，可以缓解服务器的压力，加快文件的下载速度。目前，网络上有很多免费的 CDN 服务器可以使用。
- npm run build：项目构建。

应用技巧：

由于 npm 的服务器在国外，使用 npm 下载软件包的速度非常慢，为了提高下载速度，推荐读者切换成国内的镜像服务器来使用。以淘宝 NPM 镜像为例，使用如下命令设置即可切换：

```
npm config set registry https://registry.npm.taobao.org
```

7.1.3 webpack 打包工具

webpack 是一个模块打包工具，可以把前端项目中的. js、. css、. scss/. less、图片等文件都打包在一起，实现自动化构建，给前端开发人员带来极大的便利。

webpack 官网地址：https://www.webpackjs.com/。

本小节将针对如何在 webpack 中构建 Vue 项目进行讲解。

1. webpack 的基本操作

webpack 的安装、卸载，以及查看 webpack 版本的方法如下：

（1）安装 webpack：

```
npm install--save-dev webpack
```

（2）查看 webpack 版本：

```
webpack-v
```

运行 webpack-v 后的效果：

```
webpack 5.24.4
webpack-cli 4.5.0
```

（3）卸载 webpack：

```
npm uninstall webpack-g
```

注意：

旧版本的 webpack 还需要安装 webpack-cli 脚手架工具，而最新版本的 webpack 打包工具已经集成了脚手架工具。

2. webpack 的简单使用

在安装 webpack 之后，我们通过例 7-1 演示 webpack 的简单使用。

例 7-1 webpack 的简单使用。

（1）创建 D:\vue\chapter07\demo01 目录，作为项目目录。

(2) 在demo01目录中创建example.js文件，具体代码如下：

```
function sum(a,b){
    return a+ b
}
console.log(sum(1,2))
```

(3) 在demo01目录下执行如下命令，webpack打包example.js文件到app.js。

```
webpack example.js-o app.js
```

执行上述命令后，就会编译example.js文件，将编译后的结果保存为app.js文件。

(4) 创建example.html文件，引入编译后的app.js文件，具体代码如下：

```
<script src="app.js"></script>
```

(5) 在浏览器中打开example.html，按F12键打开调试窗口，运行结果如图7-7所示。

图7-7 例7-1效果

从图7-7可以看出，控制台输出的打印结果为3，说明此时已经将example.js文件打包为app.js文件。

7.1.4 Vue CLI脚手架工具

Vue CLI是一个基于Vue.js进行快速开发的完整系统，可以自动生成Vue+webpack的项目模板。Vue CLI提供了强大的功能，用于定制新项目、配置原型、添加插件和检查webpack配置。

1. 安装前的注意事项

在安装Vue CLI之前，需要安装一些必要的工具，如Node.js，建议版本要求是10以上。

Vue CLI 4.×版本的包名称由vue-cli(旧版)改成了@vue/cli(新版)，如果已经全局安装了旧版的vue-cli(1.×或2.×)，需要通过如下命令进行卸载：

```
npm uninstall vue-cli-g
```

如果vue-cli是通过yarn命令安装的，则需要使用如下命令进行卸载：

```
yarn global remove vue-cli
```

2. 全局安装@vue/cli

打开命令行工具，通过npm方式全局安装@vue/cli脚手架，具体命令如下：

```
npm install-g @ vue/cli
```

安装完成后，检测是否安装成功，使用如下命令来查看vue-cli的版本号：

```
vue-V      //或者 vue--version
```

上述命令运行后，结果如下所示：

```
@ vue/cli 4.2.3      //或者最新版本
```

3. 使用vue init webpack创建项目

在Vue项目开发时，为了提高加载时间和性能，webpack打包工具会将项目中的文件转为浏览器可以读取的静态文件。下面我们来演示如何通过webpack创建一个简单的Vue项目，这种方式大家了解即可，在实际的开发中实用价值及使用率并不高。

(1) 在创建项目之前应先确保完成vue-cli脚手架工具的安装。脚手架工具可以直接生成一个项目的整体架构，帮助开发者搭建Vue.js的基础代码。

执行“vue/cli-V”命令，查看安装的vue-cli脚手架版本号。

(2) 打开 D:\vue\chapter07 目录，执行如下命令初始化 Vue 项目：

```
vue init webpack myapp
```

在上述命令中，myapp 表示项目名称，可以根据需要自定义名称。程序会自动在当前目录下创建 myapp 子目录作为项目目录。webpack 表示项目的模板。

(3) 在创建项目时，程序会询问项目的一些配置选项，直接按回车键使用默认值即可。

接下来分析 myapp 项目的目录结构，具体解释如表 7-1 所示。

表 7-1　myapp 目录结构

目录结构	说明
build	项目构建代码(webpack)相关代码
config	配置目录，包括端口
node_modules	依赖模块
src	源码目录
static	静态资源目录
Test	初始测试目录
index.html	首页入口文件
Package.json	项目配置文件
README.md	项目说明文档

(4) 切换到项目目录，然后启动服务，具体命令如下：

```
cd myapp
npm run dev
```

执行上述命令后，如果启动成功，会看到如下提示信息：

```
Your application is running here: http://localhost:8080
```

上述信息表示当前应用已经启动，可以通过 http://localhost:8080 来访问。使用浏览器打开这个地址，运行结果如图 7-8 所示。

图 7-8　使用 vue init webpack 创建项目

使用 VS Code 编辑器打开“D:\vue\chapter07\myapp”目录，就可以在该目录下进行项目的开发了。

4. 使用 vue create 创建项目

@vue/cli 4.×版本可以通过 vue create 命令快速创建一个新项目的脚手架，不需要 vue 2.×那样借助于 webpack 来构建项目。

打开命令行工具，使用 vue create 命令创建项目，它会自动创建一个新的文件夹，并将所需的文件、目录、配置和依赖都准备好。在命令行中切换到 D:\vue\chapter07 目录，创建一个名称为 hello-vue 的项目，具体命令如下：

```
vue create hello-vue(项目名)
```

需要注意的是，如果在 Windows 上通过 MinTTY 使用 git-bash，交互提示符会不起作用，为了解决这个问题，需要用 winpty 来执行 vue 命令。为了方便使用，可以在 git-bash 安

装目录下找到 etc\bash. bashre 文件,在文件末尾添加以下代码:

```
alias vue='winpty vue.cmd'
```

上述代码表示将 vue 命令变成一个别名,实际执行的命令为 winpty vue. cmd。

保存文件后,重新启动 git-bash,然后重新执行 vue create hello-vue,结果如下:

```
Vue CLI v4.2.3
? Please pick a preset:(Use arrow keys)
> stuMsg (babel, router, eslint)
  Vue4 (babel, router, eslint)
  blogs (babel, router, eslint)
  default (babel, eslint)
  Manually select features
```

在上述结果中,Vue CLI 提示用户选取一个 preset(预设),default 是默认项,包含基本的 babel+eslint 设置,适合快速创建一个新项目;Manually select features 表示手动配置,提供可供选择的 npm 包,更适合面向生产的项目,在实际工作中推荐使用这种方式。

选择手动配置后,会出现如下选项:

```
? Check the features needed for your project:(Press <space>to select,
<a>to toggle all, <i>to invert selection)
>(*) Babel
  () TypeScript
  () Progressive Web App (PWA) Support
  () Router
  () Vuex
  () CSS Pre-processors
  (*) Linter / Formatter
  () Unit Testing
  () E2E Testing
```

根据提示信息可知,按空格键可以选择某一项,a 键全选,i 键反选。下面对这些选项的作用进行解释。

- Babel:Babel 配置(Babel 是一种 JavaScript 语法的编译器)。
- TypeScript:一种编程语言。
- Progressive Web App (PWA) Support:渐进式 Web 应用支持。
- Router:vue-router。
- Vuex:Vue 状态管理模式。
- CSS Pre-processors:CSS 预处理器。
- Linter / Formatter:代码风格检查和格式化。
- Unit Testing:单元测试。
- E2E Testing:端到端(end-to-end)测试。

在选择需要的选项后,程序还会询问一些详细的配置,读者可以根据需要来选择,也可以全部使用默认值。

项目创建完成后,执行如下命令进入项目目录,启动项目。

```
cd hello-vue
npm run serve
```

项目启动后，会默认启动一个本地服务，如下所示：

```
App running at:
  -Local:   http://localhost:8080/
```

在浏览器中打开 http://localhost:8080，页面效果如图 7-9 所示。

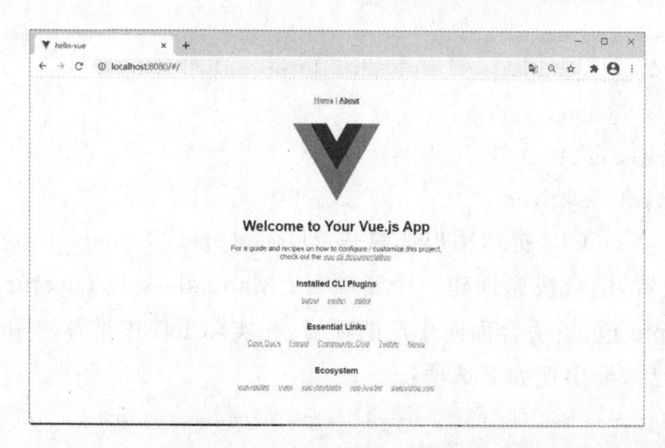

图 7-9 使用 vue create 创建项目

5. 使用 GUI 创建项目

Vue CLI 引入了图形用户界面(GUI)来创建和管理项目，功能十分强大，给初学者提供了便利，可以快速搭建一个 Vue 项目。在命令行中切换到 D:\vue\chapter07 目录，新建一个名称为 vue-ui 的项目目录，具体命令如下：

```
mkdir vue-ui
```

执行 cd vue-ui 命令进入目录中，执行如下命令来创建项目。

```
vue ui
```

上述命令执行后，会默认启动一个本地服务，如下所示：

```
Starting GUI...
Ready on http://localhost:8000
```

在浏览器中打开 http://localhost:8000，页面效果如图 7-10 所示。

图 7-10 使用 GUI 创建项目

可以在图 7-10 所示的屏幕底部的状态栏上看到当前目录的路径，单击水滴状图标的按钮可以更改页面的主题(默认主题为白色)。

在图 7-10 所示界面中，左侧的 4 个菜单项表示的含义如下。

- 插件：可以查看项目中已安装的插件，或者进行插件的升级。
- 依赖：可以查看项目中已安装的依赖。
- 配置：对已安装的插件配置进行管理。
- 任务：各种可运行的命令，例如打包、本地调试等。

单击左下角的“更多”，选择“Vue 项目管理器”，进入新页面，如图 7-11 所示。

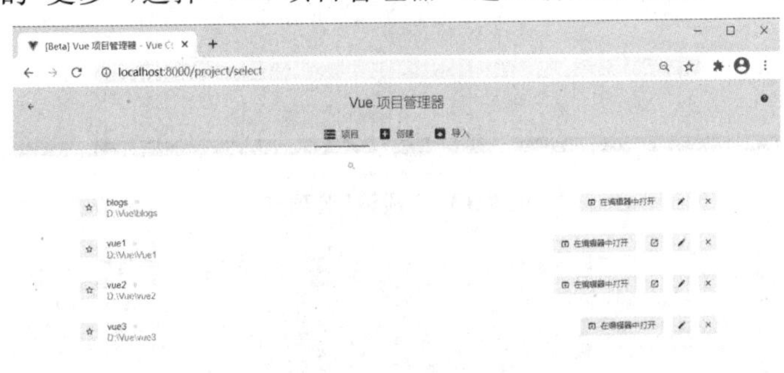

图 7-11 Vue 项目管理器

单击顶部导航栏的“创建”选项，然后单击“在此创建项目”按钮，会进入一个创建新项目的页面，让用户填写项目名、选择包管理器、初始化 git 仓库，如图 7-12 所示。

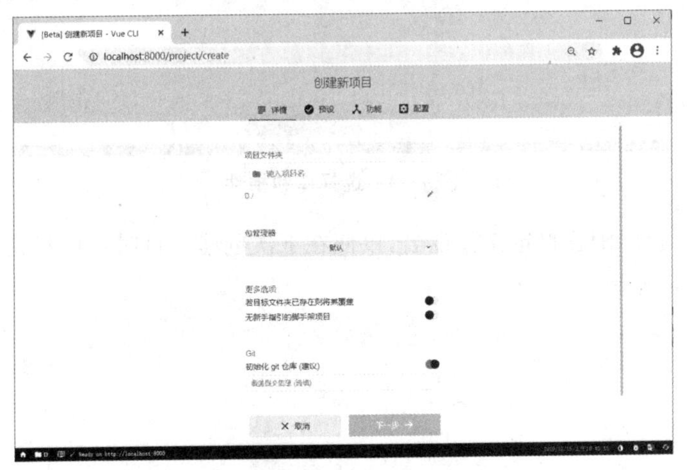

图 7-12 创建新项目

在“输入项目名”中输入“hello”，单击“下一步”按钮，进入“预设”选项卡，选择创建模式，如图 7-13 所示。

在图 7-13 所示界面中选择“手动”单选项，就会让用户选择需要使用的库和插件，如 Babel、Vuex、Router 等，如图 7-14 所示。

接下来，会进入插件的具体配置，根据页面中的提示配置完成后，单击“创建项目”按钮，

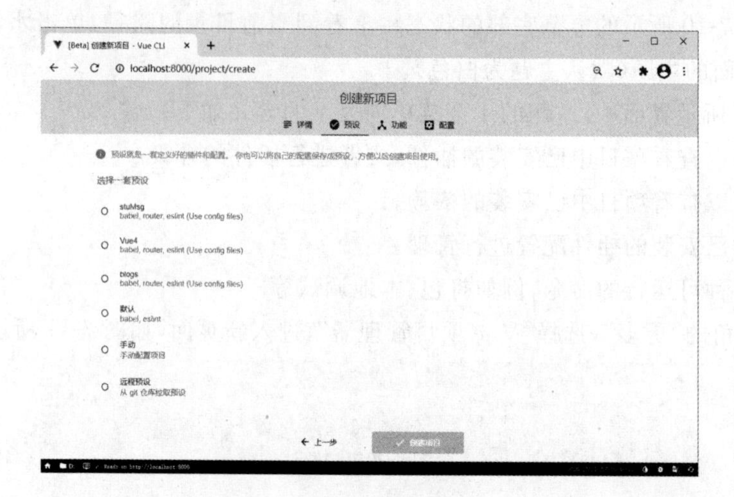

图 7-13 “预设”选项卡

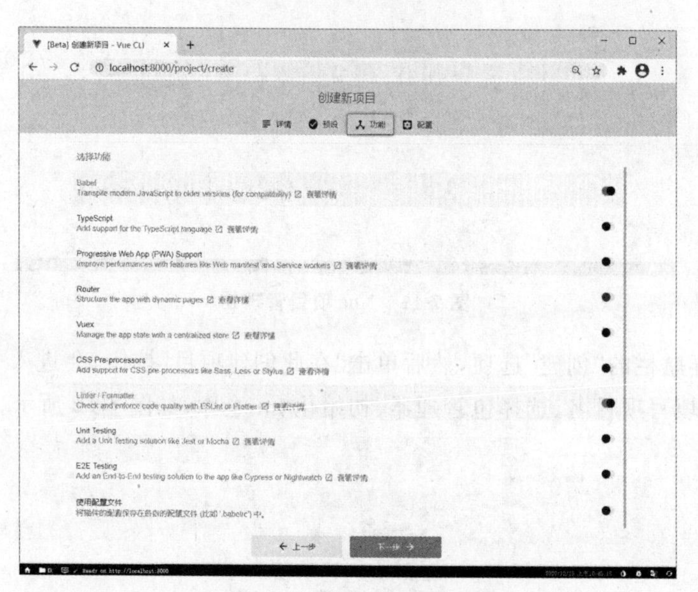

图 7-14 选择库和插件

会弹出一个窗口，提示配置自定义预设名，以便在下次创建项目时可以直接使用已保存的这套配置，如图 7-15 所示。

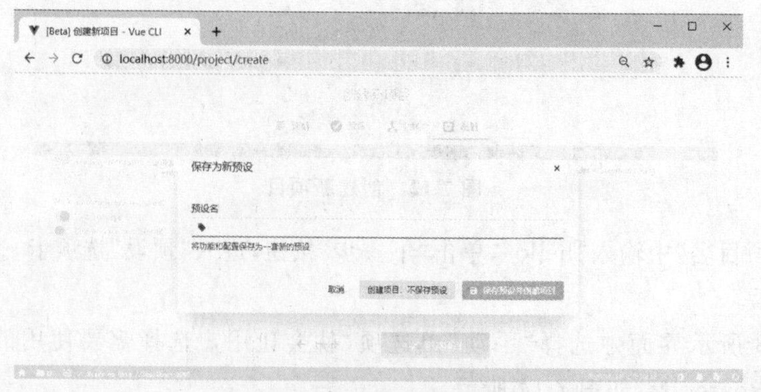

图 7-15 配置自定义预设名

项目创建完成后，就会进入项目仪表盘页面，如图 7-16 所示。

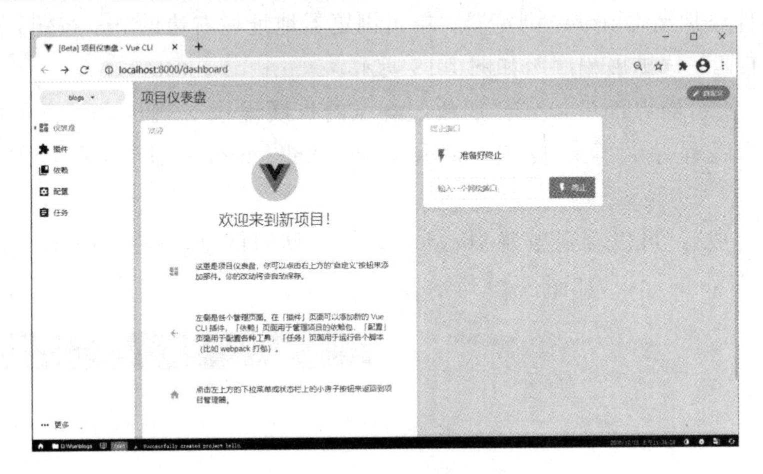

图 7-16　项目仪表盘页面

在菜单中单击“任务”，查看可以进行的任务，如图 7-17 所示。

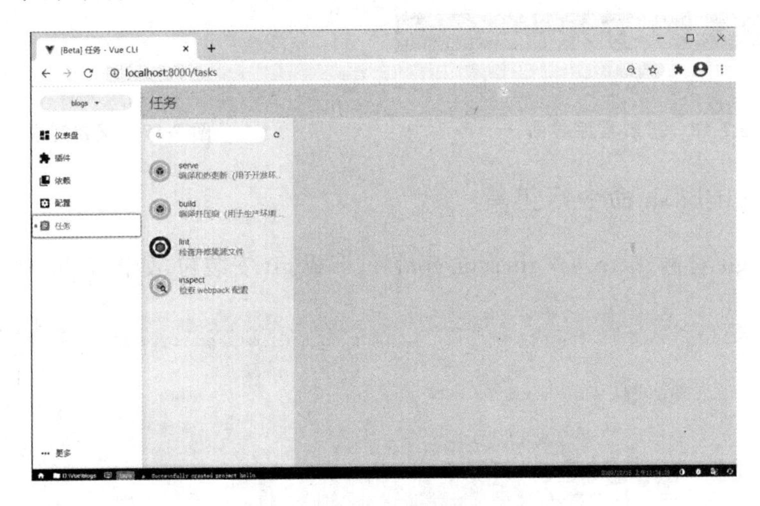

图 7-17　查看任务

在图 7-17 所示界面中，执行 serve 可以启动项目，相当于执行 npm run serve 命令启动项目后，在浏览器中访问 http://localhost:8080，效果与图 7-9 相似。

7.1.5　Chrome 浏览器和 vue-devtools 扩展

浏览器是开发和调试 Web 项目的工具，本课程使用 Chrome 浏览器。

vue-devtools 是一款基于 Chrome 浏览器的扩展，用于调试 Vue 应用，只需下载官方压缩包，配置 Chrome 浏览器的扩展程序即可使用。下面简单介绍以下 vue-devtools 安装包的安装步骤：

(1) 下载 vue-devtools.zip 压缩包到本地。

(2) 将压缩包进行解压，然后在命令行中切换到解压好的 vue-devtools 目录，输入以下命令来安装依赖：

```
npm install
```

(3) 构建 vue-devtools 工具插件，执行命令如下：

```
npm run build
```

(4) 将插件添加至 Chrome 浏览器。单击浏览器地址栏右边的“…”按钮,在弹出的菜单中选择“更多工具”—“扩展程序”,如图 7-18 所示。

在图 7-18 所示的界面中,单击“加载已解压的扩展程序”按钮,此时会弹出选择框,需要用户选择扩展程序目录。找到 vue-devtools/shell/chrome 目录,将其添加到扩展程序中。

(5) 配置完成后,可以看到当前 vue-devtools 工具的信息,并在 Chrome 浏览器窗口的右上角会显示 Vue 的标识,如图 7-19 所示。

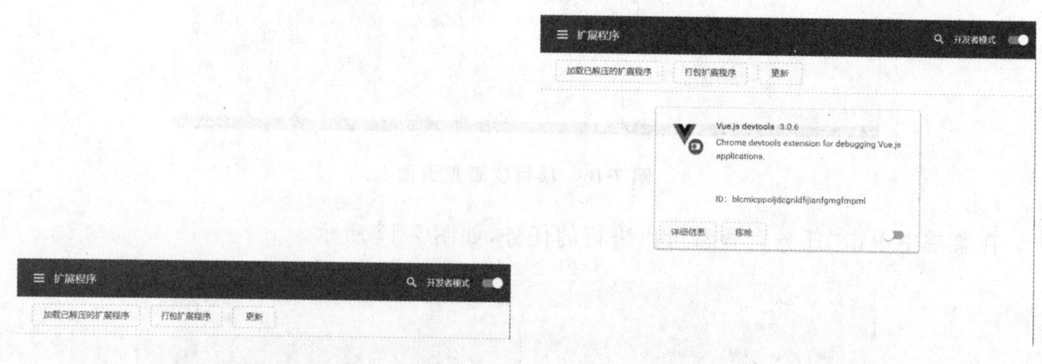

图 7-18 扩展程序界面

图 7-19 配置完成

7.1.6 git-bash 命令行工具

(1) 打开 git 官网(https://git-scm.com/),下载 git 安装包,如图 7-20 所示。

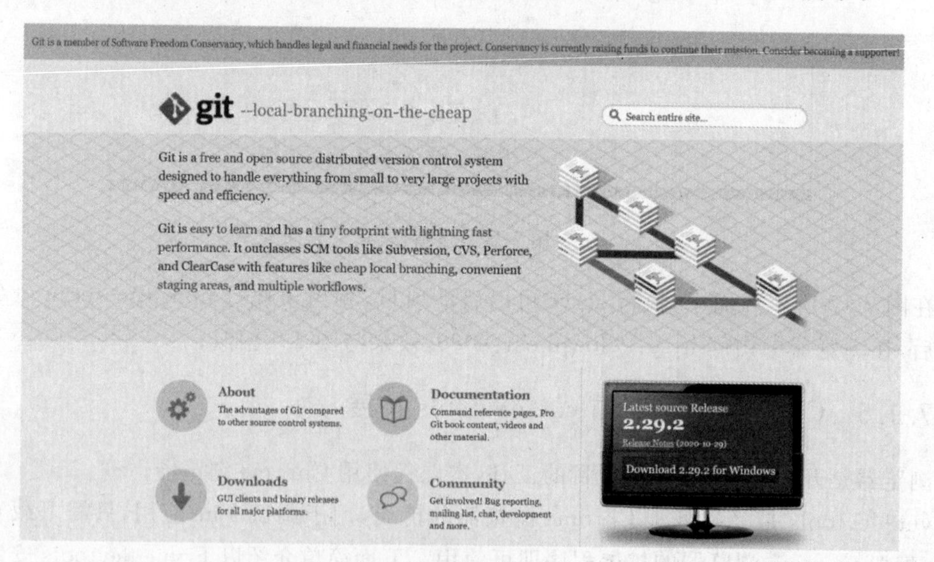

图 7-20 git 官网页面

(2) 双击下载后的安装程序,进行安装,如图 7-21 示。

(3) 单击“Next”按钮,根据提示进行安装,全部使用默认值即可。

(4) 安装成功后,启动 git-bash,如图 7-22 所示。

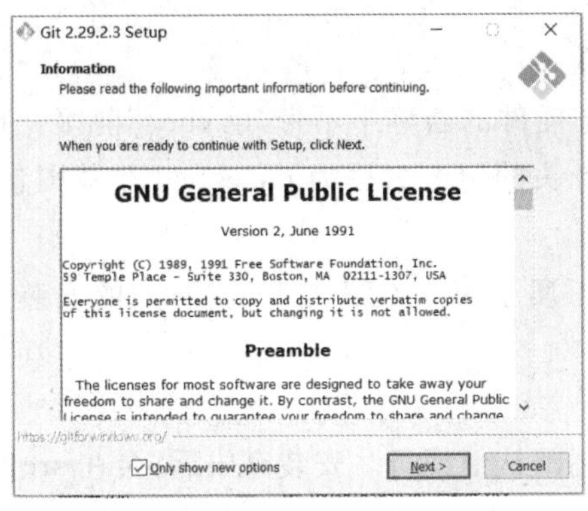

图 7-21　安装 git

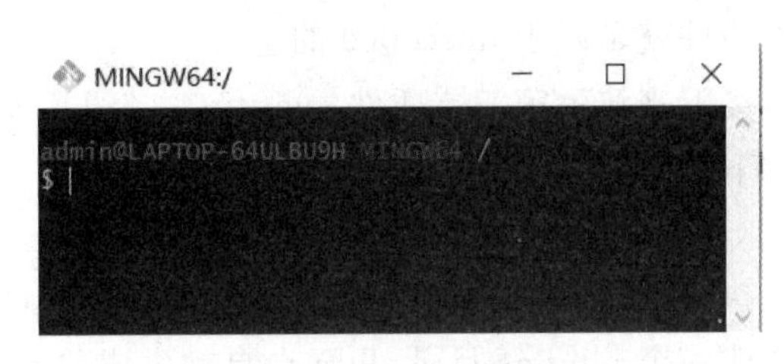

图 7-22　启动 git-bash

7.2　插件

7.2.1　CLI 插件

在 Vue CLI 中使用了一套基于插件的架构，将部分核心功能插件添加到脚手架 Vue CLI 中，为开发者暴露可拓展的 API，供开发者对 Vue CLI 的功能进行灵活的使用。

观察新创建项目的 package.json 文件，就会发现依赖都是以“@vue/cli-plugin-插件名称”来命名的。package.json 示例代码如下。

```
"devDependencies": {
    "@ vue/cli-plugin-babel": "^4.2.3",
    "@ vue/cli-plugin-eslint": "^4.2.3",
    "@ vue/cli-service": "^4.2.3",
    "babel-eslint": "^10.0.1",
    "eslint": "^5.16.0",
    "eslint-plugin-vue": "^5.0.0",
    "vue-template-compiler": "^2.6.10"
},
```

上述代码中，以“@vue/cli-plugin-”开头的为内置插件。另外，使用 vue ui 命令也可以在 GUI 中进行插件的安装和管理。

CLI 插件可以预先设定好，使用脚手架进行项目创建时可以进行预设配置选择，假如项目创建时没有预选安装@vue/eslint 插件，可以通过 vue add 命令去安装。vue add 用来安装和调用 Vue CLI 插件，但是普通 npm 包还是要用 npm 来安装。

需要注意的是，对于 CLI 类型的插件，需要以@vue 为前缀。例如，@vue/eslint 解析为完整的包名是@vue/cli-plugin-eslint，然后从 npm 安装它，调用它的生成器。该命令等价于 vue add @vue/cli-plugin-eslint。

7.2.2　安装插件

在项目目录下，使用 vue add 指令可以安装插件。例如，为项目安装 vue-router 插件和 vuex 插件的具体命令如下：

```
vue add router    // 安装 vue-router 插件
vue add vuex      // 安装 vuex 插件
```

使用 vue add 还可以安装第三方插件。第三方插件的名称中不带“@vue/”前缀。在命名时，以@开头的包名称为 scope 范围包，不以@开头的包的名称为 unscoped 非范围包，第三方插件就是属于 unscoped 的包。

接下来演示第三方插件 vuetify（一个 UI 库，不属于 Vue CLI 类型的插件）的安装。命令如下：

```
vue add vuetify  // 安装 vuetify 插件
```

执行上述命令之后，程序会提示安装选项，使用默认值即可。安装完成后，会在 src 目录里创建一个 plugins 目录，里面会自动生成关于插件的配置文件。

打开 plugins\vuetify.js 文件，示例代码如下。

```
import Vue from 'vue'
import Vuetify from 'vuetify/lib/framework'
Vue.use(Vuetify)
export default new Vuetify({
})
```

小提示：

在使用 git 进行代码管理时，推荐在运行 vue add 之前将项目的最新状态提交，因为该命令可能调用插件的文件生成器，并且很有可能更改现有的文件。

7.3 CLI 服务和配置文件

7.3.1 CLI 服务

在 Vue 项目中需要使用 npm run serve 指令来启动项目，其中 serve 的内容指的就是 vue-cli-service（CLI 服务）命令，项目的启动需要借助于 vue-cli-service 来完成。

新建项目后，可以在 package.json 的 script 字段里面找到如下代码：

```
"scripts": {
    "serve": "vue-cli-service serve",
    "build": "vue-cli-service build",
    "lint": "vue-cli-service lint"
  },
```

上述代码中，scripts 中包含了 serve、build 和 lint。执行 npm run serve，实际执行的就是 vue-cli-service serve 命令。

在项目目录下使用 npx 命令可以运行 vue-cli-service，如下所示：

```
npx vue-cli-service
```

运行 vue-cli-service 后，程序会在控制台中输出可用选项的帮助说明，如下所示：

```
Usage: vue-cli-service <command>[options]
Commands:
  serve     start development server      启动服务
  build     build for production          生成用于生产环境的包
```

```
    inspect   inspect internal webpack config   审查 webpack 配置
    lint      lint and fix source files         lint 并修复源文件
  run vue-cli-service help [command] for usage of a specific command.
```

执行 vue-cli-service serve 命令后，会启动一个开发服务器(附带开箱即用的模块热重载)。

执行 vue-cli-service build 命令后，会在 di 目录生成一个可用于生产环境的包，带有压缩后的 JavaScript、CSS、HTML 文件，以及为更好地缓存而做的 vendor chunk 拆分，它的 chunk manifest(块清单)会内联在 HTML 中。

vue-cli-service serve 命令的用法及包含的选项如下所示：

```
npx vue-cli-service help serve
Usage: vue-cli-service serve [options]
Options:
  --open     在服务器启动时打开浏览器
  --copy     在服务器启动时将 URL 复制到剪贴板
  --mode     指定环境模式 (默认值:development)
  --host     指定 host (默认值:0.0.0.0)
  --port     指定 port (默认值:8080)
  --https    使用 https (默认值:false)
```

vue-cli-service build 命令的用法及包含的选项如下所示：

```
Usage: vue-cli-service build [options] [entry|pattern]
Options:
  --mode          指定环境模式 (默认值:production)
  --dest          指定输出目录 (默认值:dist)
  --modern        面向现代浏览器带自动回退地构建应用
  --target        app | lib | wc | wc-async (默认值:app)
  --name          库或 Web Components 模式下的名字
  --no-clean      在构建项目之前不清除目标目录
  --report        生成 report.html 以帮助分析包内容
  --report-json   生成 report.json 以帮助分析包内容
  --watch         监听文件变化
```

在上述选项中，"--modern"使用现代模式构建应用，为现代浏览器交付原生支持的 ES 2015 代码，并生成一个兼容旧浏览器的包用来自动回退；"--target"允许将项目中的任何组件以一个库或 Web Components 组件的方式进行构建；"--report"和"--report-json"会根据构建统计生成报告，帮助用户分析包中包含的模块们的大小。

7.3.2 配置文件

vue-cli4 引入了全局配置文件的功能，如果项目的根目录中存在 vue. config. js 文件，就会被@vue/cli-service 模块自动加载。因此，vue. config. js 是一个可选的配置文件。

下面演示 vue. config. js 的简单使用，详细配置说明请参考 Vue CLI 官方文档。

```
1 module.exports={
2   publicPath: '/',              // 根目录
3   outputDir: 'dist',                // 默认 dist 构建输出目录
```

```
4   lintOnSave: true,   // 是否开启 eslint 保存检测,有效值:true,false,'error'
5   runtimecompiler: false,         // 运行时版本是否需要编译
6   chainWebpack: ()=>{},     // webpack 配置
7   configureWebpack: ()=>{},     // webpack 配置
8   vueLoader: {},                  // vue-loader 配置项
9   productionSourceMap: true,      // 生产环境是否生成 sourceMap 文件
10  css: { // 配置高于 chainWebpack 中关于 css loader 的相关配置},
11  parallel: require('os').cpus().length>1,
12                                  // 构建时开启多进程处理 babel 编译
13  dll: false,          // 是否启用 dll
14  pwa: {},          // PWA 插件相关配置
15  devServer: {…},                // webpack-dev-server 相关配置
16  pluginOptions: {               // 第三方插件配置
17    // …
18  }
19}
```

上述代码中,第 4 行开启了 eslint 保存检测,如果想要在生产构建时禁用 eslint-loader,可以改为如下配置:

```
lintOnSave: process.env.NODE ENV !=='production'
```

第 15 行的 devServer 中的字段是 webpack-dev sever 的相关配置,可用于以各种方式更改其行为。例如,devServer. before 提供在服务器内部的所有其他中间件之前执行自定义中间件的能力,这可用于定义自定义处理程序。

下面我们通过例 7-2 演示如何配置 devServer 的 before 函数以请求本地接口数据。

例 7-2 配置 devServer 的 before 函数以请求本地接口数据。

(1) 打开前面创建的 D:\vue\chapter07\hello-vue 项目,创建 data 目录,然后在 data 目录中创建 goods. json 文件,存放一些测试数据,具体代码如下:

```
1  {
2    "last_id": 0,
3    "list": [{
4      "order_id": "1",
5      "foods": [{
6            "name":"炸鸡",
7            "describe":"第 1 件商品",
8            "price":"22.00",
9            "date":"2020-12-15",
10           "Time":"16:38",
11           "money":22
12     }],
13     "taken": false
14   },
15   {
16     "order_id": "2",
```

```
17        "foods": [{
18            "name":"薯条",
19            "describe":"第 2 件商品",
20            "price":"12.00",
21            "date":"2020-12-15",
22            "Time":"16:44",
23            "money":24
24        }],
25        "taken": true
26        }]
27  }
```

(2) 在 D:\vue\chapter07\hello-vue\vue.config.js 文件中编写代码，具体代码如下：

```
const goods=require('./data/goods.json')// 导入 goods.json 文件
module.exports={
  transpileDependencies: [
    'vuetify'
  ],
    devServer: {
      port: 8081,// 修改端口号
      open: true,// 自动启动浏览器
      before: app=>{      // 请求接口地址 http://localhost:8081/api/goods
        app.get('/api/goods', (req, res)=>{
          res.json(goods)
        })}
    }
}
```

(3) 保存上述代码，执行 npm run serve 命令，启动项目。

(4) 在浏览器中访问 http://localhost:8081/api/goods，运行结果如图 7-23 所示。

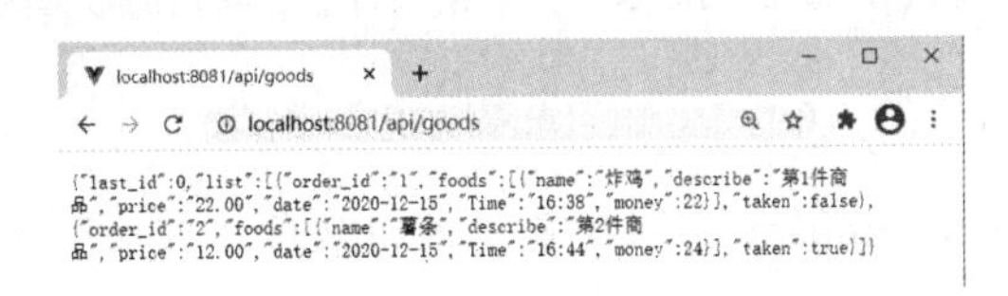

图 7-23　例 7-2 结果

7.3.3 配置多页应用

使用 Vue CLI 脚手架创建的 Vue 项目一般都是 SPA 单页面应用。在一些特殊的场景下，如一套系统的管理端和客户端分为不同的页面应用，或者一个程序中可以访问不同的页面，但是这个页面之间有共用的部分，像这类多个页面模块之间相互独立的情况，就需要构建多页面应用(也称多页应用)。

Vue CLI 支持使用 vue.config.js 中的 pages 选项构建一个多页的应用，构建好的应用将会在不同的入口之间高效率共享通用的 chunk(组块)，以获得最佳的加载性能。

下面来对比一下单页应用(SPA)和多页应用(MPA)的区别,如表 7-2 所示。

表 7-2　对比 SPA 和 MPA

对比项	单页应用	多页应用
应用结构	由一个页面和多个组件构成	由多个完整页面构成
跳转方式	页面片段之间的跳转是把一个页面片段删除或隐藏,加载另一个页面片段并显示出来。这是片段之间的模拟跳转,并没有打开新页面	页面之间的跳转是从一个页面跳转到另一个页面
跳转后公共资源是否重新加载	否,局部刷新	是,整页刷新
页面间数据传递	传递数据比较容易	依赖 URL、cookie、localStorage,实现起来麻烦
用户体验	页面片段间的切换快,用户体验好	页面间切换加载慢,不流畅,用户体验差,特别是在移动设备上
SEO	需要单独方案做,有些麻烦	可以直接做
适用的范围	对体验要求高的应用,特别是移动应用	需要对 SEO 友好的网站

下面以案例的方式讲解多页面应用在项目中的使用。

例 7-3　多页面应用在项目中的使用。

(1) 编写 D:\vue\chapter07\hello-vue\vue.config.js 文件,具体代码如下:

```
1 module.exports={
2   pages: {
3     index: {
4       entry: 'src/index/main.js',      // 页面的入口文件
5       template: 'public/index.html', // 页面的模板文件
6       filename: 'index.html' // build 生成的文件名称,例如:dist/index.html
7     },
8     subpage: 'src/subpage/main.js' // 输出文件名会默认的输出为 subpage.html
9   }
10 }
```

上述代码中,第 4 行在 subpage 中只配置了入口文件。在访问该页面时,template 默认会去找 public\subpage.html 页面,如果找不到会使用 public\index.html 文件。

(2) 执行如下命令,为项目安装 router 和 vuex。

```
vue add router
vue add vuex
```

在安装 router 时,程序会询问是否开启 history 模式,选择否。

(3) 创建多页面应用相关的文件。在 src 目录下创建 index 目录,把 assets、views、App.vue、main.js、router.js 移动到 index 目录中。此时 index 的文件结构如下所示:

- assets:存放图片资源。
- views:存放 About.vue、Home.vue。
- App.vue:页面渲染组件。

- main.js：页面主入口文件。
- router.js：定义路由规则文件。

（4）修改 src\index\main.js 文件，将 store 的路径改为上级目录，如下所示：

```
import store from '../store'
```

（5）创建 src\subpage 目录，把 src\index 目录下的文件复制到 subpage 目录中。

（6）修改 src\store\index.js 文件，存放 tip 数据，示例代码如下：

```
1  import Vue from 'vue'
2  import Vuex from 'vuex'
3  Vue.use(Vuex)
4  export default new Vuex.Store({
5    state: {
6      tip: '页面测试'
7    },
8    mutations: {},
9    actions: {}
10 })
```

（7）修改 index\views\Home.vue 文件中的 JavaScript 代码，具体代码如下：

```
1  import HelloWorld from '@/components/HelloWorld.vue'
2  export default {
3    name: 'home',
4    components: {
5      HelloWorld
6    },
7    mounted () {
8      console.log('这是默认页面测试的主页:'+ this.$store.state.tip)
9    }
10 }
```

（8）修改 subpage\views\Home.vue 文件中的 JavaScript 代码，示例代码如下：

```
1  import HelloWorld from '@/components/HelloWorld.vue'
2  export default {
3    name: 'home',
4    components: {
5      HelloWorld
6    },
7    mounted () {
8      console.log('这是多页面测试的主页:'+ this.$store.state.tip)
9    }
10 }
```

（9）执行 npm run server 命令启动项目，在浏览器中访问 http://localhost:8080，运行结果如图 7-24 所示。

（10）打开 http://localhost:8080/subpage.html，运行结果如图 7-25 所示。

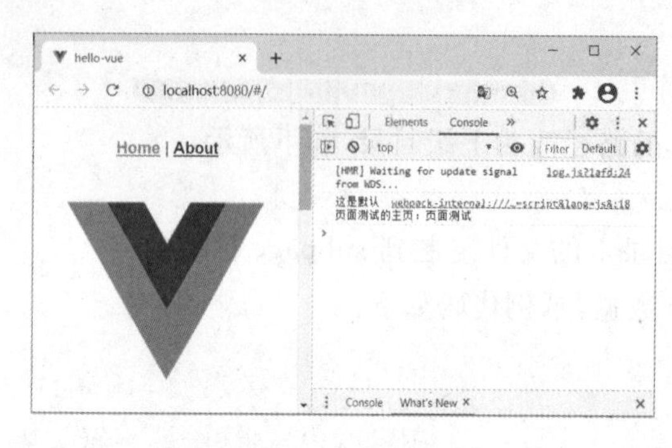

图 7-24　例 7-3 结果

图 7-25　运行结果

7.4 环境变量和模式

7.4.1　环境变量

在一个项目的开发过程中，一般都会经历本地开发、代码测试、开发自测、测试环境、预上线环境，最后才能发布线上正式版本。在这个过程中，每个环境可能都会有所差异，如服务器地址、接口地址等，在各个环境之间切换时，需要不同的配置参数。所以为了方便管理，在 Vue CLI 中可以为不同的环境配置不同的环境变量。

Vue CLI 4 构建的项目目录中，移除了 config 和 build 这两个配置文件，并在项目根目录中定义了 4 个文件，用来配置环境变量，具体如下。

- env：将在所有的环境中被载入。
- env. local：将在所有的环境中被载入，只会在本地生效，会被 git 忽略。
- env. [mode]：只在指定的模式下被载入。如. env. development 用来配置开发环境的配置。
- env. [mode]. local：只在指定的模式下被载入，与. env. [mode]的区别是，只会在本地生效，会被 git 忽略。

> **小提示：**
> . env. development 比一般的环境文件(例如 . env)拥有更高的优先级。除此之外，Vue CLI 启动时已经存在的环境变量拥有最高优先级，并不会被. env 文件覆写。

下面演示如何在环境变量文件中编写配置，示例代码如下：

```
FOO='bar'
VUE_APP_SECRET='secret'
VUE_APP_URL='urlApp'
```

上述代码中，设置好了环境变量，接下来就可以在项目中使用变量了。需要注意的是，在不同的地方使用，限制也不同，如下所示：

- 在 src 目录的代码中使用环境变量时，需要以 VUE_APP_开头，例如，在 main. js 中控制台输出 console. log(process. env. VUE_APP_URL)，结果为 urlApp。
- 在 webpack 配置中使用，可以直接通过 process. env. ××来使用。

7.4.2 模式

默认情况下，一个 Vue CLI 项目有 3 种模式，具体如下。

- development：用于 vue-cli-service serve，即开发环境使用。
- production：用于 vue-cli-service build 和 vue-cli-service test：e2e，即正式环境使用。
- test：用于 vue-cli-service test：unit。

下面演示如何配置一个自定义的模式。打开 package.json 文件，找到 scripts 部分，通过“--mode”选项来修改模式。

```
1 "scripts": {
2  "serve": "vue-cli-service serve",
3  "build": "vue-cli-service build",
4  "lint": "vue-cli-service lint",
5  "stage": "vue-cli-service build--mode stage" // 新增 stage 模式
6 },
```

在上述代码中，第 5 行新增了自定义的 stage 模式，用来模拟预上线环境。

然后在项目根目录下创建.env.stage 文件，具体代码如下：

```
// 在 Node.js 下的运行环境为生产环境，通过 process.env.NODE_ENV 获取这个值
NODE_ENV='production'
// 项目变量
VUE_APP_CURRENTMODE='stage'
// 打包之后的文件保存目录
outputDir='stage'
```

在上述代码中，环境变量 NODE_ENV 的值为 production，表示在 Node.js 下的运行环境为生产环境，通过 process.env.NODE_ENV 可以获取这个值；VUE_APP_CURRENTMODE 表示项目变量；outputDir 表示打包之后的文件保存目录。

然后在 vue.config.js 文件中使用环境变量，指定输出目录为环境变量配置的 stage 目录，示例代码如下：

```
module.exports={
  outputDir: process.env.outputDir, // 获取环境变量中的 outputDir 的值
}
```

上述代码中，第 2 行使用 process.env.outputDir 来获取环境变量中的 outputDir 的值。

保存上述代码，执行 npm run stage 命令，就可以看到在项目根目录下生成了 stage 目录，如图 7-26 所示。

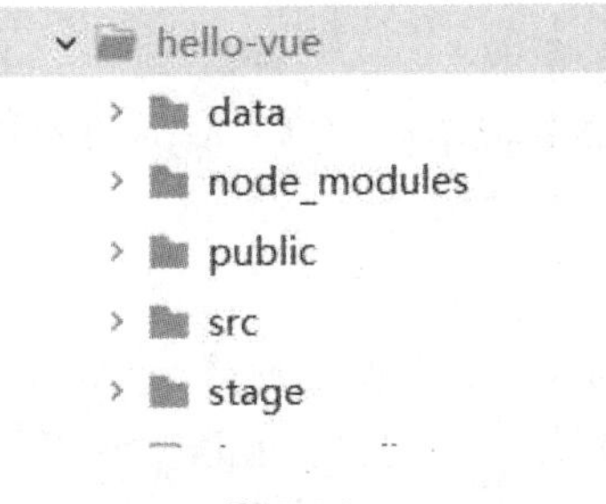

图 7-26

7.5 静态资源管理

Vue CLI 2.×中，webpack 默认存放静态资源的目录是 static 目录，不会经过 webpack 的编译与压缩，在打包时会直接复制一份到 dist 目录。而 Vue CLI 4.×提供了 public 目录来代替 static 目录，对于静态资源的处理有如下两种方式。

● 经过 webpack 处理：在 JavaScript 被导入或在 template/CSS 中通过相对路径被引用的资源。

● 不经过 webpack 处理：存放在 public 目录下或通过绝对路径引用的资源，这类资源将会直接被拷贝一份，不做编译和压缩的处理。

从以上两种方式可以看出，静态资源的处理不仅和 public 目录有关，也和引入方式有关。根据引入路径的不同，有如下处理规则。

● 如果 URL 是绝对路径，如/images/logo.png，会被保持不变。

● 如果 URL 以.前缀开头，会被认为是相对模块请求，根据文档目录结构进行解析。

● 如果 URL 以～前缀开头，其后的任何内容会被认为是模块请求，表示可以引用 node_modules 里的资源，如<img src="～some-npm-package/foo.png">。

● 如果 URL 以@开始，会被认为是模块请求，因为 Vue CLI 的默认别名@表示"<projectRoot>/src"(仅作用于模板中)。

在了解了转换规则后，下面针对相对路径引入静态资源和 public 目录引入静态资源分别进行讲解。

1.使用相对路径引入静态资源

使用相对路径引入的静态资源文件，会被 webpack 解析为模块依赖。所有的.vue 文件经过 vue-loader 的解析，会把代码分隔成多个片段，其中，template 标签中的内容会被 vue-html-loader 解析为 Vue 的渲染函数，最终生成.js 文件，而 css-loader 用于将 css 文件打包到 js 中，常配合 style-loader 一起使用，将 css 文件打包并插入页面中。

例如，CSS 背景图 background：url(./logo.png)会被转换成 require('./logo.png')。<img src="./logo.png">会被编译成如下代码：

```
createElement('img', { attrs: { src: require('./logo.png') }})
```

将静态资源作为模块依赖导入，它们会被 webpack 处理，并具有如下优势：

● 脚本和样式表会被压缩并且打包在一起，从而避免额外的网络请求；

● 如果文件丢失，会直接在编译时报错，而不是到了用户端才产生 404 错误；

● 最终生成的文件名包含了内容哈希，因此浏览器会缓存它们的最新版本。

2.public 目录引入静态资源

保存在 public 目录下的静态资源不会经过 webpack 处理，会直接被简单复制。在引入时，必须使用绝对路径。示例代码如下：

```
<img src="/logo.png">
```

如果应用没有部署在根目录，为了方便管理静态资源的路径，可以在 vue.config.js 文件中使用 publicPath 配置路径前缀，示例代码如下：

```
publicPath: '/abc/'
```

配置路径前缀后，在代码中使用前缀时，有如下两种使用方式。

方式一：对于 public/index. html 文件，或者其他通过 html-webpack-plugin 插件用作模板的 HTML 文件，可以使用＜%＝BASE_URL %＞设置路径前缀，示例代码如下。

```
<link rel="icon" href="<%=BASE_URL %>favicon.ico">
```

方式二：在组件模板中，原来的路径还可以继续使用，不影响图片的正常显示。如果需要更改路径，可以向组件中传入基础 URL，示例代码如下。

```
<img :src="`${publicPath}logo.png`">
```

然后在 data 中返回 publicPath 的值，图片的路径会自动处理为"/abc/logo. png"，如下所示。

```
data () {
  return {
   // process.env.BASE_URL 会自动转换为 publicPath 配置的路径
    publicPath: process.env.BASE_URL
  }
}
```

在上述代码中，process. env. BASE_URL 会自动转换为 publicPath 配置路径。经过以上处理后，图片的路径会自动处理为"/abc/logo. png"。

本章小结

本章主要讲解了 Vue 开发环境搭建及其应用，主要内容包括：Vue 开发环境的搭建方法；Vue 项目的创建方法；CLI 服务的原理；vue. config. js 文件的配置方法；全局环境变量与模式的配置及静态资源的管理。

课后习题

一、选择题

1. 下列选项中说法正确的是(　　)。

A. 使用 yarn install add @vue/cli 命令可以全局安装@vue/cli 工具

B. 执行 npm uninstall vue-cli-g 命令可以全局删除 vue-cli 包

C. 新版的 Vue CLI 的包名称为 vue-cli

D. 通过 vue add ui 命令来创建图形用户界面

2. 关于 CLI 服务，下列选项说法错误的是(　　)。

A. 通过 vue ui 使用 GUI 图形用户界面来运行更多的特性脚本

B. vue. config. js 是一个可选的配置文件

C. 通过 npx vue-cli-service helps 查看所有的可用命令

D. 在@vue/cli-service 中安装了一个名为 vue-cli-service 的命令

3. 下列选项中说法正确的是(　　)。

A. 使用相对路径引入的静态资源文件,会被 webpack 处理解析为模块依赖

B. 通过绝对路径被引用的资源将会经过 webpack 的处理

C. 放在 public 文件夹下的资源将会经过 webpack 的处理

D. URL 以～开始,会被认为是模块请求

二、填空题

1. 对于 CLI 类型的插件,需要以________为前缀。

2. 在 Vue CLI 3 中使用________命令来创建一个 Vue 项目。

3. 使用 npm 包通过________命令全局安装@vue/cli 3.×。

4. 使用________来查看 Vue 的版本号。

5. 使用 yarn 包通过________命令全局安装@vue/cli 3.×。

三、判断题

1. 卸载 vue-cli 的命令是 npm uninstall vue-cli-g。(　　)

2. 添加 CLI 插件的命令是 vue add vue-eslint。(　　)

3. 插件不能修改 webpack 的内部配置,但是可以向 vue-cli-service 注入命令。(　　)

4. Vue CLI 通过 vue ui 命令来创建图形用户界面。(　　)

5. 在文件中用“key=value”(键值对)的方式来设置环境变量。(　　)

四、简答题

1. 简述如何安装 Vue CLI 3.×版本的脚手架。

2. 简述如何在现有项目中安装 CLI 插件和第三方插件。

3. 简单介绍 CLI 服务 vue-cli-service ＜command＞中的 command 命令包括哪些内容。

第8章 路由及状态管理进阶

本章通过用户登录注册案例来演示 vue-router 在 vue. js+webpack 项目中的应用方法，通过购物车案例来演示 vuex 在 vue. js+webpack 项目中的应用方法。

8.1 用户登录注册案例

在前面的章节中我们学习了 vue-router 的基础知识，下面将讲解 vue-router 在复杂项目中的应用。通过本节的学习，读者将掌握如何搭建 webpack+vue 项目；掌握相关 loader 的安装与使用，包括 css-loader、style-loader、vue-loader、url-loader、sass-loader 等；熟悉 webpack 的配置、文件的打包、路由的配置及使用。

8.1.1 案例分析

登录和注册是项目中常见的功能需求。大部分系统都需要用户登录后才可以使用某些功能。例如，我们在使用中国移动的 App 时，只有登录成功后才可以查看个人账户的流量及话费余额等信息。

为简化案例的代码，我们省略了部分 CSS 样式代码，仅侧重于功能的实现。大家可以自行添加 CSS 代码进行页面美化。需要提前说明的是，后面的章节中我们将会使用流行的 UI 框架进行项目开发，不用自己写 CSS 代码就可以制作出美观大方的页面。

登录页面如图 8-1 所示，注册页面如图 8-2 所示。

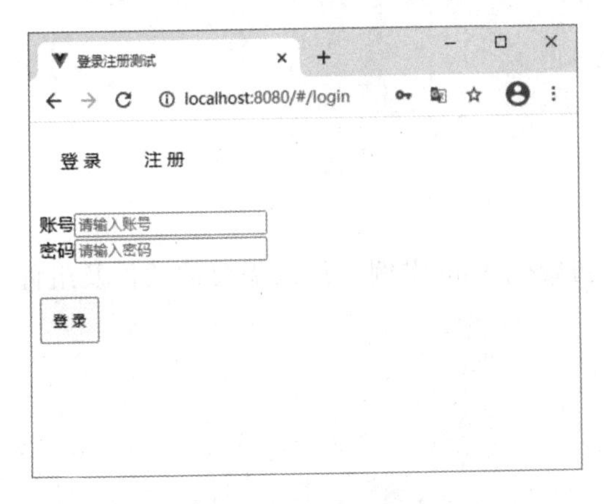

图 8-1 登录页面

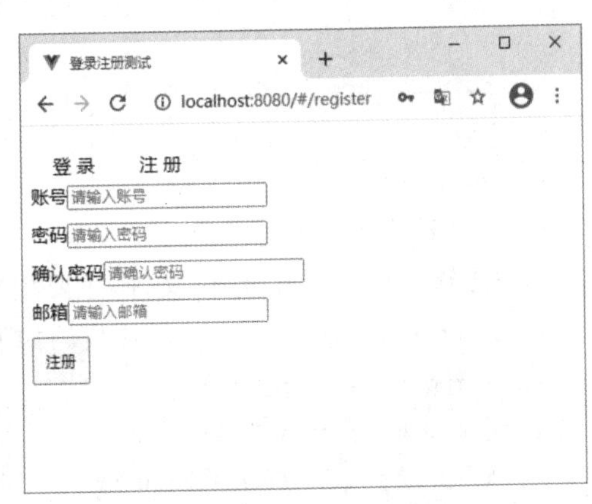

图 8-2 注册页面

8.1.2 准备工作

1. 创建项目

创建 D:\vue\chapter08 目录，在命令行中执行以下命令：

```
vue create login
```

2. 安装 router 插件

```
vue add router
```

3. 规划目录结构

```
|-node_modules              // 第三方依赖
|-public                    // 静态文件
    |-index.html            // 首页
|-src
    |-assets                // 图片等
    |-components            // 存放 vue 组件
        |-login.vue         // 登录组件
        |-register.vue      // 注册组件
    |-router                // 路由文件
    |-App.vue               // vue 文件，推荐使用首字母大写来命名
    |-main.js               // 程序逻辑入口文件
```

8.1.3 代码实现

1. 编写首页

编辑首页文件 public\index.html，具体代码如下：

```
<!DOCTYPE html>
<html lang="en">
<head>
  <meta charset="UTF-8">
  <title>登录注册测试</title>
</head>
<body>
    <div id="app"></div>
</body>
</html>
```

2. 编写逻辑入口文件

编写逻辑入口 src/main.js 文件，主要用来初始化 Vue 实例并加载需要的插件及组件，如 vue-router、mui、App.vue 等，具体代码如下：

```
1    import Vue from 'vue'
2    import App from './App.vue'
3    import router from './router'
4
5    Vue.config.productionTip=false
6
```

```
7    new Vue({
8      router,
9      render: h=>h(App)
10   }).$ mount('# app')
```

上述代码中,第 1 行引入 vue.js;第 2 行引入 App.vue 组件,该组件将在后面实现;第 3 行导入 vue-router.js 路由包,并在第 8 行将其挂载到 Vue 实例上;第 7～10 行初始化 Vue 实例,第 9 行使用 render 函数渲染 App.vue 组件,第 8 行将 router.js 文件导出的 router 对象注册到 Vue 实例上,用来监听 URL 地址的变化,然后展示对应的组件。

3. 编写路由文件

编辑 src\router\index.js 文件,该文件是一个单独的路由文件。在后面的步骤中将会创建 Login.vue(登录)和 Register.vue(注册)两个组件,所以需要在路由文件中导入这两个组件,并配置相应的路由规则。具体代码如下:

```
1    import Vue from 'vue'
2    import VueRouter from 'vue-router'
3    import Login from '../components/Login'        // 导入登录和注册对应的路由组件
4    import Register from '../components/Register'
5
6    Vue.use(VueRouter)
7    // 配置路由规则
8    const routes=[
9          {path: '/', redirect: '/register'},
10         {path: '/login', component: Login},
11         {path: '/register', component: Register}
12     ]
13     // 创建路由对象
14     const router=new VueRouter({
15         routes
16     })
17
18     export default router
```

上述代码中,第 14 行创建路由对象 router,用于定义路由;第 8 行代码为 router 设置匹配对象 routes,用来配置多个路由组件;第 9～11 行给 Login 和 Register 组件分别设置 path 路由链接和对应的组件,其中第 9 行用来将首页重定向到 Register 组件。

4. 创建根组件

创建 App.vue 文件,该文件是项目的根组件(主组件),所有页面都是在 App.vue 下进行切换的。例如,可以定义公共的样式或者动画等。具体代码如下:

```
1 <template>
2    <div id="app">
3        <div id="login-container">
4            <router-link to="/login" tag="span">登录</router-link>
5            <router-link to="/register" tag="span">注 册</router-link>
```

```
6         </div>
7         <router-view></router-view>
8     </div>
9 </template>
10
11<script>
12    export default {
13        name: "App"
14    }
15</script>
16
17<style scoped>
18    # login-container {
19        display: flex;
20        padding-top: 10px;
21    }
22    span {
23        padding: 5px 20px;
24        border-radius: 5px;
25        font-size: 16px;
26    }
27</style>
```

5. 编写登录页面

创建 components\Login. vue 文件，该文件是登录页面，在页面中提供一个用户登录的表单。具体代码如下：

```
1   <template>
2       <div class="login">
3           <div class="content">
4               <form class="miu-input-group login-form">
5                   <div class="mui-input-row">
6                       <label>账号</label>
7                       <input type="text" class="mui-input-clear mui-input" placeholder
="请输入账号"/>
8                   </div>
9                   <div class="mui-input-row">
10                      <label>密码</label>
11                      <input type="password" class="mui-input-clear mui-input"
placeholder="请输入密码"/>
12                  </div>
13              </form>
14          <div class="mui-content-padded">
```

```
15                <button type="button" class="mui-btn mui-btn-block mui-btn-primary"
>登录</button>
16              </div>
17          </div>
18      </div>
19    </template>
20
21    <script>
22        export default {
23            data() {
24                return {};
25            },
26        }
27    </script>
28
29    <style scoped>
30        .login-form {
31            margin: 30px 0;background-color: transparent;
32        }
33
34        .mui-input-group .mui-input-row {
35            margin-bottom: 10px;background: # fff;
36        }
37
38        .mui-btn-block {
39            padding: 10px 10px;
40        }
41    </style>
```

小提示：

其中，<script>和<style>可以省略，但<template>不要省略，否则 Vue 会出现警告提示。

6. 编写注册页面

创建 components\Register. vue 文件，该文件是注册页面，在页面中提供一个用户注册的表单。具体代码如下：

```
1   <template>
2       <div class="register">
3           <div class="content">
4               <form class="mui-input-group register-form">
5                   <div class="mui-input-row">
6                       <label>账号</label>
7                       <input type="text" class="mui-input-clear mui-input" placeholder
="请输入账号"/>
```

```
8                     </div>
9                     <div class="mui-input-row">
10                        <label>密码</label>
11                        <input type="text" class="mui-input-clear mui-input"
placeholder="请输入密码"/>
12                    </div>
13                    <div class="mui-input-row">
14                        <label>确认密码</label>
15                        <input type="text" class="mui-input-clear mui-input"
placeholder="请确认密码"/>
16                    </div>
17                    <div class="mui-input-row">
18                        <label>邮箱</label>
19                        <input type="text" class="mui-input-clear mui-input"
placeholder="请输入邮箱"/>
20                    </div>
21                </form>
22                <div class="mui-content-padded">
23                        <button type="butten" class="mui-btn mui-btn-block mui-btn-
primary">注册</button>
24                  </div>
25              </div>
26          </div>
27      </template>
28
29      <script>
30          export default {
31              data() {
32                  return {};
33              },
34          }
35    </script>
36
37    <style scoped>
38        .login-form {
39            margin: 30px 0;background-color: transparent;
40        }
41
42        .mui-input-group .mui-input-row {
43            margin-bottom: 10px;background: # fff;
44        }
45
46        .mui-btn-block {
```

```
47            padding: 10px 10px;
48        }
49    </style>
```

7. 运行项目

在命令行中切换到项目根目录下，执行如下命令运行程序：

```
npm run serve
```

当控制台中出现 Compiled successfully 时表示编译完成，项目已经启动了，然后在浏览器中打开 http://localhost:8080，页面效果就如图 8-1 和图 8-2 所示。

8.2 购物车案例

8.2.1 案例分析

“购物车”是购物网站中的基本功能之一。顾客可以将想要购买的商品添加到购物车，计算已加入购物车的商品价格。本案例主要由两个页面组成，分别是商品列表页面和购物车页面，如图 8-3 和图 8-4 所示。

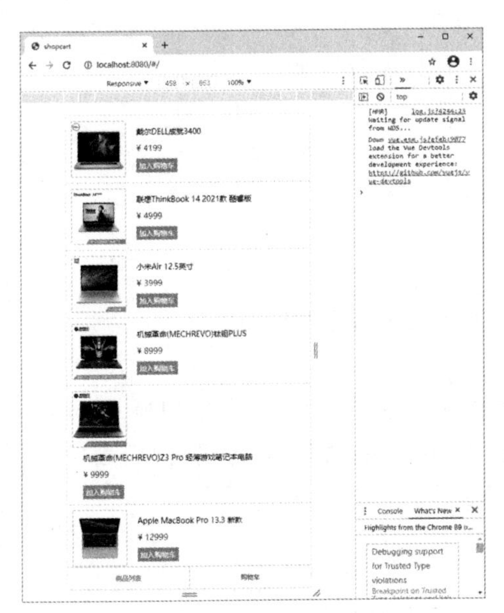

图 8-3　商品列表页面

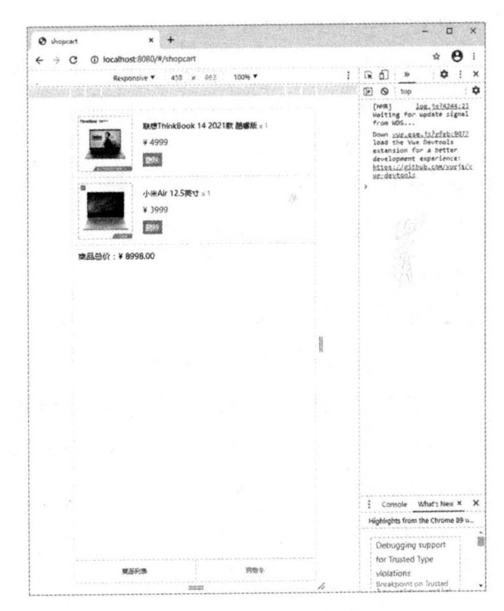

图 8-4　购物车页面

在图 8-3 所示页面中，单击“加入购物车”按钮，即可将商品添加到购物车。在底部的 Tab 栏中切换到“购物车”页面，可以查看购物车中的商品，并且会在商品底部显示商品的总价格。如果在购物车页面中单击“删除”按钮，则可删除商品。

本案例的目录结构如下所示：

```
|-node_modules            // 第三方依赖
|-public                  // 存放公共资源的地方，里面有一个 index.html
    |-index.html          // 首页入口文件
|-src                     // 源代码目录
    |-api                 // 假数据
```

```
    |-shop.js
|-assets                    // 静态资源,如 css\img\js 等
|-components                // 自定义公共组件
    |-GoodsList.vue
    |-Shopcart.vue
|-router                    // 路由目录
|-store                     // vuex 的文件
    |-modules
        |-goods.js
        |-shopcart.js
    |-index.js
|-App.vue                   // 首页组件,也叫根组件
|-main.js                   // 入口文件,一切的入口
```

8.2.2 代码实现

1.创建项目

(1) 打开命令工具,切换到 D:\vue\chapter08\目录,执行如下命令创建项目:

```
vue create shopcart
```

(2) 切换到 shopcart 目录,安装 vuex 和 router,具体命令如下:

```
cd shopcart
vue add router
vue add vuex
```

(3) 执行如下命令,启动项目:

```
npm run serve
```

在浏览器中访问 http://localhost:8080,查看项目是否已经启动。

2.实现底部 Tab 栏的切换

(1) 本案例的底部 Tab 栏的切换是通过路由来完成的,使用路由来切换 GoodsList 组件和 Shopcart 组件。创建 src\components\GoodsList.vue 文件,具体代码如下:

```
<template>
    <div>GoodsList</div>
</template>
```

(2) 创建 src\components\Shopcart.vue 文件,具体代码如下:

```
<template>
    <div>Shopcart</div>
</template>
```

(3) 创建 src\router\index.js 文件,具体代码如下:

```
1   import Vue from 'vue'
2   import VueRouter from 'vue-router'
3   import GoodsList from '../components/GoodsList'
4   import Shopcart from '../components/Shopcart'
5   Vue.use(VueRouter)
6
```

```
7   const routes=[
8     { path: '/', name: 'GoodsList', component: GoodsList },
9     { path: '/shopcart', name: 'Shopcart', component: Shopcart }
10  ]
11
12  const router=new VueRouter({
13    mode: 'history',
14    base: process.env.BASE_URL,
15    routes
16  })
17
18  export default router
```

(4) 修改 src\APP. vue 文件，利用<router-link>实现 Tab 栏切换，代码如下：

```
1   <template>
2     <div id="app">
3       <div class="content">
4           <router-view />
5       </div>
6       <div class="bottom">
7           <router-link to="/" tag="div">商品列表</router-link>
8           <router-link to="/shopcart" tag="div">购物车</router-link>
9       </div>
10      </div>
11  </template>
12
13  <script>
14    export default { name: 'App' }
15  </script>
16
17  <style>
18  html,
19  body {
20      height: 100%;
21  }
22  body {
23      margin: 0;
24      font-size: 12px;
25      box-sizing: border-box;
26  }
27  </style>
28
29  <style scoped>
30  #app {
```

```
31            height: 100% ;
32            display: flex;
33            flex-direction: column;
34        }
35        .content {
36            flex: 1;
37            overflow-y: scroll;
38        }
39        .bottom {
40            height: 40px;
41            display: flex;
42            border-top: 1px solid # ccc;
43        }
44        .bottom>div {
45            flex: 1;
46            display: flex;
47            justify-content: center;
48            align-items: center;
49            color:# 444;
50        }
51        .bottom>div:not(:last-child) {
52            border-right: 1px solid # ccc;
53        }
54        .bottom>div.router-link-exact-active {
55            color:# F18741;
56            font-weight:bold;
57            background:# FEF5EF;
58        }
59        </style>
```

(5) 在浏览器中查看运行结果，观察 Tab 栏是否可以正确切换。

3. 获取商品数据

(1) 创建 src\api\shop.js 文件，准备商品数据，具体代码如下：

```
1     const data=[
2          {'id': 1, 'title': '戴尔 DELL 成就 3400', 'price': 4199.00, src: '1.jpg'},
3          {'id': 2, 'title': '联想 ThinkBook 14 2021 款 酷睿版', 'price': 4999.00, src: '2.
jpg'},
4          {'id': 3, 'title': '小米 Air 12.5 英寸', 'price': 3999.00, src: '3.jpg'},
5          {'id': 4, 'title': '机械革命(MECHREVO)钛钽 PLUS', 'price': 8999.00, src: '4.jpg
'},
6          {'id': 5, 'title': '机械革命(MECHREVO)Z3 Pro 轻薄游戏笔记本电脑', 'price':
9999.00, src: '5.jpg'},
```

```
7          {'id': 6, 'title': 'Apple MacBook Pro 13.3 新款', 'price': 12999.00, src: '6.jpg
'},
8          {'id': 7, 'title': '三星(Samsung)Chromebook Plus V2 二合一笔记本电脑 12.2 英寸
', 'price': 6799.00, src: '7.jpg'},
9          {'id': 8, 'title': '华硕 Redolbook14 锐龙版 7nm 八核高性能轻薄本', 'price':
4499.00, src: '8.jpg'}
10     ]
11
12     export default {
13         getGoodsList(callback) {
14             setTimeout(()=>callback(data), 100)
15         }
16     }
```

上述代码用来模拟从服务器获取的数据。第 14 行利用 setTimeout()实现异步操作，其中参数 100 用来模拟网络延迟为 100ms。

(2) 编写 src\store\modules\goods.js 文件，管理商品 store，具体代码如下：

```
1     import shop from '../../api/shop'
2
3     const state={
4         list: []
5     }
6
7     const getters={}
8
9     // 获取商品列表数据
10     const actions={
11         getList ({ commit }) {
12             shop.getGoodsList(data=> {
13                 commit('setList', data)
14             })
15         }
16     }
17     // 将商品列表保存到 state 中
18     const mutations={
19         setList (state, data) {
20             state.list=data
21         }
22     }
23
24     export default {
25         namespaced: true,
26         state,
```

```
27        getters,
28        actions,
29        mutations
30    }
```

在上述代码中，第 3 行在 state 中定义的 list 数组用来保存商品列表数据；第 11 行在 actions 中定义了 getList() 方法，用来从 API 中获取商品数据，然后通过第 19 行在 mutations 中定义的 setList()方法将商品数据保存到 list 中。

(3) 创建 src\store\modules\shopcart.js 文件，具体代码如下：

```
1    const state={
2        items:[]
3    }
4
5    const getters={}
6    const actions={}
7    const mutations={}
8
9    export default{
10        namespaced: true,
11        state,
12        getters,
13        actions,
14        actions
15    }
```

在上述代码中，第 2 行的 items 数组用来保存购物车中的商品数据。由于购物车的功能将在后面的步骤中完成，此处只编写最基本的代码，确保程序可以运行即可。

(4) 创建 src\store\index.js 文件，具体代码如下：

```
1    import Vue from 'vue'
2    import Vuex from 'vuex'
3    import goods from './modules/goods'
4    import shopcart from './modules/shopcart'
5
6    Vue.use(Vuex)
7
8    export default new Vuex.Store({
9        modules: {
10           goods,
11           shopcart
12       }
13   })
```

上述代码加载了 modules 目录下的 goods.js 和 shopcart.js 模块，在第 10 行和第 11 行代码中将模块放入 Vuex.Store 的 modules 配置选项。

(5) 修改 src\main.js 文件，使用 import 导入 store，具体代码如下：

```
1    import Vue from 'vue'
2    import App from './App'
3    import router from './router'
4    import store from './store'
5
6    Vue.config.productionTip= false
7
8    /*  eslint- disable no- new * /
9    new Vue({
10       el: '# app',
11       router,
12       components: { App },
13       template: '< App/> ',
14       store
15    })
```

4. 商品列表页面

(1) 修改 src\components\GoodsList.vue 文件，输出商品列表，具体代码如下：

```
1    <template>
2      <div class="list">
3        <div class="item" v-for="goods in goodslist" :key="goods.id">
4          <div class="item-l">
5            <img class="item-img" :src="goods.src">
6          </div>
7          <div class="item-r">
8            <div class="item-title">{{ goods.title }}</div>
9            <div class="item-price">{{ goods.price | currency }}</div>
10            <div class="item-opt">
11              <button @ click="add(goods)">加入购物车</button>
12            </div>
13          </div>
14        </div>
15      </div>
16    </template>
17
18    <script>
19    import { mapState, mapActions } from 'vuex'
20
21    export default {
22       computed: mapState({
23          goodslist: state=>state.goods.list
24       }),
```

```
25      methods: mapActions('shopcart', ['add']),
26      created () {
27          this.$ store.dispatch('goods/getList')
28      },
29      filters: {
30          currency (value) {
31              return '¥'+value
32          }
33      }
34  }
35  </script>
36
37  <style>
38  .item {
39      border-bottom: 1px dashed # ccc;
40      padding: 10px;
41  }
42  .item::after {
43      content: "";
44      display: block;
45      clear: both;
46  }
47  .item-l {
48      float: left;
49      font-size: 0;
50  }
51  .item-r {
52      float: left;
53      padding-left: 20px;
54  }
55  .item-img {
56      width: 100px;
57      height: 100px;
58      border: 1px solid # ccc;
59  }
60  .item-title {
61      font-size: 14px;
62      margin-top: 10px;
63  }
64  .item-price {
65      margin-top: 10px;
66      color: # f00;
67      font-size: 15px;
```

```
68    }
69    .item-opt {
70        margin-top: 10px;
71    }
72    .item-opt button {
73        border: 0;
74        background: coral;
75        color: # fff;
76        padding: 4px 5px;
77        cursor: pointer;
78    }
79    </style>
```

在上述代码中，第26～28行代码在组件创建后，将商品列表数据从API中读取出来，保存到state中。第23行代码将state中的商品列表数据作为goodslist计算属性。第3行代码使用v-for对goodslist进行列表渲染，从而输出商品列表。

第9行代码用于输出商品价格，在输出时调用了第30～32行的currency过滤器，用于在金额前面加上人民币符号“¥”。

第11行代码用来加入购物车，单击后执行第25行使用mapActions函数绑定的add事件处理方法(add方法将在后面的步骤中编写)。Vuex提供的mapActions函数用来方便地把store中的actions绑定到组件中，同类函数还有mapState、mapMutations等，使用方法类似。在调用add方法时，还会将goods作为参数传入。

(2) 在src\store\modules\shopcart.js文件中编写add()方法，具体代码如下：

```
1  const actions={
2    add () {
3    }
4  }
```

5. 购物车页面

(1) 在src\store\modules\shopcart.js文件中编写add()方法和del()方法，实现购物车中的商品添加和删除功能，具体代码如下：

```
1    const actions={
2        add (context, item) {
3            context.commit('add', item)
4        },
5        del (context, id) {
6            context.commit('del', id)
7        }
8    }
9
10    const mutations={
11        add (state, item) {
12            const v=state.items.find(v=>v.id===item.id)
13            if (v) {
```

```
14                ++v.num
15            } else {
16                state.items.push({
17                id: item.id,
18                title: item.title,
19                price: item.price,
20                src: item.src,
21                num: 1
22                })
23            }
24        },
25        del (state, id) {
26            state.items.forEach((item, index, arr)=>{
27                if (item.id===id) {
28                    arr.splice(index, 1)
29                }
30            })
31        }
32    }
```

在上述代码中，第 2 行和第 11 行 add()方法的第 2 个参数 item 表示新添加的商品。第 12 行在添加商品时判断给定的商品 item 是否在 state.items 数组中：如果存在，则增加商品数量；如果不存在，则添加到 state.items 数组中。第 5 行和第 25 行 del()方法的第 2 个参数 id 表示删除指定 id 的商品。第 25～31 行使用商品 id 进行删除，如果从 state.items 数组中找到了对应的商品，就从 state.items 数组中删除。

（2）编辑 src\store\modules\shopcart.js 文件，实现总价格的计算，具体代码如下：

```
1  const getters={
2      totalPrice: (state)=>{
3          return state.items.reduce((total, item)= > {
4              return total+item.price *  item.num
5          }, 0).toFixed(2)
6      }
7  }
```

上述代码在 getters 中定义了 totalPrice，该方法返回商品价格计算结果。

（3）修改 src\components\Shopcart.vue 文件，输出购物车列表，具体代码如下：

```
1  <template>
2      <div class="list">
3          <div class="item" v-for="item in items" :key="item.id">
4              <div class="item-l">
5                  <img class="item-img" :src="item.src">
6              </div>
7              <div class="item-r">
8                  <div class="item-title">
```

```
9                       {{ item.title }}
10                      <small>x {{ item.num }}</small>
11                  </div>
12                  <div class="item-price">{{ item.price | currency }}</div>
13                  <div class="item-opt">
14                      <button @ click="del(item.id)">删除</button>
15                  </div>
16              </div>
17          </div>
18          <div class="item-total" v-if="items.length">商品总价：{{ total | currency }}
</div>
19          <div class="item-empty" v-else>购物车中暂无商品</div>
20          </div>
21      </template>
22
23      <script>
24      import { mapGetters, mapState, mapActions } from 'vuex'
25
26      export default {
27          computed: {
28              ...mapState({
29                  items: state=>state.shopcart.items
30              }),
31              ...mapGetters('shopcart', { total: 'totalPrice' })
32          },
33          methods: mapActions('shopcart', ['del']),
34          filters: {
35              currency (value) {
36                  return '¥ '+value
37              }
38          }
39      }
40      </script>
41
42      <style>
43      .item {
44          border-bottom: 1px dashed # ccc;
45          padding: 10px;
46      }
47      .item::after {
48          content: "";
49          display: block;
50          clear: both;
```

```
51    }
52    .item-l {
53        float: left;
54        font-size: 0;
55    }
56    .item-r {
57        float: left;
58        padding-left: 20px;
59    }
60    .item-img {
61        width: 100px;
62        height: 100px;
63        border: 1px solid # ccc;
64    }
65    .item-title {
66        font-size: 14px;
67        margin-top: 10px;
68    }
69    .item-title>small {
70        color: # 888;
71        font-size: 12px;
72    }
73    .item-price {
74        margin-top: 10px;
75        color: # f00;
76        font-size: 15px;
77    }
78    .item-opt {
79        margin-top: 10px;
80    }
81    .item-opt button {
82        border: 0;
83        background: coral;
84        color: # fff;
85        padding: 4px 5px;
86    }
87    .item-total {
88        margin: 10px;
89        font-size: 15px;
90    }
91    .item-empty {
92        text-align: center;
93        margin-top: 20px;
```

```
94        font-size: 15px;
95    }
96    </style>
```

在上述代码中，第 27～32 行使用扩展运算符“...”将 mapState 和 mapGetters 返回的结果放入计算属性中，其中第 29 行用来绑定购物车中的商品，第 31 行用来绑定购物车中的商品总价格。第 14 行在页面中创建“删除”按钮，可以删除购物车中指定 id 的商品。

(4) 打开浏览器进行测试。添加商品到购物车，查看购物车页面是否正确显示，查看总价格是否计算正确，如图 8-5 所示。

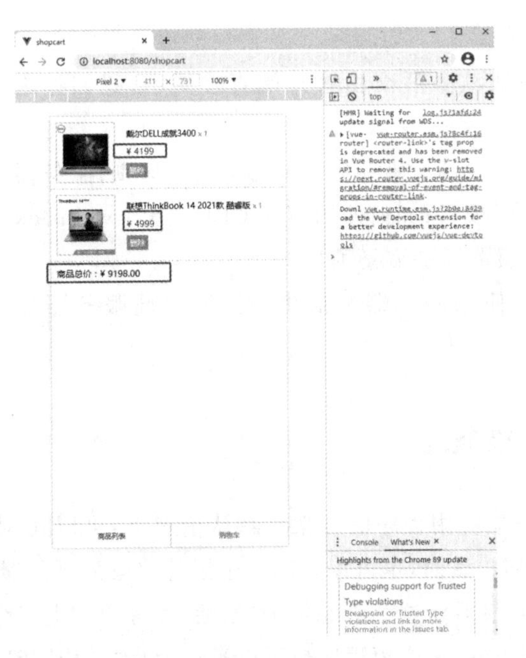

图 8-5　计算总价

课后习题

一、简答题

1. 请简述用 npm 方式安装 vue-router 的步骤。

2. 请简述用 npm 方式安装 vuex 的步骤。

第9章 服务器端渲染

页面在服务器中完成渲染后交由客户端直接展示，我们称之为服务器端渲染（server side rendering，SSR）。

本章主要内容包括客户端渲染和服务器端渲染的区别；服务器端渲染的优点和不足；手动搭建简单服务器端渲染项目；如何使用 Vue CLI 4.×＋webpack 搭建服务器端渲染项目；使用 Nuxt.js 框架搭建服务器端渲染项目。

在什么情况下需要使用服务器端渲染？如何实现服务器端渲染呢？接下来会详细讲解。

9.1 服务器端渲染概述

Vue.js 是构建客户端应用程序的框架。默认情况下，可以在浏览器中输出 Vue 组件、生成 DOM 和操作 DOM。然而，也可以将同一个组件渲染为服务器端的 HTML 字符串，将它们直接发送到浏览器，最后将这些静态标记“激活”为客户端上完全可交互的应用程序。

服务器端渲染的端 Vue.js 应用程序也可以被认为是“同构”或“通用”，因为应用程序的大部分代码都可以在服务器端和客户端上运行。

9.1.1 客户端渲染与服务器端渲染的区别

1. 客户端渲染

客户端渲染，即传统的单页面应用（SPA）模式，Vue.js 构建的应用程序默认情况下是一个 HTML 模板页面，只有一个 id 为 app 的＜div＞根容器，然后通过 webpack 打包生成 .css、.js 等资源文件，浏览器加载、解析来渲染 HTML。

.html 仅仅作为静态文件，客户端在请求时，服务器端不做处理，直接以原文件的形式返回给客户端，然后根据 HTML 上的 JavaScript，生成 DOM 插入 HTML。

在客户端渲染时，一般使用的是 webpack-dev-server 插件，它可以帮助用户自动开启一个服务器端，主要作用是监控代码并打包，也可以配合 webpack-hot-middleware 来进行热更替（HMR），这样能提高开发效率。

在 webpack 中使用模块热更替，可以使开发者无须重新运行 npm run dev 命令来刷新页面，这极大地提高了开发效率。

2. 服务器端渲染

Vue 进行服务器端渲染时，需要利用 Node.js 搭建服务器，并添加服务器端渲染的代码逻辑。使用 webpack-dev-middleware 中间件对更改的文件进行监控，使用 webpack-hot-middleware 中间件进行页面的热更替，使用 vue-server-renderer 插件来渲染服务器端打包的 bundle 文件到客户端。

3. 服务器端渲染的优点

当网站对搜索引擎优化要求比较高，页面要通过异步来获取内容时，需要使用服务器端渲染。

服务器端渲染相对于传统的单页面应用来说，主要有以下优势：

(1) 有利于搜索引擎优化。把以前需要在客户端完成的页面渲染放在服务器端来完成，可以输出对搜索引擎更友好的页面。

(2) 加快首屏渲染速度并改善用户体验。在前后端分离的项目中，前端部分需要先加载静态资源，再采用异步的方式去获取数据，最后来渲染页面。其中，在获取静态资源和异步获取数据阶段，页面上是没有数据的，这将会影响首屏的渲染速度和用户体验。项目使用服务器端渲染后，客户端无须等待所有的 JavaScript 都完成下载并执行，用户能更快速地看到完整渲染的页面，改善用户体验。

4. 服务器端渲染的不足

在使用服务器端渲染的时候，需要注意以下两点：

(1) 服务器端压力增加。服务器端渲染需要在 Node. js 中渲染完整的应用程序，这会大量占用 CPU 资源。如果在高流量的环境下使用，建议利用缓存来降低服务器负载。

(2) 服务器端需要 Node. js 环境。单页面应用可以部署在任何静态 Web 服务器上，而服务器端渲染应用程序需要运行在 Node. js 服务器环境。

9.1.2 服务器端渲染的注意事项

1. 版本要求

Vue 2. 3. 0+版本的服务器端渲染，要求 vue-server-renderer(服务端渲染插件)的版本要与 Vue 版本相匹配。对 Vue 相关插件版本的最低要求如下。

- vue & vue-server-renderer 2. 3. 0+；
- vue-router 2. 5. 0+；
- vue-loader 12. 0. 0+& vue-style-loader 3. 0. 0+。

2. 路由模式

Vue 路由有 hash 和 history 两种模式。hash(哈希)模式下，在地址栏 URL 中会自带#符号，例如，http://127. 0. 0. 1/#/login，#/login 就是 hash 值。hash 模式中的 hash 值改变之后，页面不会重新加载，就无法向服务器请求新数据。

history 模式下，URL 中不会自带#号，如 http://127. 0. 0. 1/login。history 模式利用 history. pushState API 来完成 URL 跳转。history 模式中的地址改变之后，页面会跳转，新页面打开，就会向服务器端索要数据。

总之，服务器端渲染的路由需要使用 history 模式。

9.2 手动搭建简单服务器端渲染项目

服务器端渲染的实现，通常有三种方式。本节主要讲解第一种方式，即手动搭建简单服务器端渲染项目，关键步骤为：使用命令行工具创建项目并安装 vue-server-renderer；使用 node 渲染 js 脚本；选用 Express 框架搭建 SSR；选用 Koa 搭建 SSR。详细实现过程如下。

9.2.1 创建项目

在 D:\vue\chapter09 目录下，使用命令行工具创建一个 ssr-demo1 项目。

```
mkdir ssr-demo1
cd ssr-demo1
npm init-y
```

执行完命令后，会在 ssr-demo1 目录下生成一个 package.json 文件。

vue-server-renderer 是 Vue 中处理服务器加载的一个模块，给 Vue 提供在 Node.js 服务器端渲染的功能。在 Vue 中实现服务器端渲染，需要使用 Vue 的扩展模块 vue-server-renderer。下面在 ssr-demo1 项目中使用 npm 来安装 vue-server-renderer，具体命令如下：

```
npm install vue@ 2.6.x vue-server-renderer@ 2.6.x--save
```

vue-server-renderer 依赖一些 Node.js 原生模块，所以目前只能在 Node.js 中使用。

9.2.2 创建渲染实例

完成 vue-server-renderer 安装后，创建服务器脚本文件 test.js，实现将 Vue 实例的渲染结果输出到控制台中，具体代码如下：

```
1  // ① 创建一个 Vue 实例
2  const Vue=require('vue')
3  const app=new Vue({
4    template: '<div>SSR 的简单使用</div>'
5  })
6  // ② 创建一个 renderer 实例
7  const renderer=require('vue-server-renderer').createRenderer()
8  // ③ 将 Vue 实例渲染为 HTML
9  renderer.renderToString(app, (err, html)=>{
10   if (err) { throw err }
11   console.log(html)
12 })
```

const 限定一个变量不允许被改变。使用 const 在一定程度上可以提高程序的安全性和可靠性。

在命令行中执行 node test.js，可以在控制台中看出此时在<div>标签中添加了一个特殊的属性 data-server-rendered，该属性告诉客户端这个标签是由服务器渲染的，运行结果如下：

```
<div data-server-rendered="true">SSR 的简单使用</div>
```

9.2.3 Express 框架中实现 SSR

Express 是一个基于 Node.js 平台的 Web 应用快速开发框架。下面将会讲解如何在 Express 框架中实现 SSR，具体步骤如下。

(1) 在 ssr-demo1 项目中执行如下命令，安装 Express 框架：

```
npm install express@ 4.17.x--save
```

(2) 创建 template.html 文件，编写模板页面，具体代码如下：

```
1 <!DOCTYPE html>
2 <html>
3   <head><title>Hello</title></head>
4   <body>
5     <!--vue-ssr-outlet-->
6     <!--该注释不能删除，否则会报错-->
7   </body>
8 </html>
```

上述代码中的<!--vue-ssr-outlet-->注释是 HTML 注入的地方。该注释不能删除，否则会报错。

(3) 在项目目录下创建 server.js 文件，具体代码如下：

```
1 // ① 创建 Vue 实例
2 const Vue=require('vue')
3 const server=require('express')()
4 // ② 读取模板
5 const renderer=require('vue-server-renderer').createRenderer({
6   template: require('fs').readFileSync('./template.html', 'utf-8')
7 // 传入了 template.html 文件的路径，在渲染时会以 template.html 作为基础模板
8 })
9   // ③ 处理 GET 方式请求
10 server.get('* ', (req, res)=>{
11   res.set({'Content-Type': 'text/html; charset=utf-8'})
12 //设置响应的 Content-Type 为 text/html，字符集为 utf-8
13   const vm=new Vue({  //创建 Vue 实例
14     data: {
15       title: '当前位置',
16       url: req.url
17     },
18     template: '<div>{{title}}:{{url}}</div>',
19   })
20   // ④ 将 Vue 实例渲染为 HTML 后输出
21   renderer.renderToString(vm, (err, html)=>{
22 //调用 renderer.renderToString()方法来渲染生成 HTML
23     if (err) {
24       res.status(500).end('err: '+ err)
25       return
26     }
27     res.end(html) //调用 res.end()方法将 HTML 结果发送给浏览器
28   })
```

```
29 })
30 server.listen(8080, function () {
31   console.log('server started at localhost:8080')
32 })
```

关键代码说明如下：

第 6 行传入了 template.html 文件的路径，在渲染时会以 template.html 作为基础模板。

第 11 行设置响应的 Content-Type 为 text/html，字符集为 utf-8。

第 13～19 行创建了 Vue 实例。

第 21 行调用 renderer.renderToString()方法来渲染生成 HTML，成功之后在第 27 行调用 res.end()方法将 HTML 结果发送给浏览器。

(4) 执行 node server.js 命令启动服务器，在浏览器中访问 http://localhost:8080，结果如图 9-1 所示。

在浏览器中查看源代码，如图 9-2 所示。

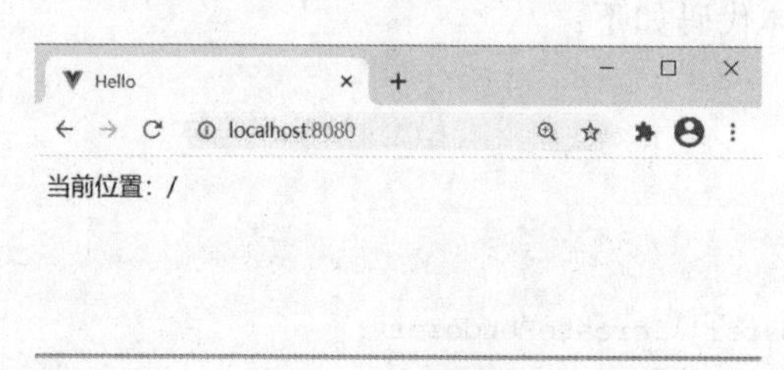

图 9-1　在 Express 框架中实现 SSR

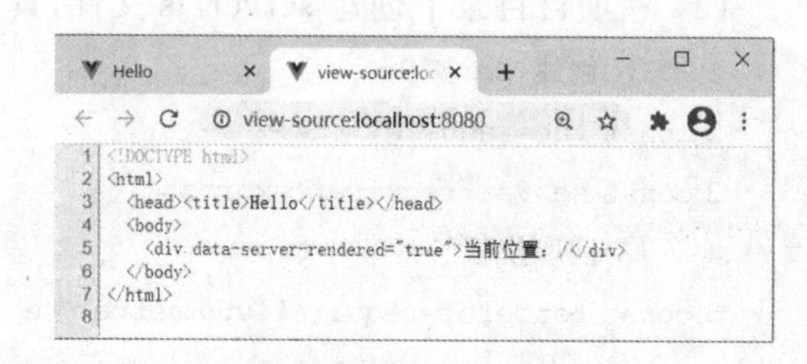

图 9-2　查看源代码

在图 9-2 中，可以看到 data-server-rendered 的值为 true，说明当前页面已经是服务器端渲染的结果。

9.2.4 Koa 框架中实现 SSR

Koa 是一个基于 Node.js 平台的 Web 开发框架。Koa 能帮助开发者快速地编写服务器端应用程序，通过 async 函数处理异步逻辑，增强错误处理。下面讲解如何在 Koa 中搭建 SSR。

(1) 在 ssr-demo1 项目中安装 Koa，具体命令如下：

```
npm install koa@ 2.9.x--save
```

(2) 创建 koa.js 文件，编写服务器端逻辑代码，具体代码如下：

```
1  // ① 创建 Vue 实例
2  const Vue=require('vue')
3  const Koa=require('koa')
4  const app=new Koa()
5  // ② 读取模板
6  const renderer=require('vue-server-renderer').createRenderer({
7    template: require('fs').readFileSync('./template.html', 'utf-8')
8  //template.html 文件是渲染的模板
9  })
10 // ③ 添加一个中间件来处理所有请求
11 app.use(async (ctx, next)=>{
```

```
12  const vm=new Vue({//创建 Vue 实例
13    data: {
14      title: '当前位置',
15      url: ctx.url   // 这里的 ctx.url 相当于 ctx.request.url
16    },
17    template: '<div>{{title}}:{{url}}</div>'
18  })
19  // ④ 将 Vue 实例渲染为 HTML 后输出
20  renderer.renderToString(vm, (err, html)=>{
21    if (err) {
22      ctx.res.status(500).end('err: '+err)
23      return
24    }
25    ctx.body=html
26  })
27 })
28 app.listen(8081, function () {
29   console.log('server started at localhost:8081')
30 })
```

在上述代码中，第 7 行的 template.html 文件是渲染的模板，在 9.2.3 节已经编写完成；第 12～18 行创建了 Vue 实例；第 20～26 行将 Vue 实例渲染为 HTML 后输出。

(3) 执行 node koa.js 命令启动项目，在浏览器中访问 http://localhost:8081，结果如图 9-3 所示。

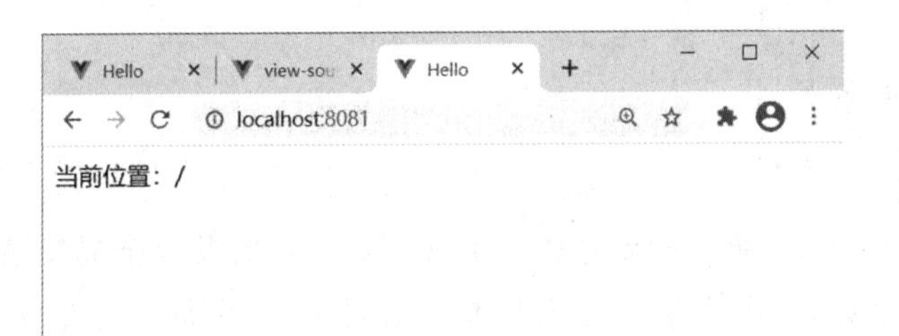

图 9-3 在 Koa 框架中实现 SSR

9.3 Vue CLI＋webpack 搭建服务器端渲染项目

本节主要讲解服务器端渲染的第二种方式，即使用 Vue CLI 4.×＋webpack 搭建服务器端渲染项目。这种方式比第一种方式难度大，Vue 官方文档也进行了比较详细的介绍，适合技术功底较好的读者阅读。

如果对 webpack 搭建服务器端渲染项目的底层细节不感兴趣，只是想快速搭建出服务器端渲染项目，建议读者直接使用 9.4 节讲解的 Nuxt.js 框架，该框架可以轻松实现服务器端渲染。

9.3.1 基本流程

在 Vue 官方文档中提供了 webpack 服务器端渲染的流程图，如图 9-4 所示。

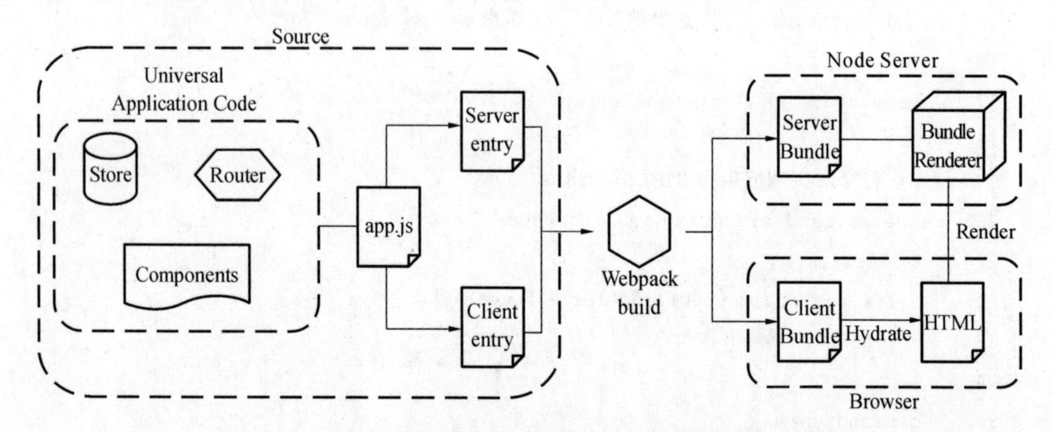

图 9-4 webpack 服务器端渲染的流程图

图 9-4 中，Source 表示 src 目录下的源代码文件，Node Server 表示 Node 服务器，Browser 表示浏览器，Universal Application Code 是服务器端和浏览器端共用的代码。

webpack 服务器端渲染需要使用 entry-server.js 和 entry-client.js 两个入口文件。通过 entry-server.js 打包的代码运行在服务器端，通过 entry-client.js 打包的代码运行在客户端。app.js 是通用入口文件，它用来编写两个入口文件中的相同部分的代码。

当服务器接收到来自客户端的请求之后，会创建一个 Bundle Renderer 渲染器，这个渲染器会读取 Server Bundle 文件，并且执行它的代码，然后发送一个生成好的 HTML 给浏览器。

9.3.2 搭建项目

1. 创建项目

如果安装了@vue/cli 脚手架就不需要再安装了，如果没有全局安装@vue/cli 脚手架，那么这里需要进行安装，用于搭建开发模板。通过 npm 全局安装@vue/cli 脚手架，命令如下：

```
npm install @ vue/cli-g
```

在 D:\vue\chapter09 目录下创建一个名称为 ssr-demo2 的项目，命令如下：

```
vue create ssr-demo2
```

执行完上述命令，会进入一个交互界面，选择 default(Vue 2)默认即可。

> **注意：**
>
> 为防止出现依赖无法安装，需更改 npm 版本为 6.×，命令如下：
>
> ```
> npm install npm@ 6-g
> ```
>
> 在 ssr-demo2 项目中安装依赖，具体命令如下：
>
> ```
> cd ssr-demo2
> npm install vue-router@ 3.x koa@ 2.8.x vue-server-renderer@ 2.6.x--save
> ```

2. 创建配置文件 ssr-demo2\vue.config.js

具体代码如下：

```
1  const VueSSRServerPlugin=require('vue-server-renderer/server-plugin')
2  module.exports={
3    configureWebpack: ()=>({
4      entry: './src/entry-server.js',
5      //将 entry 指向 src 目录下的 entry-server.js 文件
6      devtool: 'source-map',//对 bundle renderer 提供 source map 支持
7      target: 'node',//设置 target 值为 node
8      output: { libraryTarget: 'commonjs2' },
9      //将库的返回值分配给 module.exports,在 CommonJS 环境下使用
10   plugins: [ new VueSSRServerPlugin() ]
11   //插件配置选项,选项中的插件必须是 new 实例
12   }),
13   chainWebpack: config=>{// webpack 链接,用于修改加载器选项
14     config.optimization.splitChunks(undefined)
15     config.module.rule('vue').use('vue-loader')
16   }
17 }
```

3. 编写项目代码

(1) 删除 src 目录中所有的文件,然后重新创建项目文件。

(2) 创建 src\app.js 文件,具体代码如下：

```
1 import Vue from 'vue'
2 import App from './App.vue'
3 import { createRouter } from './router'
4 Vue.config.productionTip=false
5  export function createApp() {   // 导出 createApp()函数
6   const router=createRouter()   // 创建 router 实例
7   const app=new Vue({//创建 Vue 实例
8     router,//将 router 注入 Vue 实例中
9     render: h=>h(App)//用根实例渲染应用程序组件
10  })
11  return { app, router }//返回 app、router
12 }
```

关键代码说明如下：

第1～3行用于引入类库。

第5～12行导出 createApp()函数,方便在其他地方引用。其中第6行用于创建 router 实例,第7～10行创建 Vue 实例,第8行将 router 注入 Vue 实例中,第9行用根实例渲染应用程序组件,第11行返回 app、router。

(3) 创建 src\router.js 文件,具体代码如下：

```
1  import Vue from 'vue'
2  import Router from 'vue-router'
```

```
3  Vue.use(Router)
4  //创建一个路由器实例,导出 createRouter()函数
5  export function createRouter () {
6    return new Router({
7      mode: 'history',
8      routes: [
9        {path: '/',name: 'home',component: ()=>import('./App.vue')
10       }
11     ]
12   })
13 }
```

上述代码中,第 5～13 行创建一个路由器实例,导出 createRouter()函数,以便在其他地方引用。

(4) 创建 src\App.vue 文件,具体代码如下:

```
1 <template>
2   <div id="app">test</div>
3 </template>
4 <script>
5    export default {
6    name: 'app'
7    }
8 </script>
```

上述代码中,第 2 行设置 div 标签的 id 为 app,并且页面内容为"test"。

(5) 创建 src\entry-server.js 文件,该文件是服务器端打包入口文件,在 Vue 官方文档中提供了该文件的示例,可以直接复制到项目中使用。

```
1  import { createApp } from './app' //从 app.js 中导入 createApp 函数
2  export default context=>{
3    return new Promise((resolve, reject)=>{
4      const { app, router }=createApp()
5  router.push(context.url)
6  //根据 Node 传过来的 context.url,设置服务器端路由的位置
7      router.onReady(()=>{
8        const matchedComponents=router.getMatchedComponents()
9      //获取当前路由匹配的组件数组
10       if (! matchedComponents.length) {
11     //如果长度为 0 表示没有找到,执行 reject()函数,返回提示语
12         return reject(new Error('no components matched'))
13       }
14       resolve(app)
15     }, reject) }) }
```

上述代码中,第 1 行从 app.js 中导入 createApp 函数;第 2～15 行返回 Promise,其中第 5 行是根据 Node 传过来的 context.url,设置服务器端路由的位置,第 8 行获取当前路由匹

配的组件数组，如果长度为0表示没有找到，执行reject()函数，返回提示语。

4. 生成 vue-ssr-server-bundle.json

（1）修改 ssr-demo2\package.json 文件，在 scripts 脚本命令中添加如下内容：

```
"build:server": "vue-cli-service build--mode server"
```

（2）执行如下命令，生成 vue-ssr-server-bundle.json 文件：

```
npm run build:server
```

上述命令执行后，在 dist 目录中可以看到生成后的 vue-ssr-server-bundle.json 文件。

5. 编写服务器端代码

（1）服务器端代码主要是通过 Koa、vue-server-renderer 来实现的，这部分代码可以参考官方文档中的介绍。创建 ssr-demo2\server.js 文件，具体代码如下：

```
1  const Koa=require('koa')
2  const app=new Koa()
3  const bundle=require('./dist/vue-ssr-server-bundle.json')
4  /* 加载 dist 目录下的 vue-ssr-server-bundle.json 文件，该文件就是服务器端的 Server
Bundle 文件*/
5  const { createBundleRenderer }=require('vue-server-renderer')
6  const renderer=createBundleRenderer(bundle, {
7    //传给 createBundleRenderer()函数
8    template: require('fs').readFileSync('./template.html', 'utf-8'),
9  })
10 function renderToString (context) {
11  //renderToString()函数用于将 Vue 实例渲染成字符串
12   return new Promise((resolve, reject)=>{
13     renderer.renderToString(context, (err, html)=>{
14       err ? reject(err):resolve(html)//通过 resolve()返回渲染后的 HTML 结果
15     })
16   })
17 }
18 app.use(async (ctx, next)=>{
19   const context={
20     title: 'ssr project',
21     url: ctx.url
22   }
23   const html=await renderToString(context)
24 //接收通过 resolve()返回渲染后的 HTML 结果
25   ctx.body=html//设置为 ctx.body
26 })
27 app.listen(8080, function() {
28   console.log('server started at localhost:8080')
29 })
```

（2）创建 ssr-demo2\template.html 文件，具体代码如下：

```
1 <!DOCTYPE html>
```

```
2 <html>
3   <head><title>SSR Project</title></head>
4   <body>
5     <!--ssr-demo1-outlet-->
6   </body>
7 </html>
```

(3) 执行 node server.js 命令，启动服务器，通过浏览器访问 http://localhost:8080，运行结果如图 9-5 所示。

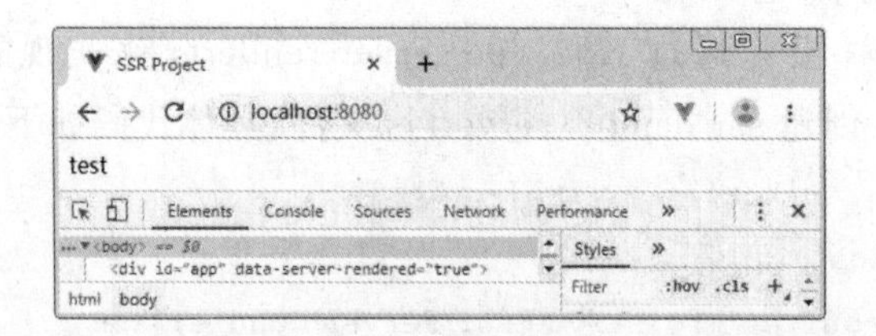

图 9-5　Vue CLI+webpack 搭建服务器端渲染项目

在图 9-5 中可以看到，data-server-rendered 的值为 true，说明当前页面是服务器端渲染后的结果。

9.4 Nuxt.js 搭建服务器端渲染项目

本节主要讲解服务器端渲染的第三种方式，即使用 Nuxt.js 搭建服务器端渲染项目。Nuxt.js 是一个基于 Vue 的轻量级应用框架，可用来创建服务器端渲染应用，也可充当静态站点引擎生成静态站点。Nuxt.js 具有优雅的代码结构分层和热加载等特性。

9.4.1 创建 Nuxt.js 项目

Nuxt.js 提供了利用 Vue 开发服务器端渲染应用所需要的各种配置。为了快速入门，Nuxt.js 团队创建了脚手架工具 create-nuxt-app，具体使用步骤如下。

(1) 全局安装 create-nuxt-app 脚手架工具：

```
npm install create-nuxt-app@ 2.9.x-g
```

脚手架安装完成后，就可以使用脚手架工具创建 nuxt-demo 项目了。

(2) 在 D:\vue\chapter09 目录下执行以下命令，创建项目(项目名称为 nuxt-demo)：

```
create-nuxt-app nuxt-demo
```

(3) 确认项目名后进入下一步(上一步已命名)：

```
? Project name (nuxt-demo)
```

(4) 项目描述，确认后进入下一步：

```
? Project description (My ultimate Nuxt.js project)
```

(5) 作者姓名，确认后进入下一步：

```
? Author name (Administrator)
```

(6) 选择包管理工具，此处选择 npm：

```
? Choose the package manager (Use arrow keys)
  Yarn
>Npm
```

(7) 选择 UI 框架,此处选择 Element:

```
? Choose UI framework (Use arrow keys)
  None
  Ant Design Vue
  Bootstrap Vue
  Buefy
  Bulma
>Element
  Framevuerk
  iView
  Tachyons
  Tailwind CSS
  Vuetify.js
```

(8) 选择集成的服务器端框架,此处选择默认 None(Nuxt 默认服务器):

```
? Choose custom server framework (Use arrow keys)
>None (Recommended)
  AdonisJs
  Express
  Fastify
  Feathers
  hapi
  Koa
  Micro
```

(9) 选择 Axios 作为 Nuxt.js 模块:

```
? Choose Nuxt.js modules (Press < space> to select, < a> to toggle all, < i> to invert
selection)
>() Axios
   () Progressive Web App (PWA) Support
```

(10) 选择 ESLint 工具作为代码规范检查工具:

```
? Choose linting tools (Press <space>to select, <a>to toggle all, <i>to invert selection)
>() ESLint
 () Prettier
 () Lint staged files
```

(11) 选择测试框架,此处选择默认:

```
? Choose test framework (Use arrow keys)
>None
 Jest
 AVA
```

(12) 选择渲染模式,此处选择 SSR:

```
? Choose rendering mode (Use arrow keys)
>Universal (SSR)
  Single Page App
```

(13) 安装配置完成后,启动项目,命令如下:

```
cd nuxt-demo
npm run dev
```

(14) 通过浏览器访问:http://localhost:3000/,运行结果如图 9-6 所示。

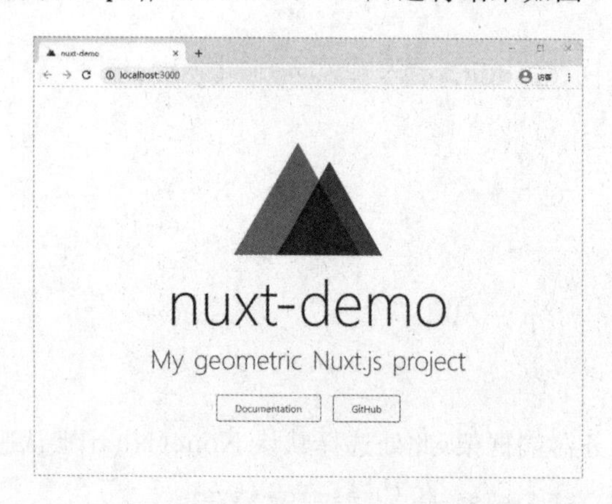

图 9-6 创建 Nuxt.js 项目

接下来对 nuxt-demo 项目中的关键文件进行说明,详细描述如表 9-1 所示。

表 9-1 nuxt-demo 中关键文件说明

文 件	说 明
.nuxt	Nuxt 自动生成,临时文件,用于 build
assets	存放未编译的静态资源 LESS 或 JavaScript
components	存放自定义的 Vue 组件,比如滚动组件、分页组件
layouts	存放布局组件、页面的模板文件,不可更改
middleware	存放中间件
pages	存放自己编写的视图页面,相当于 vue-cli 中的 views 文件夹
plugins	存放 JavaScript 插件的目录
static	存放静态资源文件,比如图片。可通过根目录直接访问,不需要经过 webpack 编译
store	用于组织应用的 Vuex 状态管理
.editorconfig	开发工具格式配置
.gitignore	配置 git 不上传的文件
nuxt.config.js	存放 Nuxt.js 应用的自定义配置,能够覆盖默认配置
package.json	存放 Nuxt.js 应用的自定义配置,能够覆盖默认配置
package-lock.json	npm 自动生成,用于进行 package 的统一设置

◆ 9.4.2 页面和路由

在项目中,pages 目录用来存放应用的路由及视图,目前该目录下有两个文件,分别是 index.vue 和 README.md。当直接访问根路径"/"的时候,默认打开的是 index.vue 文件。Nuxt.js 会根据目录结构自动生成对应的路由配置,将请求路径和 pages 目录下的文件名映射，例如，访问“/test”就表示访问 test. vue 文件，如果文件不存在，就会提示该页面未找到。

接下来创建 pages\test. vue 文件，具体代码如下：

```
1 <template>
2   <div>test</div>
3 </template>
```

通过浏览器访问 http://localhost:3000/test 地址，运行结果如图 9-7 所示。

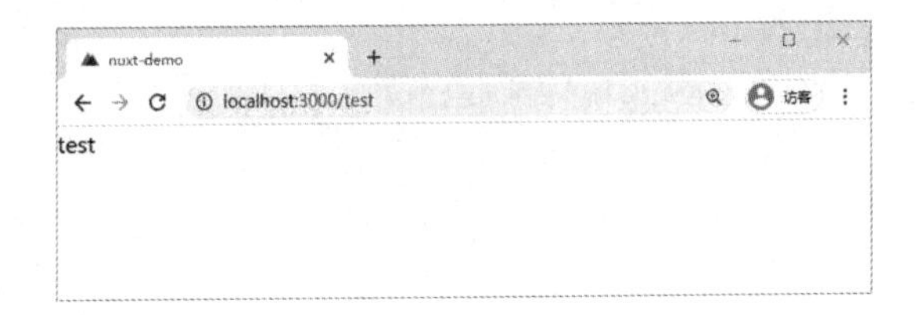

图 9-7　创建 pages\test. vue 文件结果

pages 目录下的. vue 文件也可以放在子目录中，在访问的时候也要加上子目录的路径。例如，创建 pages\sub\test. vue 文件，具体代码如下：

```
1 <template>
2   <div>sub/test</div>
3 </template>
```

在浏览器中可以通过 http://localhost:3000/sub/test 地址来访问 pages\sub\test. vue 文件。

通过上述操作演示可以看出，Nuxt. js 提供了非常方便的自动路由机制，当它检测到 pages 目录下的文件发生变更时，就会自动更新路由。通过查看“. nuxt\router. js”路由文件，可以看到 Nuxt. js 自动生成的代码，如下所示：

```
1  routes: [{
2    path: "/test",
3    component: _f0ba772a,
4    name: "test"
5  }, {
6    path: "/sub/test",
7    component: _fdd39b6e,
8    name: "sub-test"
9  }, {
10   path: "/",
11   component: _f4e8f76e,
12   name: "index"
13 }],
```

◆ 9.4.3　页面跳转

Nuxt. js 中使用<nuxt-link>组件来完成页面中路由的跳转。<nuxt-link>组件类似于 Vue 中的路由组件<router-link>，它们具有相同的属性，并且使用方式也相同。需要注意的是，在 Nuxt. js 项目中不要直接使用<a>标签来进行页面的跳转，因为<a>标签是重新获取一个新的页面，而<nuxt-link>更符合 SPA 的开发模式。

下面介绍在 Nuxt.js 中页面跳转的两种方式。

1. 声明式路由

以 pages\test.vue 页面为例，在页面中使用<nuxt-link>完成路由跳转，具体代码如下：

```
1 <template>
2   <div>
3     <nuxt-link to="/sub/test">跳转到 test</nuxt-link>
4   </div>
5 </template>
```

2. 编程式路由

编程式路由就是在 JavaScript 代码中实现路由的跳转。例如 pages\sub\test.vue 页面，示例代码如下：

```
1 <template>
2   <div>
3     <button @ click="jumpTo">跳转到 test</button>
4     <div>sub/test</div>
5   </div>
6 </template>
7  <script>
8  export default {
9    methods: {
10     jumpTo () {
11       this.$ router.push('/test')
12       // 使用 this.$ router.push('/test')导航到 test 页面
13     }
14   }
15 }
16 </script>
```

关键代码说明如下：

第 3 行给 button 按钮绑定 jumpTo()方法。

第 9 行和第 10 行在 methods 函数中加入 jumpTo()方法。

第 11 行使用 this.$router.push('/test')导航到 test 页面。

本章小结

本章主要讲解了客户端渲染和服务器端渲染的区别；服务器端渲染的优点和不足；手动搭建简单服务器端渲染项目；使用 Vue CLI 4.×+webpack 搭建服务器端渲染项目；使用 Nuxt.js 框架搭建服务器端渲染项目。

课后习题

一、选择题

1. 下列选项中说法正确的是(　　)。

A. vue-server-renderer 的版本要与 Vue 版本相匹配

B. 客户端渲染需要使用 entry-server. js 和 entry-client. js 两个入口文件

C. app. js 是应用程序的入口,它对应 vue-cli 创建的项目的 app. js 文件

D. 客户端应用程序既可以运行在浏览器上,又可以运行在服务器上

2. 下列关于 SSR 路由的说法,错误的是(　　)。

A. history 模式完成 URL 跳转而无须重新加载页面

B. history 模式的路由提交不到服务器上

C. SSR 的路由需要采用 history 的方式

D. 使用 hash 模式路由,地址栏 URL 中 hash 改变不会重新加载页面

3. 下列关于 Nuxt. js 的说法,错误的是(　　)。

A. 使用 Nuxt. js 搭建的项目中,pages 目录用来存放应用的路由及视图

B. 在 Nuxt. js 项目中,声明式路由在 html 标签中通过＜nuxt-link＞完成路由跳转

C. 使用“create-nuxt-app 项目名”命令创建项目

D. Nuxt. js 项目中需要根据目录结构手动完成对应的路由配置

二、填空题

1. ________是利用搜索引擎规则,提高网站在搜索引擎内自然排名的一种技术。

2. hash 模式路由中,地址栏 URL 中会自带________符号。

3. Vue 中使用服务器端渲染,需要借助 Vue 的扩展工具________。

4. SSR 的路由需要采用________的方式。

5. ________插件可以用来进行页面的热重载。

三、判断题

1. 使用 git-bash 命令行工具,输入指令 mkdirs vue-ssr 创建项目。(　　)。

2. 服务器端渲染应用程序,需要处于 Node. js server 运行环境。(　　)

3. webpack-dev-middleware 中间件对更改的文件进行监控。(　　)

4. 服务器端渲染不利于 SEO。(　　)

5. 客户端渲染,即传统的单页面应用模式。(　　)

四、简答题

1. 请简述什么是服务器端渲染。

2. 请简述服务器端渲染的代码逻辑和处理步骤。

3. 请简述 Nuxt. js 中声明式路由和编程式路由的区别。

第10章 UI 框架的应用

10.1 Element-UI

Element-UI 是一套为前端开发者、UI 设计师和产品经理准备的基于 Vue 2.0 的 UI 组件库，它提供了配套的设计资源，能够帮助开发者实现网站快速成型。Element-UI 由饿了么公司前端团队开发，是开源的。

本章我们主要介绍 Element-UI 框架的基本使用方法。

10.1.1 创建项目

在创建项目前，确保已经安装了 Node.js。在 D:\vue\chapter10 目录下创建项目，命令如下：

```
vue create demo01
```

执行上述命令后，会让用户进行选择。这里选择默认预设来创建项目，如图 10-1 所示。

项目创建完成后，使用如下命令启动项目，如图 10-2 所示。

```
cd demo01
npm run serve
```

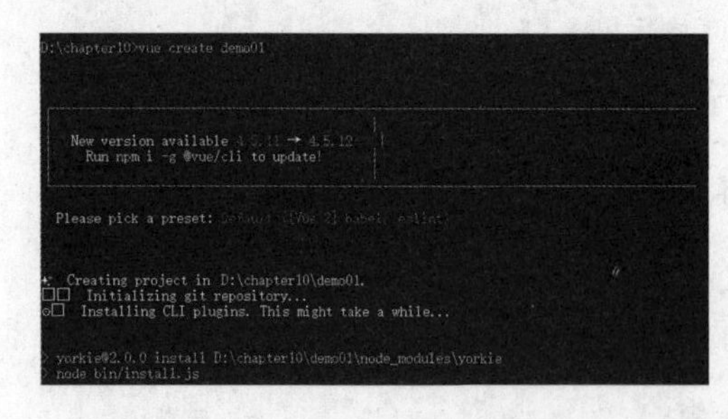

图 10-1 创建项目(Element-UI)

```
npm
DONE  Compiled successfully in 2348ms

App running at:
- Local:   http://localhost:8080/
- Network: http://10.0.4.116:8080/

Note that the development build is not optimized.
To create a production build, run npm run build.
```

图 10-2 启动项目(Element-UI)

接下来配置路由。

使用 npm 方式为项目安装 vue-router。vue-router 安装命令如下：

```
npm install vue-router--save
```

执行效果如图 10-3 所示。

安装完成后，创建 src\router\index.js 路由文件，具体代码如下：

```
D:\chapter10> npm install --save vue-router
npm WARN saveError ENOENT: no such file or directory, open 'D:\chapter10\package.json'
npm WARN enoent ENOENT: no such file or directory, open 'D:\chapter10\package.json'
npm WARN mint-ui@2.2.13 requires a peer of vue@^2.3.0 but none is installed. You must install peer dependencies yourself.
npm WARN chapter10 No description
npm WARN chapter10 No repository field.
npm WARN chapter10 No README data
npm WARN chapter10 No license field.

+ vue-router@3.5.1
```

图 10-3　执行效果

```
1  import Vue from 'vue'
2  import VueRouter from 'vue- router'
3  import Swipe from '../components/Swipe.vue'
4  Vue.use(VueRouter)
5  const routes=[
6    {
7     path: '/',
8     name: 'Swipe',
9     component: Swipe
10    }
11  ]
12  const router=new VueRouter({
13    routes
14  })
15  export default router
```

10.1.2　目录结构

为方便读者进行项目配置，下面我们介绍项目的目录结构，具体如图 10-4 所示。

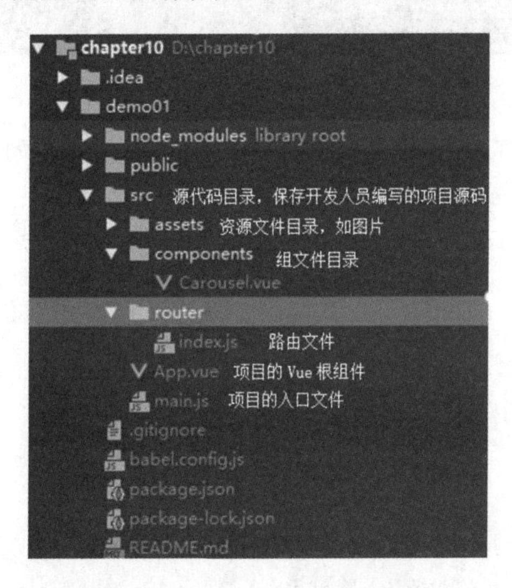

图 10-4　目录结构(Element-UI)

10.1.3 完整引入

Element-UI 官方网站是 https://element.eleme.cn，相关信息如图 10-5 所示。

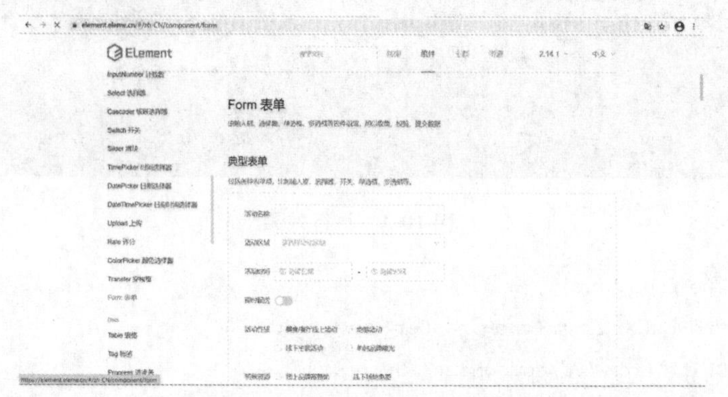

图 10-5 Element-UI 官网页面

推荐使用 npm 的方式安装 Element-UI，方便与 webpack 打包工具配合使用。

开发者可以选择在项目中完整引入 Element-UI，也可以根据需要引入部分组件。Element-UI 安装命令如下，执行效果如图 10-6 所示。

```
npm i element-ui-S
```

```
Terminal
D:\chapter10>npm i element-ui -S
npm WARN deprecated core-js@2.6.12: core-js@<3 is no longer maintained and not recommended for usage due to the number of issues. Pl

> core-js@2.6.12 postinstall D:\chapter10\node_modules\core-js
> node -e "try{require('./postinstall')}catch(e){}"

Thank you for using core-js ( https://github.com/zloirock/core-js ) for polyfilling JavaScript standard library!

The project needs your help! Please consider supporting of core-js on Open Collective or Patreon:
> https://opencollective.com/core-js
> https://www.patreon.com/zloirock

Also, the author of core-js ( https://github.com/zloirock ) is looking for a good job -)

npm WARN saveError ENOENT: no such file or directory, open 'D:\chapter10\package.json'
npm WARN enoent ENOENT: no such file or directory, open 'D:\chapter10\package.json'
npm WARN mint-ui@2.2.13 requires a peer of vue@^2.3.0 but none is installed. You must install peer dependencies yourself.
npm WARN element-ui@2.15.1 requires a peer of vue@^2.5.17 but none is installed. You must install peer dependencies yourself.
npm WARN chapter10 No description
npm WARN chapter10 No repository field.
```

图 10-6 安装效果

完整引入 Element-UI 后，需要修改 main.js 文件，具体代码如下：

```
1  import Vue from 'vue';
2  import ElementUI from 'element-ui';
3  import 'element-ui/lib/theme-chalk/index.css';
4  import App from './App.vue';
5
6  Vue.use(ElementUI);
7
8  new Vue({
9  el: '# app',
10 render: h=>h(App)   //Vue 2.×的写法
11 });
```

以上代码完成了 Element-UI 的引入。需要注意的是，Element-UI 的样式文件需要单独引入。第 10 行的 render 函数用于渲染视图，Vue 官方文档中关于 render：h=>h(App)的说明及代码如下：

```
render: function (createElement) {
     return createElement(
       'h'+this.level,    // tag name 标签名称
       this.$ slots.default // 子组件中的阵列
     )
   }
```

关于 Vue 2.×的渲染过程说明如下：

首先，Vue 实例的 render 方法作为一个函数，接受 h 为传入的参数，返回 h(App)为函数调用的结果。

其次，在创建 Vue 实例时，通过调用 render 方法来渲染实例的 DOM 树。

最后，Vue 在调用 render 方法时，会传入一个 createElement 函数作为参数，也就是这里的 h 的实参是 createElement 函数，然后 createElement 会以 App 为参数进行调用。

10.1.4 按需引入

由于本案例采用的是 Element-UI 的完整引入，所以按需引入的操作方法仅供参考。

首先，安装 babel-plugin-component。借助 babel-plugin-component，开发者在项目中可以只引入需要的组件。安装命令如下：

```
npm install babel-plugin-component-D
```

然后，将 .babelrc 文件修改为：

```
1  {
2  "presets": [["es2015", { "modules": false }]],
3  "plugins": [
4    [
5     "component",
6      {
7       "libraryName": "element-ui",
8        "styleLibraryName": "theme-chalk"
9      }
10    ]
11   ]
12 }
```

接下来，如果我们只希望引入部分组件，比如 Button 和 Select，那么需要在 main. js 中添加如下代码：

```
1  import Vue from 'vue';
2  import { Button, Select } from 'element-ui';
3  import App from './App.vue';
4
5   Vue.component(Button.name, Button);
6   Vue.component(Select.name, Select);
```

```
7  /* 或写为
8   * Vue.use(Button)
9   * Vue.use(Select)
10  * /
11
12 new Vue({
13   el: '# app',
14   render: h=>h(App)
15 });
```

以下给出 Element-UI 完整引入时的组件列表以供参考。注意，完整组件列表以 components.json 文件为准。

```
import Vue from 'vue';
import {
  Pagination,
  Dialog,
  Autocomplete,
  Dropdown,
  DropdownMenu,
  DropdownItem,
  Menu,
  Submenu,
  MenuItem,
  MenuItemGroup,
  Input,
  InputNumber,
  Radio,
  RadioGroup,
  RadioButton,
  Checkbox,
  CheckboxButton,
  CheckboxGroup,
  Switch,
  Select,
  Option,
  OptionGroup,
  Button,
  ButtonGroup,
  Table,
  TableColumn,
  DatePicker,
  TimeSelect,
  TimePicker,
```

```
    Popover,
    Tooltip,
    Breadcrumb,
    BreadcrumbItem,
    Form,
    FormItem,
    Tabs,
    TabPane,
    Tag,
    Tree,
    Alert,
    Slider,
    Icon,
    Row,
    Col,
    Upload,
    Progress,
    Spinner,
    Badge,
    Card,
    Rate,
    Steps,
    Step,
    Carousel,
    CarouselItem,
    Collapse,
    CollapseItem,
    Cascader,
    ColorPicker,
    Transfer,
    Container,
    Header,
    Aside,
    Main,
    Footer,
    Timeline,
    TimelineItem,
    Link,
    Divider,
    Image,
    Calendar,
    Backtop,
    PageHeader,
```

```
  CascaderPanel,
  Loading,
  MessageBox,
  Message,
  Notification
} from 'element-ui';
Vue.use(Pagination);
Vue.use(Dialog);
Vue.use(Autocomplete);
Vue.use(Dropdown);
Vue.use(DropdownMenu);
Vue.use(DropdownItem);
Vue.use(Menu);
Vue.use(Submenu);
Vue.use(MenuItem);
Vue.use(MenuItemGroup);
Vue.use(Input);
Vue.use(InputNumber);
Vue.use(Radio);
Vue.use(RadioGroup);
Vue.use(RadioButton);
Vue.use(Checkbox);
Vue.use(CheckboxButton);
Vue.use(CheckboxGroup);
Vue.use(Switch);
Vue.use(Select);
Vue.use(Option);
Vue.use(OptionGroup);
Vue.use(Button);
Vue.use(ButtonGroup);
Vue.use(Table);
Vue.use(TableColumn);
Vue.use(DatePicker);
Vue.use(TimeSelect);
Vue.use(TimePicker);
Vue.use(Popover);
Vue.use(Tooltip);
Vue.use(Breadcrumb);
Vue.use(BreadcrumbItem);
Vue.use(Form);
Vue.use(FormItem);
Vue.use(Tabs);
Vue.use(TabPane);
```

```
Vue.use(Tag);
Vue.use(Tree);
Vue.use(Alert);
Vue.use(Slider);
Vue.use(Icon);
Vue.use(Row);
Vue.use(Col);
Vue.use(Upload);
Vue.use(Progress);
Vue.use(Spinner);
Vue.use(Badge);
Vue.use(Card);
Vue.use(Rate);
Vue.use(Steps);
Vue.use(Step);
Vue.use(Carousel);
Vue.use(CarouselItem);
Vue.use(Collapse);
Vue.use(CollapseItem);
Vue.use(Cascader);
Vue.use(ColorPicker);
Vue.use(Transfer);
Vue.use(Container);
Vue.use(Header);
Vue.use(Aside);
Vue.use(Main);
Vue.use(Footer);
Vue.use(Timeline);
Vue.use(TimelineItem);
Vue.use(Link);
Vue.use(Divider);
Vue.use(Image);
Vue.use(Calendar);
Vue.use(Backtop);
Vue.use(PageHeader);
Vue.use(CascaderPanel);
Vue.use(Loading.directive);
Vue.prototype.$ loading=Loading.service;
Vue.prototype.$ msgbox=MessageBox;
Vue.prototype.$ alert=MessageBox.alert;
Vue.prototype.$ confirm=MessageBox.confirm;
Vue.prototype.$ prompt=MessageBox.prompt;
Vue.prototype.$ notify=Notification;
Vue.prototype.$ message=Message;
```

◆ 10.1.5 轮播图

至此,基于 Vue 和 Element-UI 的项目开发环境已经准备好了,接着引入 Element-UI 的标签就可以开发出想要的页面视图。下面以制作轮播图为例,讲解 Element-UI 标签的具体应用过程。

轮播图制作需要使用 el-carousel 和 el-carousel-item 标签。页面的内容要放在 el-carousel-item 标签中。设置 trigger 属性为 click,可以达到单击触发的效果。

(1) 在 demo01\src\components 下创建 Carousel.vue 页面。

```
1
2 <template>
3   <div class="block">
4     <span class="demonstration">默认 Hover 指示器触发</span>
5     <el-carousel height="150px">
6       <el-carousel-item v-for="item in 4" :key="item">
7         <h3 class="small">{{ item }}</h3>
8       </el-carousel-item>
9     </el-carousel>
10  </div>
11  <div class="block">
12    <span class="demonstration">Click 指示器触发</span>
13    <el-carousel trigger="click" height="150px">
14      <el-carousel-item v-for="item in 4" :key="item">
15        <h3 class="small">{{ item }}</h3>
16      </el-carousel-item>
17    </el-carousel>
18  </div>
19 </template>
20
21 <style>
22  .el-carousel__item h3 { color: # 475669; font-size: 14px;
23  opacity: 0.75; line-height: 150px; margin: 0;
24  }
25
26 .el-carousel__item:nth-child(2n) {
27   background-color: # 99a9bf;
28 }
29
30  .el-carousel__item:nth-child(2n+ 1) {
31    background-color: # d3dce6;
32  }
33 </style>
```

(2) 在 main. js 中引入 Element-UI。

```
1  import Vue from 'vue'
2  import App from './App.vue'
3  import router from './router'
4  import ElementUI from 'element-ui'
5  import 'element-ui/lib/theme-chalk/index.css'
6  Vue.use(ElementUI)
7  Vue.config.productionTip=false
8
9
10 new Vue({
11     router,
12     render: h=>h(App),
13     el: '# app',
14     components: { App }
15 }).$ mount('# app')
16
```

(3) 在 router/index. js 中添加路由配置。

```
1  import Vue from 'vue'
2  import VueRouter from 'vue-router'
3  import Carousel from '../components/Carousel.vue'
4
5  Vue.use(VueRouter)
6
7  const routes=[
8    {
9      path: '/',
10     name: 'Carousel',
11     component: Carousel
12   }
13  ]
14
15  const router=new VueRouter({
16    routes
17  })
18
19  export default router
```

(4) 在 APP. vue 中添加<router-view/>。

```
1  <template>
2    <div id="app">
3      <router-view/>
4    </div>
```

```
5  </template>
6
7  <style>
8    # app {
9      font-family: Avenir, Helvetica, Arial, sans-serif;
10     -webkit-font-smoothing: antialiased;
11     -moz-osx-font-smoothing: grayscale;
12     text-align: center;
13     color: # 2c3e50;
14   }
15
16   # nav {
17     padding: 30px;
18   }
19
20   # nav a {
21     font-weight: bold;
22     color: # 2c3e50;
23   }
24
25   # nav a.router-link-exact-active {
26       color: # 42b983;
27   }
28 </style>
```

使用 npm run serve 命令启动项目,具体执行方式如图 10-7 所示。

打开浏览器进行页面访问,页面效果如图 10-8 所示。

```
管理员: C:\Windows\System32\cmd.exe
Microsoft Windows [版本 10.0.15063]
(c) 2017 Microsoft Corporation。保留所有权利。

D:\chapter10\demo01>npm run serve
```

图 10-7 具体执行方式

默认 Hover 指示器触发

图 10-8 轮播图页面效果

10.2 Mint-UI

10.2.1 Mint-UI 简介

Mint-UI 是一个基于 Vue 的手机端 UI 框架,其样式类似于手机 APP 样式。

Mint-UI 包含丰富的 CSS 和 JS 组件,能够满足日常的移动端开发需要。通过 Mint-UI,可以快速构建出风格统一的页面,大幅度提高开发效率。

Mint-UI 能够实现按需加载组件,可以只加载声明过的组件及其样式文件,避免文件体积过大的问题。

考虑到移动端的性能门槛，Mint-UI 采用 CSS3 处理各种动态效果，避免浏览器进行不必要的重绘和重排，从而使用户获得流畅顺滑的应用体验。

依托 Vue.js 高效的组件化方案，Mint-UI 做到了轻量化。即使全部引入，压缩后的文件体积也仅有 100 KB 左右。

10.2.2 创建项目

确保系统已经安装 Node.js 后，在 D:\vue\chapter10 目录下创建项目，使用命令如下：

```
vue create demo02
```

具体执行过程如图 10-9 所示。

这里选择默认设置来创建项目即可。项目创建完成后，使用如下命令启动项目，具体执行过程如图 10-10 所示。

```
cd demo02
npm run serve
```

```
D:\chapter10>vue create demo02

  New version available 4.5.11 → 4.5.12
    Run npm i -g @vue/cli to update!

? Please pick a preset: Default ([Vue 2] babel, eslint)

✨  Creating project in D:\chapter10\demo02.
🗃  Initializing git repository...
⚙  Installing CLI plugins. This might take a while...

> yorkie@2.0.0 install D:\chapter10\demo02\node_modules\yorkie
> node bin/install.js

setting up Git hooks
done
```

图 10-9 创建项目(Mint-UI)

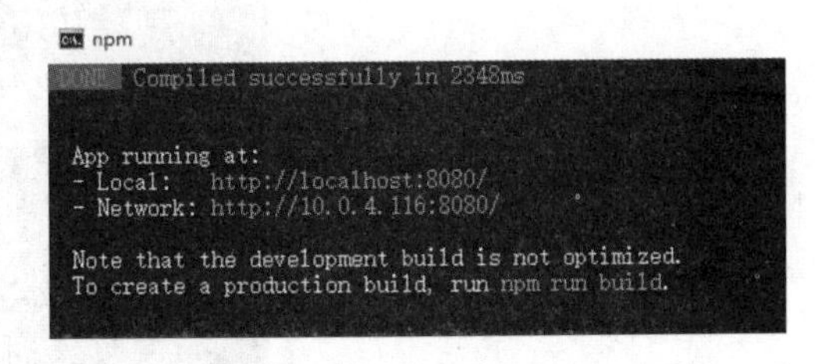

图 10-10 启动项目(Mint-UI)

使用 npm 方式为项目安装 vue-router。vue-router 的安装命令如下：

```
npm install vue-router--save
```

具体执行过程如图 10-11 所示。

```
D:\chapter10> npm install --save vue-router
npm WARN saveError ENOENT: no such file or directory, open 'D:\chapter10\package.json'
npm WARN enoent ENOENT: no such file or directory, open 'D:\chapter10\package.json'
npm WARN mint-ui@2.2.13 requires a peer of vue@^2.3.0 but none is installed. You must install peer dependencies yourself.
npm WARN chapter10 No description
npm WARN chapter10 No repository field.
npm WARN chapter10 No README data
npm WARN chapter10 No license field.

+ vue-router@3.5.1
```

图 10-11 具体执行过程

安装完成后，编辑 demo02\src\router\index.js 路由配置文件，具体代码如下：

```
1  import Vue from 'vue'
2  import VueRouter from 'vue-router'
3  import Swipe from '../components/Swipe.vue'
4  Vue.use(VueRouter)
5  const routes=[
```

```
6    {
7      path: '/',
8      name: 'Swipe',
9      component: Swipe
10   }
11 ]
12 const router=new VueRouter({
13     routes
14 })
15 export default router
```

10.2.3 目录结构

为方便读者进行项目配置，下面我们介绍项目的目录结构，具体如图 10-12 所示。

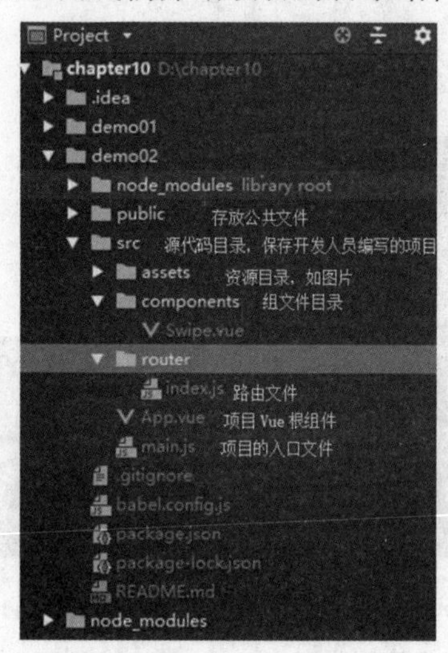

图 10-12　目录结构(Mint-UI)

10.2.4 官方文档

Mint-UI 中文文档网址为 https://www.w3cschool.cn/mintui/mintui-g6oi35s1.html，具体内容如图 10-13 所示。

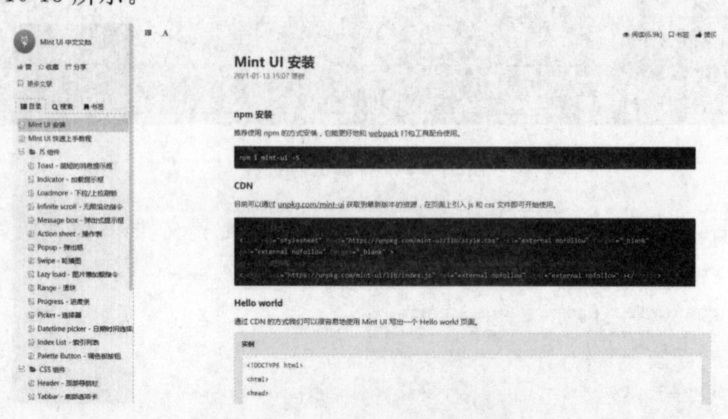

图 10-13　Mint-UI 官网页面

10.2.5 完整引入

项目创建成功后就可以引入 Mint-UI 了。

(1) 安装 Mint-UI 命令如下：

```
npm install mint-ui--save
```

命令执行过程如图 10-14 所示。

```
D:\chapter10>npm install mint-ui --save
npm WARN saveError ENOENT: no such file or directory, open 'D:\chapter10\package.json'
npm notice created a lockfile as package-lock.json. You should commit this file.
npm WARN enoent ENOENT: no such file or directory, open 'D:\chapter10\package.json'
npm WARN mint-ui@2.2.13 requires a peer of vue@^2.3.0 but none is installed. You must install peer dependencies yourself.
npm WARN chapter10 No description
npm WARN chapter10 No repository field.
npm WARN chapter10 No README data
npm WARN chapter10 No license field.
```

图 10-14　安装 Mint-UI

(2) 编辑 main.js 文件，具体代码如下：

```
1  import Vue from 'vue'
2  import MintUI from 'mint-ui'
3  import 'mint-ui/lib/style.css'
4  import App from './App.vue'
5  Vue.use(MintUI)
6  new Vue({
7    el: '# app',
8    components: { App }
9  })
```

(3) 使用标签。

```
< mt-header fixed title=" 固定在顶部"></mt-header>
```

(4) 使用命令 npm run serve 运行项目，在浏览器中预览页面，效果如图 10-15 所示。

图 10-15　项目预览页面效果

10.2.6 按需引入

下面给出按需引入的操作过程，仅供参考。

(1) 安装 Mint-UI：

```
npm install Mint-UI--save
```

(2) 安装 babel-plugin-component：

```
npm install babel-plugin-component-D
```

借助 babel-plugin-component，我们可以只引入需要的组件，以达到减小项目体积的目的。

(3) 修改.babelrc 文件。

```
{
  "presets": [
    ["es2015", { "modules": false }]
  ],
  "plugins": [["component", [
    {
      "libraryName": "Mint-UI",
      "style": true
    }
  ]]]
}
```

如果只希望引入部分组件，比如 Button 和 Cell，那么需要在 main.js 中添加如下内容：

```
1  import Vue from 'vue'
2  import { Button, Cell } from 'Mint-UI'
3  import App from './App.vue'
4  Vue.component(Button.name, Button)
5  Vue.component(Cell.name, Cell)
6  /* 或写为
7   * Vue.use(Button)
8   * Vue.use(Cell)
9   * /
10 new Vue({
11   el: '# app',
12   components: { App }
13 })
```

(4) 在 main.js 中引入所需组件，如顶部导航。

```
// 按需导入 Mint-UI 中的组件
import { Header } from 'Mint-UI'
Vue.component(Header.name, Header)
```

(5) 调用顶部导航，效果如图 10-16 所示。

```
<mt-header fixed title="固定在顶部"></mt-header>
```

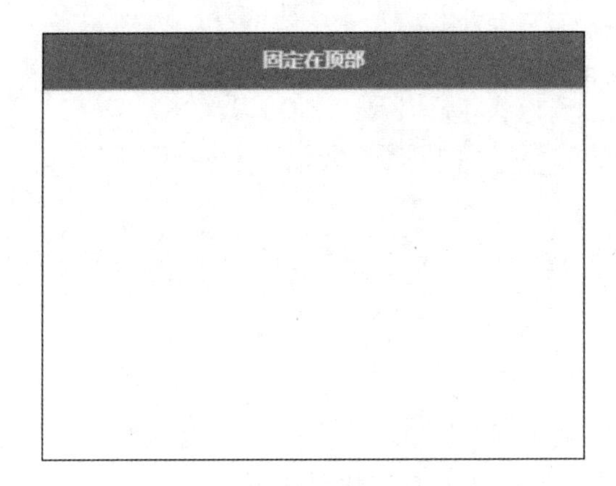

图 10-16　调用顶部导航效果

10.2.7　轮播图

至此基于 Vue 和 Mint-UI 的项目开发环境已经搭建完毕，下面以创建轮播图为例，讲解 Mint-UI 的基本应用。

（1）在 demo02\src\components 下创建 Carousel. vue，具体代码如下：

```
1 <mt-swipe :auto="4000">
2   <mt-swipe-item>1</mt-swipe-item>
3   <mt-swipe-item>2</mt-swipe-item>
4   <mt-swipe-item>3</mt-swipe-item>
5 </mt-swipe>
6 <style scoped>
7
8   .mint-swipe {
9     height: 218px;
10    background-color: aliceblue;}
11
12</style>
```

（2）在 router/index. js 中添加路由配置，具体代码如下：

```
1   import Vue from 'vue'
2   import VueRouter from 'vue-router'
3
4   import Swipe from '../components/Swipe.vue'
5
6   Vue.use(VueRouter)
7
8   const routes=[
9
10    {
11      path: '/',
```

```
12        name: 'Swipe',
13        component: Swipe
14      }
15  ]
16
17  const router=new VueRouter({
18    routes
19  })
20
21  export default router
```

(3) 在 main.js 中引入 Mint-UI,具体代码如下:

```
1  import Vue from 'vue'
2  import App from './App.vue'
3  import router from './router'
4  import MintUI from 'mint-ui'
5  import 'mint-ui/lib/style.css'
6  Vue.config.productionTip=false
7
8  Vue.use(MintUI)
9  new Vue({
10     router,
11     render: h=> h(App),
12     el: '# app',
13     components: { App }
14   }).$ mount('# app')
```

(4) 在 APP.vue 中添加<router-view/>,具体代码如下:

```
1  <template>
2    <div id="app">
3      <router-view/>
4    </div>
5  </template>
6  <style>
7    # app {
8      font-family: Avenir, Helvetica, Arial, sans-serif;
9      -webkit-font-smoothing: antialiased;
10    -moz-osx-font-smoothing: grayscale;
11     text-align: center;
12     color: # 2c3e50;
13   }
14   # nav {
15     padding: 30px;
```

```
16   }
17   # nav a {
18     font-weight: bold;
19     color: # 2c3e50;
20   }
21
22   # nav a.router-link-exact-active {
23     color: # 42b983;
24   }
25 </style>
```

(5) 使用 npm run serve 命令启动项目，如图 10-17 所示。

(6) 打开浏览器，查看页面效果，如图 10-18 所示。

图 10-17　启动项目

1　2

图 10-18　页面效果

课后习题

一、简答题

1. 请简述什么是 Element-UI。
2. 请简述在项目中引入并使用 Element-UI 的步骤。
3. 请简述什么是 Mint-UI。
4. 请简述在项目中引入并使用 Mint-UI 的步骤。

第11章 网络日记系统前端开发

通过前面各章的学习，相信读者已经能够掌握 Vue 框架的各种基本应用。本章将综合运用 Vue、vue-router、Element-UI 等前端库和插件完成网络日记系统前端部分的开发。为方便读者进行开发及调试，我们使用了模拟数据，同时提供了连接后端 API 的参考代码。限于篇幅，本章仅介绍了系统开发的关键思路和代码，建议读者配合源代码进行学习。

11.1 系统概述

网络日记系统前台主要包括查询日记列表、修改日记、查看日记详情、发布新日记、添加日记备注、查询个人信息、修改个人信息。项目结构图如图 11-1 所示。

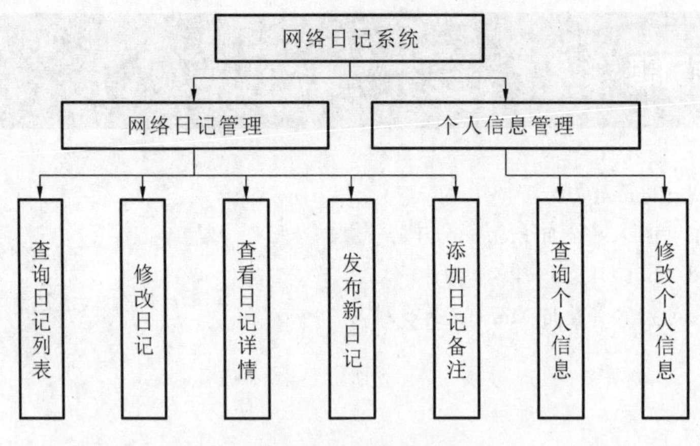

图 11-1　项目结构图

11.1.1　系统展示

为了帮助读者快速了解网络日记系统的主要功能，下面我们展示主要页面的效果，如图 11-2 至图 11-5 所示。

11.1.2　技术方案

一个完整的项目通常包括前端和后端两个部分，为方便开发，我们使用模拟数据屏蔽了后端项目的实现细节，这里主要介绍前端开发的方法。网络日记系统前端部分的具体技术方案如下：

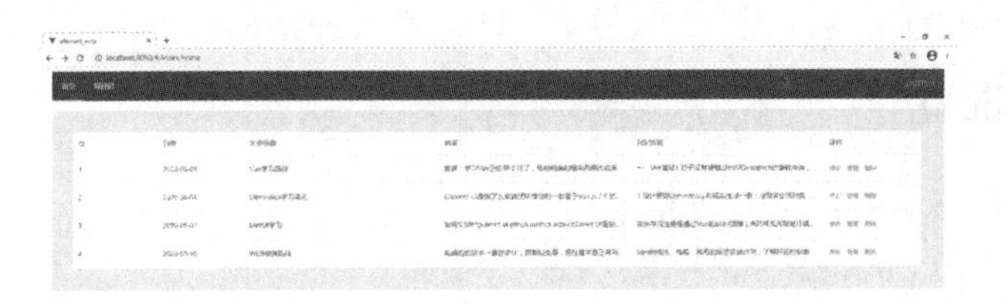

图 11-2　首页

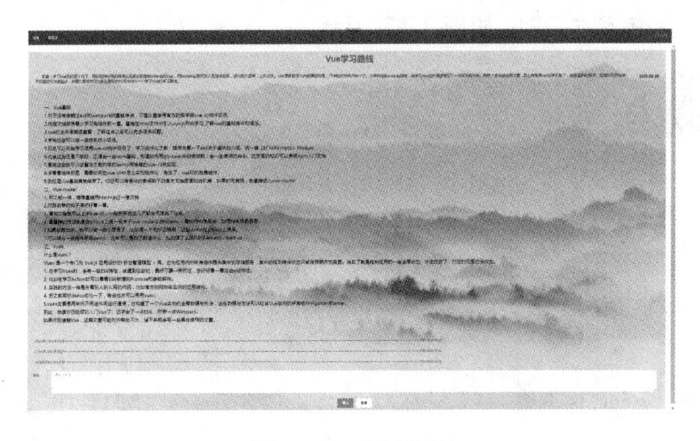

图 11-3　日记详情

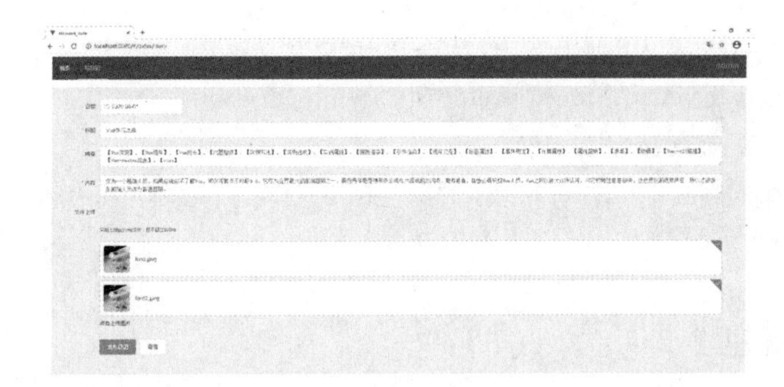

图 11-4　发布新日记

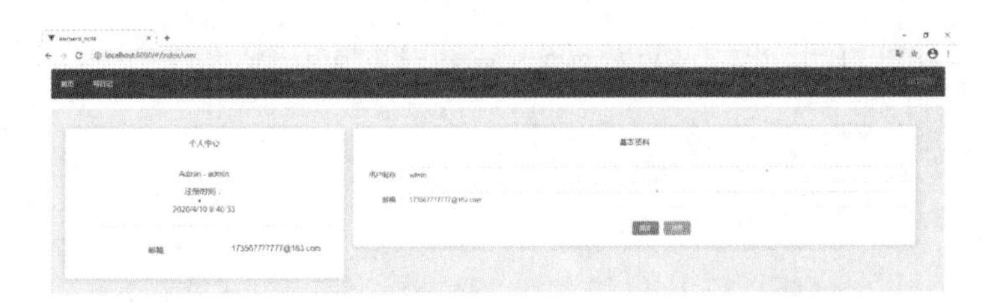

图 11-5　个人信息

- 使用 Vue 作为前端开发框架。
- 使用 vue-cli 脚手架创建项目。
- 使用 vue-router 实现前端路由。
- 使用 Element-UI 作为前端组件库。
- 使用 axios 作为 HTTP 库和 API 交互。

11.2 环境准备

11.2.1 Node.js

通过 Node.js 官网(https://nodejs.org/zh-cn/)下载最新的长期版本并安装,如图 11-6 所示。

安装完成之后检查版本信息,如图 11-7 所示。

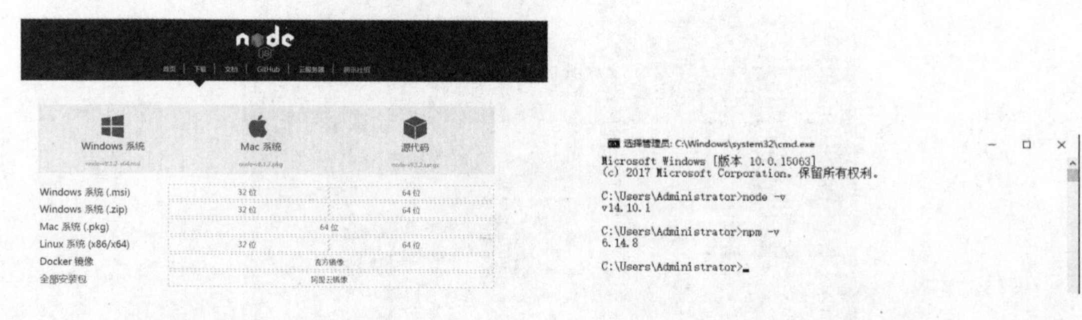

图 11-6 Node.js 下载　　图 11-7 版本信息

11.2.2 安装 vue-cli 脚手架

接下来,我们安装 vue-cli 脚手架,具体命令如下:

```
# npm 设置淘宝镜像
npm config set registry https://registry.npm.taobao.org
# vue-cli 安装依赖包
npm install-g @ vue/cli
```

11.3 项目搭建

11.3.1 创建 Vue 项目

执行 vue ui 命令,打开 Vue 项目管理器,如图 11-8 所示。

图 11-8 执行 vue ui 命令

创建项目 element_note,如图 11-9 所示。

选择手动配置项目,功能选择 Router 即可,如图 11-10 所示。

选择 Vue 2.×和推荐的代码检查配置,如图 11-11 所示。

单击创建项目,然后等待完成即可。

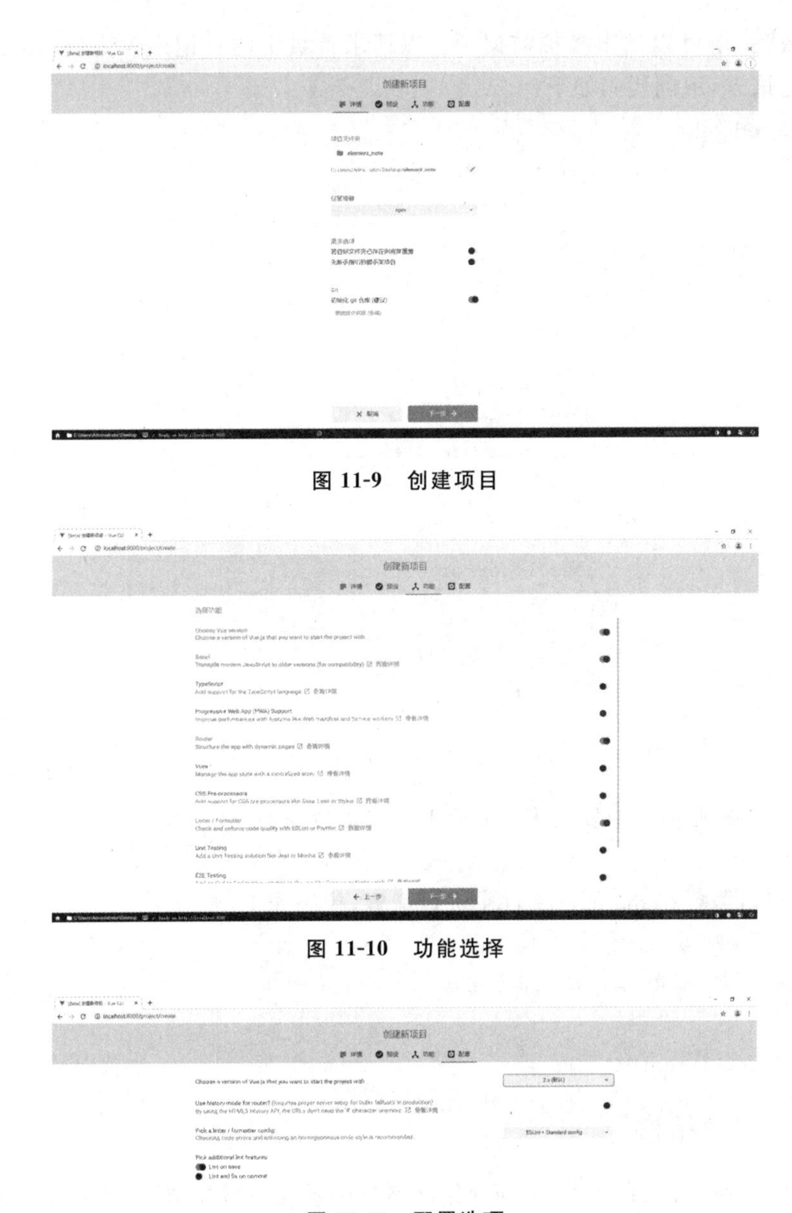

图 11-9　创建项目

图 11-10　功能选择

图 11-11　配置选项

11.3.2　配置 axios

使用 npm 方式安装 axios，命令如下：

```
npm install axios--save
```

安装完成后，要在 main.js 入口文件中进行配置，示例代码如下：

```
1   import axios from 'axios'
2   // 全局添加 axios
3   Vue.prototype.$ axios=axios
4   axios.defaults.timeout=3000  // 响应时间
5   // 这里的 http://localhost:8080 为本地接口，在开发中需要换成真实的接口
6   axios.defaults.baseURL='http://localhost:8080'
```

完成配置后，就可以请求模拟数据了。以请求首页中的日记列表为例，在 created()钩子函数中发送请求，示例代码如下：

```
1    created() {
2            this.getTableData();
3        },
4        methods: {
5            getTableData() {
6                this.$ axios
7                    .get("/tableData")
8                    .then((res)= > {
9                      this.tableData= res.data;
10                   })
11                     .catch((err)= > {
12                     console.error(err);
13                   });
14           },
15       }
```

11.3.3 配置 Element-UI

使用 npm 方式在项目中安装 Element-UI，安装命令如下：

```
npm i element-ui-S
```

安装完成后，需要在 main.js 文件中进行配置，代码如下：

```
1    import ElementUI from 'element-ui'
2    import 'element-ui/lib/theme-chalk/index.css'
3
4    Vue.use(ElementUI)
```

11.3.4 目录结构

为了方便读者进行项目开发，下面介绍网络日记系统的目录结构，具体内容如下。

public：存放公共文件。

src：源代码目录，保存开发人员编写的项目源码。

src\assets：资源文件目录，如图片、CSS 等。

src\components：组件文件目录。

src\plugins：插件目录，存放 axios.js 文件。

src\App.vue：项目的 Vue 根组件。

src\main.js：项目的入口文件。

src\router\index.js：路由文件。

src\views：页面文件。

11.4 用户模块

11.4.1 登录

在 src\views 目录下创建登录页面 login.vue，代码如下：

```
1 <template>
2   <div class="background">
3     <div class="logDiv">
4       <h2>网络日记系统</h2>
5       <el-form
6         :model="ruleForm"
7         :rules="rules"
8         ref="ruleForm"
9         label-width="100px"
10        class="demo-ruleForm"
11      >
12        <el-form-item label="登录名" prop="username">
13          <el-input v-model="ruleForm.username"></el-input>
14        </el-form-item>
15        <el-form-item label="密码" prop="password">
16          <el-input type="password" v-model="ruleForm.password"></el-input>
17        </el-form-item>
18        <el-form-item>
19           <el-button type="primary" @ click="submitForm('ruleForm')">登录</el-
button>
20          <el-button @ click="resetForm('ruleForm')">注册</el-button>
21        </el-form-item>
22      </el-form>
23    </div>
24  </div>
25</template>
```

上述代码中，第 5～22 行为登录表单，第 6 行代码为表单绑定 ruleForm。

登录逻辑用路由跳转演示，代码如下：

```
1  data () {
2    return {
3      ruleForm: {
4        username: '',
5        password: ''
6      }
7    }
8  },
```

```
9   methods: {
10    submitForm () {
11      this.$ router.push('/index/home')
12    }
13  }
```

本项目中，我们只进行系统前端的开发。假设JavaEE程序员已完成了后端API的开发，登录接口为http://localhost:8081/login，前端程序员只需在Vue中调用后端接口即可，参考代码如下：

```
1   submitForm () {
2       this.$ axios
3         .post(
4           'http://localhost:8081/login',
5           {
6             name: this.ruleForm.username,
7             password: this.ruleForm.password
8           },
9           { emulateJSON: true }
10        )
11        .then((d)=>{
12          console.log(d)
13          console.log(d.data)
14          if (d.data.code===1) {
15            sessionStorage.setItem("data", JSON.stringify(d.data.user))
16            // 路由的跳转 this.$ router.push("新路由的地址")
17            this.$ router.push('/index')
18            this.$ message({
19              message: '登录成功',
20              type: 'success'
21            })
22          } else {
23            this.$ message({
24              message: '登录失败',
25              type: 'success'
26            })
27          }
28        })
29  }
```

上述代码中，用axios来调用/login接口实现登录。第15行代码用sessionStorage.setItem保存用户数据，方便以后调用。第17行代码实现登录成功后的路由跳转。

在src/router/index.js中配置路由，添加代码如下：

```
1   import Vue from 'vue'
2   import VueRouter from 'vue- router'
```

```
3    import login from '../views/login'
4    Vue.use(VueRouter)
5
6    const routes=[
7        {
8            path: '/',
9            name: 'login',
10           component: login
11       }
12   ]
13
14   const router=new VueRouter({
15       routes
16   })
17   export default router
```

为方便大家快速掌握路由的整体配置，下面给出了项目的全部路由配置。在开发过程中，大家可以将不用的路由先注释掉，根据实际开发进展，依次启用所需路由。

```
1    import Vue from 'vue'
2    import VueRouter from 'vue- router'
3    import login from '../views/login'
4    import reg from '../views/reg'
5    import index from '../views/index'
6    import diary from '../views/diary'
7    import home from '../views/home'
8    import viewDiary from '../views/viewDiary'
9    import user from '../views/user'
10   Vue.use(VueRouter)
11
12   const routes=[
13       {
14         path: '/',
15         name: 'login',
16         component: login
17       },
18       {
19         path: '/reg',
20         name: 'reg',
21         component: reg
22       },
23       {
24       path: '/index',
25       name: 'index',
```

```
26          component: index,
27          children: [
28              {
29                  path: 'home',
30                  name: 'home',
31                  component: home
32              },
33              {
34                  path: 'viewDiary',
35                  name: 'viewDiary',
36                  component: viewDiary
37              },
38              {
39                  path: 'diary',
40                  name: 'diary',
41                  component: diary
42              },
43              {
44                  path: 'user',
45                  name: 'user',
46                  component: user
47              }
48          ]
49      }
50  ]
51
52  const router=new VueRouter({
53      routes
54  })
55
56  const originalPush=VueRouter.prototype.push
57  VueRouter.prototype.push=function push (location) {
58      return originalPush.call(this, location)
59  }
60
61  export default router
```

上述代码中，从上至下依次是登录、注册、首页、查看详情、发布日记、用户信息页面的路由配置。

注意：

以“/”开头的嵌套路径会被当作根路径，所以子路由上不用加“/”。在生成路由时，主路由上的 path 会被自动添加到子路由之前。

为了避免路由重复跳转问题，我们在 src/router/index.js 的最后添加以下代码：

```
1    const originalPush=VueRouter.prototype.push
2    VueRouter.prototype.push=function push (location) {
3      return originalPush.call(this, location)
4    }
```

使用 npm run serve 命令启动项目来查看效果。登录页面效果如图 11-12 所示。

图 11-12　登录页面

11.4.2　注册

在 src\views 目录下创建注册页面 register.vue，页面代码如下：

```
1 <template>
2   <div class="background">
3     <div class="logDiv">
4       <el-form
5         :model="ruleForm"
6         :rules="rules"
7         ref="ruleForm"
8         label-width="100px"
9         class="demo-ruleForm"
10      >
11        <el-form-item label="账号" prop="username">
12          <!--<el-input v-model="ruleForm.username"></el-input>-->
13          <el-input
14            type="text"
15            clearable
16            placeholder="请输入账号"
17          ></el-input>
18        </el-form-item>
19        <el-form-item label="密码" prop="password">
20          <!--<el-input type="password" v-model="ruleForm.password"></el-input>-->
21          <el-input placeholder="请输入密码"></el-input>
```

```
22          </el-form-item>
23
24          <el-form-item label="邮箱" prop="email">
25            <!--<el-input type="email" v-model="ruleForm.email"></el-input>-->
26            <el-input
27              type="text"
28              clearable
29              placeholder="请输入邮箱"
30            ></el-input>
31          </el-form-item>
32          <el-form-item>
33            <el-button @ click="resetForm('ruleForm')">注册</el-button>
34          </el-form-item>
35        </el-form>
36      </div>
37    </div>
38</template>
```

在 src\views\login. vue 中设置单击“注册”按钮可以跳转到注册页面，代码如下：

```
1 resetForm () {
2       this.$ router.push('/register')
3     }
```

resetForm 方法要写在 methods 里面。

注册页面效果如图 11-13 所示。

图 11-13　注册页面

11.4.3　个人信息页面

在 src\views 目录下创建个人信息页面 user. vue，主要代码如下：

```
1     <template>
2         <div class="div1">
3             <el-row :gutter="20" style="margin-top: 10px">
4                 <el-col :span="8">
```

```
5                   <div class="grid-content bg-purple">
6                       <el-card class="box-card">
7                           <div slot="header" class="clearfix">
8                               <span>个人中心</span>
9                           </div>
10                          <div class="name-role">
11                              <span class="sender">Admin-{{ dataForm.username }}</
span>
12                          </div>
13                          <div class="register-info">
14                              <span class="register-info">
15                                  注册时间：
16                                  <li class="fa fa-clock-o"></li>
17                                  2020/4/10 9:40:33
18                              </span>
19                          </div>
20                          <el-divider></el-divider>
21                          <div class="personal-relation">
22                              <div class="relation-item">
23                                  邮箱：
24                                  <div style="float: right; padding-right: 20px">
25                                      {{ dataForm.email }}
26                                  </div>
27                              </div>
28                          </div>
29                      </el-card>
30                  </div>
31              </el-col>
32              <el-col :span="16">
33                  <div class="grid-content bg-purple">
34                      <el-card class="box-card">
35                          <div slot="header" class="clearfix">
36                              <span>基本资料</span>
37                          </div>
38                          <div>
39                              <el-form
40                                  label-width="80px"
41                                  v-model="dataFrom"
42                                  size="small"
43                                  label-position="right"
44                                  >
45                                  <el-form-item label="用户昵称" prop="username">
46                                      <el-input
```

```
47                          auto-complete="off
48                          v-model="dataForm.username"
49                      ></el-input>
50                  </el-form-item>
51                  <el-form-item label="邮箱" prop="emil">
52                      <el-input
53                          auto-complete="off"
54                          v-model="dataForm.email"
55                      ></el-input>
56                  </el-form-item>
57              </el-form>
58              <div slot="footer" class="dialog-footer">
59                  <el-button size="mini" type="primary">提交</el-
button>
60                  <el-button size="mini" type="warning">关闭</el-
button>
61              </div>
62          </div>
63      </el-card>
64      </div>
65      </el-col>
66      </el-row>
67  </div>
68  </template>
```

个人信息页面预览效果如图 11-5 所示。

注意：

我们在登录的时候使用 session 来存储用户信息，然后在这里调用并渲染，下面是 login.vue 中处理用户登录信息的代码。

```
sessionStorage.setItem("data", JSON.stringify(d.data.user))
```

在 user.vue 页面用 created()钩子函数进行调用，代码如下：

```
1 created () {
2     this.ruleForm.username=JSON.parse(sessionStorage.getItem('data')).username
3     this.ruleForm.email=JSON.parse(sessionStorage.getItem('data')).email
4   },
```

上述代码中，第 2、3 行代码用 sessionStorage.getItem 分别获取用户名和邮箱信息并赋值给 ruleForm 表单。

11.5 日记模块

11.5.1 页面结构

在 src\views 目录下创建 index.vue，用 el-container 创建容器进行布局。菜单显示在外部容器中，通过第 35 行代码<router-view></router-view>来实现单击菜单显示对应页面，页面代码如下：

```
1   <template>
2       <div class="div">
3           <el-container>
4               <el-header>
5                   <div class="line"></div>
6                   <el-menu
7                       :default-active="$ route.path"
8                       class="el-menu-demo"
9                       mode="horizontal"
10                      @ select="handleSelect"
11                      background-color="# 545c64"
12                      text-color="# fff"
13                      active-text-color="# ffd04b"
14                      router
15                  >
16                      <el-menu-item index="/index/home">首页</el-menu-item>
17                      <el-menu-item index="/index/diary">写日记</el-menu-item>
18                      <el-menu-item index="/index/user">个人信息</el-menu-item>
19                      <div class="dropdown">
20                          <el-dropdown>
21                              <span class="el-dropdown-link">
22                                      admin<i class="el-icon-arrow-down el-icon--
right"></i>
23                              </span>
24                              <el-dropdown-menu slot="dropdown">
25                                  <el-dropdown-item @ click="user">个人信息</el-
dropdown-item>
26                                  <el-dropdown-item>退出登录</el-dropdown-item>
27                              </el-dropdown-menu>
28                          </el-dropdown>
29                      </div>
30                  </el-menu>
31              </el-header>
32          <el-container>
33              <el-main>
34                  <div id="mine">
35                      <router-view></router-view>
36                  </div>
37              </el-main>
38          </el-container>
```

```
39            </el-container>
40        </div>
41    </template>
```

注意：

单击菜单后，新页面的显示位置由 router-view 决定。我们需要在 src/router/index.js 中设置好子路由，才能确保新页面显示在 router-view 中。否则，新页面会显示在单独的窗口中。

11.5.2 日记信息

日记信息模块的内容分为列表页和详情页，页面中的数据需要调用后台的 API 接口，收到数据后在页面上显示。接下来我们采用 axios 的方式请求数据。

1. 日记信息列表

在 src\views 目录下创建 home.vue 页面，代码如下：

```
1  <template slot-scope="scope">
2    <div class="homeDiv">
3      <el-table
4        :data="tableData"
5        style="width: 100% "
6        class="table"
7      >
8        <el-table-column
9          prop="id"
10         label="ID"
11         width="180"
12       ></el-table-column>
13        <el-table-column
14         prop="date"
15         label="日期"
16         width="180"
17       ></el-table-column>
18        <el-table-column
19         prop="title"
20         label="文章标题"
21       ></el-table-column>
22        <el-table-column
23         prop="abstract"
24         label="摘要"
25         show-overflow-tooltip
26       ></el-table-column>
27        <el-table-column
28         prop="contents"
29         label="日记详情"
30         show-overflow-tooltip
```

```
31        ></el-table-column>
32        <el-table-column
33          fixed="right"
34          label="操作"
35          width="200"
36        >
37          <template slot-scope="scope">
38            <el-button
39              @ click="updateClick(scope.row)"
40              type="text"
41              size="small"
42            >修改</el-button>
43            <el-button
44              @ click="viewClick((dialogFormVisible=true), scope.row)"
45              type="text"
46              size="small"
47            >查看</el-button>
48            <el-button
49              @ click="deleteClick(scope.row)"
50              type="text"
51              size="small"
52            >删除</el-button>
53          </template>
54        </el-table-column>
55      </el-table>
56      <el-dialog
57        title="修改日记"
58        :visible.sync="dialogFormVisible"
59      >
60        <el-form
61          :model="ruleForm"
62          :rules="rules"
63          ref="ruleForm"
64          label-width="100px"
65          class="demo-ruleForm"
66        >
67          <el-form-item
68            label="日期"
69            prop="data"
70          >
71            <! --<div class="block">
72              <el-date-picker
73                v-model="ruleForm.data"
```

```
74                 align="right"
75                 type="date"
76                 :picker-options="pickerOptions"
77               >
78               </el-date-picker>
79             </div>-->
80           </el-form-item>
81           <el-form-item
82             label="标题"
83             prop="title"
84           >
85             <el-input v-model="ruleForm.title"></el-input>
86           </el-form-item>
87
88           <el-form-item
89             label="摘要"
90             prop="mood"
91           >
92             <el-input
93               type="textarea"
94               v-model="ruleForm.mood"
95             ></el-input>
96           </el-form-item>
97
98           <el-form-item
99             label="内容"
100            prop="content"
101          >
102            <el-input
103              type="textarea"
104              v-model="ruleForm.content"
105            ></el-input>
106          </el-form-item>
107
108          <el-form-item
109            label="文件上传"
110            prop="img"
111          >
112            <upload></upload>
113          </el-form-item>
114        </el-form>
115        <div
116          slot="footer"
```

```
117        class="dialog-footer"
118      >
119        <el-button @ click="dialogFormVisible=false">取 消</el-button>
120        <el-button
121          type="primary"
122          @ click="dialogFormVisible=false"
123        >确 定</el-button>
124      </div>
125    </el-dialog>
126  </div>
127</template>
```

该页面主要由一个<el-table>和弹出层<el-dialog>构成，表格中是日记列表，页面效果如图 11-14 所示。

图 11-14　日记信息列表

日记信息列表的数据取自后台 API 接口，通过 axios 的方式来请求接口并进行数据展示。以日记列表的数据请求为例，获取数据的步骤如下。

在 data 函数中定义一个 tableData[]数组，用来存放从接口请求到的数据。

```
1 export default {
2   data() {
3     return {
4       tableData: [],
5     };
6   },
7 }
```

在 methods 中定义获取日记数据的方法 getTableData()，这里用的是 mock 数据接口。

```
1 getTableData() {
2       this.$ axios
3       .get("/tableData")
4       .then((res)= > {
5         this.tableData= res.data;
6       })
7       .catch((err)= > {
8         console.error(err);
9       });
10    },
```

用 axios 访问/tableData 接口，第 5 行代码实现对 tableData[]数组的赋值。

连接后台接口的代码如下：

```
1    getTableData () {
2       this.$ axios
3         .post(
4           'http://localhost:8081/getTableData',
5         )
6         .then((d)=>{
7            this.tableData=d.data
8         })
9    },
```

在 created()钩子函数中调用 getTableData()方法，代码如下：

```
1  created() {
2     this.getTableData();
3  },
```

2. 日记详情

在 src\views 目录下创建日记详情页 viewDairy. vue，HTML 代码如下：

```
1 <template>
2   <div class="viewDiary">
3     <div class="header">
4       <div v-html="diary.title"></div>
5     </div>
6     <div class="line1">
7       <div
8         class="content line-1"
9         v-html="diary.date"
10      ></div>
11    </div>
12    <div class="line2">
13      <div
14        class="content line-2"
15        v-html="diary.abstract"
16      ></div>
17    </div>
18    <div class="line3">
19      <div
20        class="content line-3"
21        v-html="diary.contents"
22      ></div>
23    </div>
24    <div>
25      <div>
```

```
26        <div
27          class="forMood"
28          v-for="(item, index) in diary.mood"
29          :key="index"
30        >
31         {{ item.mood }}------------------------------------{{item.time}}
32        </div>
33      </div>
34      <el-form
35        ref="elForm"
36        :model="formData"
37        :rules="rules"
38        size="medium"
39        label-width="70px"
40        label-position="center"
41      >
42        <el-row :gutter="10">
43          <el-form-item
44            label="备注"
45            prop="mood"
46          >
47            <el-input
48              v-model="formData.mood"
49              type="textarea"
50              placeholder="请输入备注"
51              show-word-limit
52              :autosize="{ minRows: 4, maxRows: 4 }"
53              :style="{ width: '97% ' }"
54            ></el-input>
55          </el-form-item>
56        </el-row>
57        <el-form-item size="large">
58          <el-button
59            type="primary"
60            @ click="submitForm"
61          >提交</el-button>
62          <el-button @ click="resetForm">重置</el-button>
63        </el-form-item>
64      </el-form>
65    </div>
66  </div>
67</template>
```

该页面主要由 div 嵌套<el-form>表单构成。设置日记标题、摘要内容的 CSS 代码如下：

```
1 <style>
2 .viewDiary {
3   background: rgba(12, 100, 129, 1)
4      url('https://ss0.bdstatic.com/70cFvHSh_Q1YnxGkpoWK1HF6hhy/it/u=3365093655,
2051172085&fm=26&gp=0.jpg')
5      fixed no-repeat;
6   background-position: 50%  5% ;
7   background-size: cover;
8   height: 100% ;
9 }
10.header {
11  font-size: 36px;
12  font-weight: bold;
13  line-height: 1.8em; /* 原始 1.6em* /
14  margin-top: 10px; /* 原始 15px * /
15  margin-left: 20px;
16  color: # 548b54;
17}
18.line1 {
19  font-weight: normal;
20  font-size: 17px; /* 原始 16px ;font-size: 1.0rem;* /
21  line-height: 1.8;
22  color: # 111;
23  font-weight: bold;
24  text-align: right;
25  float: right;
26}
27.line3 {
28  /* background: url(images/posted_time.png) no-repeat 0 1px; * /
29  color: # 000000;
30  float: left;
31  width: 100% ;
32  clear: both;
33  text-align: left;
34  font-family: '微软雅黑', '宋体', '黑体', Arial;
35  font-size: 20px;
36  padding-right: 20px; /* 5px  padding-left: 90px;posted 发表时间左边距离* /
37  margin-top: 20px;
38  line-height: 1.8;
39  padding-bottom: 35px;
```

```
40}
41.content {
42  text-align: left;
43  width: 95% ;
44  padding: 30px;
45}
46
47.forMood {
48  margin: 30px;
49  font-size: 10px;
50  font-style: oblique;
51  text-align: left;
52}
53</style>
```

在日记详情页中，首先获取日记列表中的日记 id 值，将其挂载到 data 上以便调用。可以使用 this. $ route. query. id 来接收参数，获取日记详情数据后在页面上展示，如图 11-3 所示。

在 methods 中定义获取日记的方法 getDiaryById()，这里用的是 mock 数据接口，代码如下：

```
1    getDiaryById () {
2        this.$ axios
3            .get('/diary')
4             .then(res=>{
5                this.diary=res.data
6            })
7            .catch(err=>{
8                console.error(err)
9            })
10   },
```

用 axios 访问到/diary 接口，第 5 行代码为 diary[]数组赋值。

在 created()钩子函数中调用 getDiaryById()方法。

```
1    created() {
2        this.getDiaryById()
3    },
```

查看备注功能，需要请求后台接口获取日记备注信息，注意要在 created()中调用该方法。这里我们用的是 mock 数据接口，所以没有根据 id 来查询。

```
1    <div>
2        <div
3          class="forMood"
4          v-for="(item, index) in diary.mood"
5          :key="index"
6        >
```

```
7          {{ item.mood }}--------------------------------{{item.time}}
8        </div>
9     </div>
```

单击“添加备注”按钮，可以添加日记备注。添加备注时，需要先检查备注内容是否为空，为空则给出提示；备注不为空则使用 post 发送数据。

```
1     rules: {
2         mood: [
3             {
4               required: true,
5               message: "请输入备注",
6               trigger: "blur",
7             },
8         ],
9     },
```

创建“添加备注”事件，在 methods 中定义 submitForm()方法，这里用的是 mock 数据接口，代码如下：

```
1  submitForm () {
2      var date=new Date();
3      var year=date.getFullYear();
4      var month=date.getMonth()+1 < 10 ? "0"+(date.getMonth()+1) : date.getMonth()+1;
5      var day=date.getDate() < 10 ? "0"+date.getDate() : date.getDate();
6      var hours=date.getHours() < 10 ? "0"+date.getHours() : date.getHours();
7      var minutes=date.getMinutes() < 10 ? "0"+date.getMinutes() : date.getMinutes();
8      // 拼接
9      var time=year+"-"+month+"-"+day+" "+hours+":"+minutes
10     console.log(time);
11
12     // 信息整合为对象
13     var obj={
14       // id: 4,
15       mood: this.formData.mood,
16       time: time
17       // push 方法添加
18       this.diary.mood.push(obj);
19     }
20   },
```

以上代码中，第 2～9 行用于获取当前时间并格式化，第 13～19 行代码将数据 push 到数组 diary[]中。注意：连接后台时调用相应 API 即可，下面是参考代码。

```
1  submitForm () {
2    this.$ refs.elForm.validate(valid=>{
3       if (valid) {
4         this.$ axios
```

```
5            .post(
6              'http://localhost:8081/sendMood',
7              {
8                mood: this.formData.mood
9              },
10             { emulateJSON: true }
11           )
12           .then(d=>{
13             parent.location.reload()
14             console.log(d)
15           })
16       } else {
17         console.log('error submit!! ')
18         return false
19       }
20     })
21 },
```

3. 日记修改

在 src\views\home. vue 页面中创建<el-dialog>对话框。当用户单击修改链接时，触发 updateClick 事件，如图 11-15 所示。

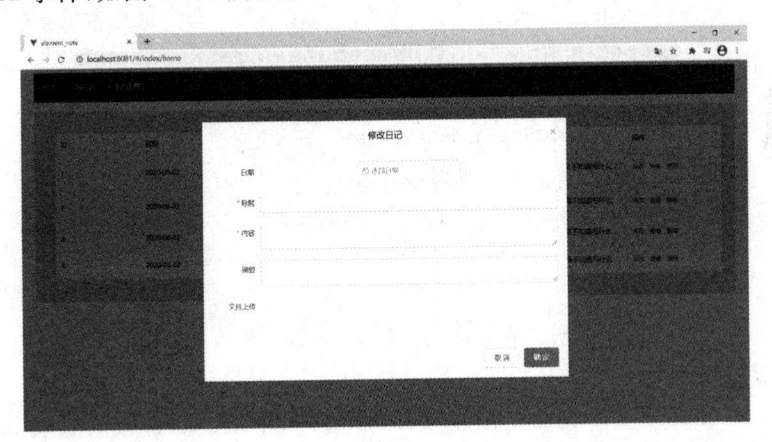

图 11-15　修改日记页

具体代码如下：

```
1 <template slot-scope="scope">
2         <el-button
3           @ click="updateClick(scope.row)"
4           type="text"
5           size="small"
6         >修改</el-button>
7         <el-button
8           @ click="viewClick((dialogFormVisible=true), scope.row)"
9           type="text"
```

```
10            size="small"
11          >查看</el-button>
12          <el-button
13            @ click="deleteClick(scope.row)"
14            type="text"
15            size="small"
16          >删除</el-button>
17  </template>
```

连接后台时调用相应 API 即可，下面是参考代码。

```
1  // 渲染数据
2    updateClick (row) {
3      console.log(row)
4      console.log('>>>>>>>>>>>>回填'+ row.id)
5      this.dialogFormVisible=true
6      this.$ axios
7        .post(
8          'http://localhost:8081/getDiaryById',
9          {
10           id: row.id
11         },
12         { emulateJSON: true }
13       )
14       .then(d=>{
15         this.ruleForm.data=d.data.data
16         this.ruleForm.title=d.data.title
17         this.ruleForm.content=d.data.content
18         this.ruleForm.mood=d.data.mood
19       })
20   },
```

4. 日记删除

在 src\views\home.vue 页面中创建<el-dialog>，单击删除链接时触发 deleteClick 事件删除日记，如图 11-16 所示。

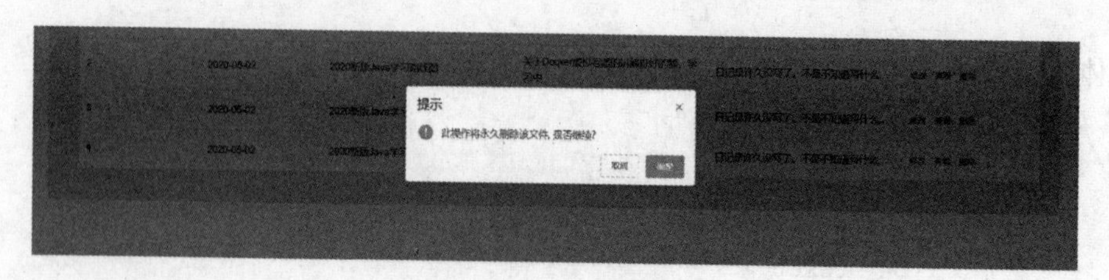

图 11-16　删除日记

```
1    < el-button @ click="deleteClick(scope.row)" type="text" size="small"> 删除< /
el-button>
2    deleteClick(row) {
```

```
3       console.log(row);
4       this.$ confirm("此操作将永久删除该文件，是否继续?", "提示", {
5           confirmButtonText: "确定",
6           cancelButtonText: "取消",
7           type: "warning",
8       })
9           .then(()=> {
10              this.$ message({
11                  type: "success",
12                  message: "删除成功!",
13              });
14          })
15          .catch(()=> {
16              this.$ message({
17                  type: "info",
18                  message: "已取消删除",
19              });
20          });
21      },
```

在 deleteClick 事件中根据 scope. row 获取日记 id,单击“确定”后即可删除日记。

11.5.3 发布日记

在 src\views 目录下创建 diary. vue,主要代码如下：

```
1  < template slot-scope="scope">
2    < div class="articleDiv">
3      < div class="content">
4        < el-form
5          :model="ruleForm"
6          :rules="rules"
7          ref="ruleForm"
8          label-width="100px"
9          class="demo-ruleForm"
10       >
11         < el-form-item
12           label="日期"
13           prop="data"
14         >
15           < div class="block">
16             < el-date-picker
17               v-model="ruleForm.data"
18               align="right"
```

```
19            type="date"
20            placeholder="选择日期"
21            :picker-options="pickerOptions"
22          >
23          < /el-date-picker>
24        < /div>
25      < /el-form-item>
26      < el-form-item
27        label="标题"
28        prop="title"
29      >
30        < el-input v-model="ruleForm.title">< /el-input>
31      < /el-form-item>
32
33      < el-form-item
34        label="摘要"
35        prop="abstract"
36      >
37        < el-input
38          type="textarea"
39          v-model="ruleForm.abstract"
40        >< /el-input>
41      < /el-form-item>
42
43      < el-form-item
44        label="内容"
45        prop="content"
46      >
47        < el-input
48          type="textarea"
49          v-model="ruleForm.content"
50        >< /el-input>
51      < /el-form-item>
52
53      < el-form-item
54        label="文件上传"
55        prop="img"
56      >
57        < el-upload
58          class="upload-demo"
59          action=""
60          :on-preview="handlePreview"
61          :on-remove="handleRemove"
```

```
62              :file-list="fileList2"
63              list-type="picture"
64            >
65              < div
66                slot="tip"
67                class="el-upload__tip"
68              >
69                只能上传 jpg/png 文件，且不超过 500kb
70              < /div>
71            < /el-upload>
72            < el-upload @ click="uploadFrom">点击上传图片< /el-upload>
73            < el-dialog :visible.sync="dialogVisible1">
74              < img
75                width="100% "
76                :src="dialogImageUrl"
77                alt=""
78              />
79            < /el-dialog>
80          < /el-form-item>
81
82          < el-form-item>
83            < el-button
84              type="primary"
85              @ click="submitForm('ruleForm')"
86            >发布日记< /el-button>
87            < el-button @ click="resetForm('ruleForm')">重置< /el-button>
88          < /el-form-item>
89        < /el-form>
90      < /div>
91    < /div>
92 < /template>
```

发布日记页面效果如图 11-14 所示。

完成填写后提交表单，由于没有连接后台系统，仅在浏览器中实现日记预览，代码如下：

```
1  submitForm (forName) {
2      console.log(this.ruleForm.data);
3      this.diary.data=this.ruleForm.data
4      this.diary.title=this.ruleForm.title
5      this.diary.abstract=this.ruleForm.abstract
6      this.diary.content=this.ruleForm.content
7      console.log(this.diary.content);
8      this.dialogVisible2=true
9    },
```

连接后台时调用相应 API 即可，下面是参考代码。

```
1  submitForm(formName) {
2     this.$ refs[formName].validate(valid=>{
3       if(valid) {
4         const _this=this
5         this.$ axios
6           .post('/add', this.ruleForm, {
7             headers: {
8               Authorization: localStorage.getItem("token"),
9             },
10          })
11          .then(res=>{
12            console.log(res)
13            _this.$ alert('操作成功', '提示', {
14              confirmButtonText: '确定',
15              callback: action=>{
16                _this.$ router.push('/blogs')
17              }
18            })
19          })
20      } else {
21        console.log('error submit!!')
22        return false
23      }
24    })
25  },
```

单击发布按钮提交预览，预览页就是一个全屏显示的<el-dialog>。在 diary.vue 页面中创建<el-dialog>，代码如下：

```
1 < el-dialog
2        :visible.sync="dialogVisible2"
3        fullscreen
4        close-on-press-escape
5        title="发布效果预览"
6        center
7     >
8        < div class="viewDiary">
9          < div class="header">
10           < div v-html="diary.title"> < /div>
11         < /div>
12         < div class="line1">
13           < div
14             class="contents line-1"
```

```
15              v-html="diary.date"
16            > < /div>
17          < /div>
18          < div class="line2">
19            < div
20              class="contents line-2"
21              v-html="diary.abstract"
22            > < /div>
23          < /div>
24          < div class="line3">
25            < div
26              class="contents line-3"
27              v-html="diary.content"
28            > < /div>
29          < /div>
30          < div>
31            < div>
32              < div
33                class="forMood"
34                v-for="(item, index) in diary.mood"
35                :key="index"
36              >
37                {{ item.mood }}
38              < /div>
39            < /div>
40            < el-form
41              ref="elForm"
42              size="medium"
43              label-width="70px"
44              label-position="center"
45            >
46              < el-form-item size="large">
47                < el-button
48                  type="primary"
49                  @ click="csonfirmSubmission"
50                > 确认提交< /el-button>
51              < /el-form-item>
52            < /el-form>
53          < /div>
54        < /div>
55      < /el-dialog>
```

日记发布预览效果如图 11-17 所示。

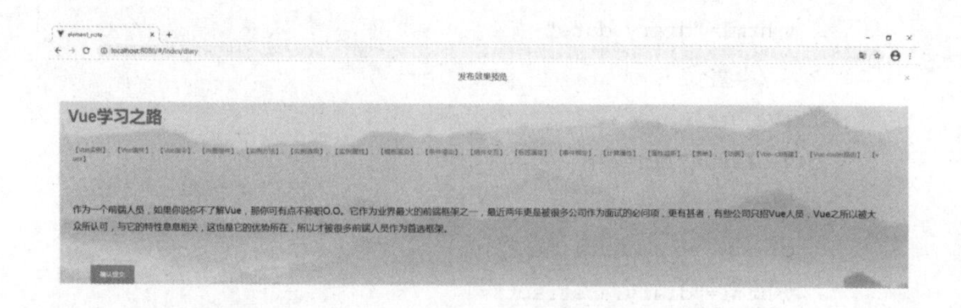

图 11-17　日记发布预览效果

本章小结

本章通过网络日记系统的开发，帮助读者掌握了 Vue、vue-router、axios 等前端库及插件综合应用方法，加深了对 Vue 生命周期、组件间传值、渲染列表等技术的理解。读者可以将所学技术运用到实际的项目开发中。

课后习题

一、选择题

1. 下列选项中，(　　)指令可用来切换元素的可见状态。

A. v-show　　B. v-hide　　C. v-toggle　　D. v-slideHide

2. 下列关于 ref 的作用的说法，错误的是(　　)。

A. ref 在子组件中使用时，使用 this. $ refs. name 获取到组件实例，可以使用组件的所有属性和方法

B. 可以利用 v-for 和 ref 获取一组数组或者 DOM 节点

C. ref 加在普通的元素上，用 this. ref. name 获取到的是 DOM 元素

D. ref 在 DOM 渲染完成之前就能使用

二、填空题

1. 使用路由的声明式导航，在 HTML 标签中使用________组件来实现路由的跳转。

2. ________是一个基于 Promise 的 HTTP 库，可以用在浏览器和 Node. js 中。

3. 使用________，给 Vue 函数添加一个原型属性 $ http，指向 axios。

4. ________是最接近原生 APP 体验的高性能前端框架。

5. 使用 Mint-UI 库的页面，需要通过________前缀来定义标签名。

三、判断题

1. Mint-UI 是一套代码片段，提供了配套的样式和 HTML 代码段。(　　)

2. 通过 this. $ store. state. * 可以访问 state 中的数据。(　　)

3. 使用 lazy-load 可以实现图片懒加载。(　　)

4. better-scroll 是一款支持各种滚动场景需求的插件。(　　)

5. 组件想要修改数据，需要调用 mutations 提供的方法，通过 this. $ store. emit('方法名')实现。(　　)

四、简答题

1. 请简述项目从开始到上线的开发流程是怎样的。

参考文献

[1] 尤雨溪. Vue 在线教程. https://cn.vuejs.org/v2/guide/.

[2] 肖睿,陈永. Web 开发实战[M]. 北京:中国水利水电出版社,2017.

[3] 梁睿坤. Vue2 实践揭秘[M]. 北京:电子工业出版社,2017.

[4] 王松. Spring Boot+Vue 全栈开发实战[M]. 北京:清华大学出版社,2018.

[5] 刘汉伟. Vue.js 从入门到项目实战[M]. 北京:清华大学出版社,2019.

[6] 徐丽健. Spring Boot+Spring Cloud+Vue+Element 项目实战:手把手教你开发权限管理系统[M]. 北京:清华大学出版社,2019.

[7] 黑马程序员. Vue.js 前端开发实战[M]. 北京:人民邮电出版社,2020.